JN027046

よくわかる コンパニオンバードの 健康と病気

病気にさせない飼い方の知識と実践

Health and disease in Companion Birds

著／すずき莉萌

医学監修／三輪恭嗣（みわエキゾチック動物病院院長）

誠文堂新光社

はじめに

——―よくわかるコンパニオンバードの健康と病気―——

一家に一冊の決定版！
「コンパニオンバードの家庭の医学書」

この本では、「飼育者なら知っておきたいコンパニオンバードの健康と医療」を幅広く網羅しています。

内容を充実させるために鳥類医学に関する専門的な記述も多く含まれていますが、難しい用語はできるだけ用いず、注釈や解説を多く取り入れることで、獣医療に関する知識がない方にも読みやすいように工夫しました。

コンパニオンバードのダイエットや動物病院の選びかた、薬の飲ませかた、検査の種類や内容、罹りやすい病気、いざというときの応急手当まで、コンパニオンバードを飼育するうえで大切な情報がぎっしりと詰まっています。

医療に関するページについては、エキゾチックアニマル医療におけるパイオニア、日本エキゾチック動物医療センターの院長であり獣医学博士の三輪恭嗣先生と、同じく副院長で鳥類の医療をご専門とされている西村政晃先生にご監修いただきました。

さらに臨床の現場で日々ご活躍されているお二人の先生ならではの、コンパニオンバードにまつわる興味深いコラムも多数、ご執筆いただき、読み物としてもたいへん充実した内容となっています。

愛鳥のちょっとしたしぐさが気になったとき、日々の飼育に疑問を感じたとき、どうぞこの一冊を開いてください。

「コンパニオンバード版　家庭の医学書」として活用し、コンパニオンバードの健やかなこころとからだづくりの一助になれば幸いです。

ライター　すずき莉萌
2024年 早 春

PROLOGUE

コンパニオンバードの健康

鳥類のからだのことについてよく知り、心身ともに健康なコンパニオンバードを目指しましょう。

Ⅰ. 食欲がある

食べなければコンパニオンバードは生きていくことはできません。食欲があることはとても大切です。

Ⅱ. よく動き、よく遊ぶ

コンパニオンバードは好奇心がとても旺盛です。よく動き回り、いつも楽しいことを探しています。

Ⅲ. よく鳴く

コンパニオンバードは、音声コミュニケーションにも積極的です。よくさえずるのは健康なあかしです。

Ⅳ. 目に力がある

コンパニオンバードのキラキラとした輝きのある目、いきいきと力強い目は健康のバロメーターのひとつになります。

Ⅴ. よく眠る

コンパニオンバードにとっても、睡眠は大切です。質のよい眠りが翌日の元気の素になります。

Ⅵ. 羽に艶がある

羽繕いはコンパニオンバードの欠かせない日課のひとつ。体調が悪いと羽繕いがおろそかになり、艶やかさが失われます。

Ⅶ. 状態のよい排泄物が出る

からだもこころも安定しているときは、よい排泄物が出てくるもの。便は食べたものによって色が変わることがあります。

コンパニオンバードのからだを理解しよう

コンパニオンバードのからだは、ヒトやイヌやネコとはまったく異なります。鳥類のからだの特徴ついてよく知り、コンパニオンバードの健康を守りましょう。

軽量化されたボディ

骨や内臓など、鳥類はさまざまな部分が進化によって軽量化されています。

鳥特有の翼と羽毛

翼は鳥類の前足が飛ぶために発達したものと考えられています。翼や羽毛も他の動物にはないもので、は虫類の鱗（うろこ）、哺乳類の体毛に相当します。

換　羽

衣替えのように一年に一度程度、ほぼすべての羽が入れ替わります。

高い体温

鳥類の体温は平均して約40～43℃近くとたいへん高温です。この高い体温によって新陳代謝を促進させ、飛翔という激しい運動に伴うエネルギーを得ています。

羽毛に隠された耳孔

目の斜め下あたりに耳孔があいています。顔を傾けて、音のするほうに耳を向けます。

鼻孔を包むろう膜

セキセイインコやオカメインコには上嘴にろう膜があります。感覚器としての役割があります。

聴　覚

音声コミュニケーションを密にとることから、聴覚はよく発達しています。音の速い変化や、遠くの小さな音を聞くことに優れています。

嗅　覚

豊かな知性と優れた視覚を有した代償か、一部の猛禽等を除き嗅覚は未発達です。

味　覚

鳥の味覚は、味を感じる味蕾(みらい)の数が少なく、あまり発達はしていないようです。

皮脂を分泌する

尾羽の付け根あたりにある分泌腺（脂腺）から分泌した皮脂を全身に塗り、羽毛の防水性を高めます。皮膚腺には、ほかに耳道腺や瞼のふちにあるマイボーム腺があります。

汗はかかない

鳥類には汗腺がほとんどなく、発汗もしません。体内にこもった熱を下げる際には、羽を寝かせて開口呼吸し、水浴びを行います。

卵を産む

哺乳類が体内で受精卵を発生させて、大きく育った状態で出産するのに対し、鳥類は軽量化のため、受精後、卵を体外に生み出してから保温・孵化します。

育雛する

卵生のいきものには魚類や爬虫類、両生類などがいますが、産んだ卵を親が抱卵し、卵を孵化させて、巣立ちまでヒナを育てる点においては他に類がなく、鳥類特有のシステムです。

4本の趾

インコ・オウムの趾の配置は前に2本、後ろに2本、フィンチ類は前に3本、後ろに1本となっています。

一生伸び続ける爪

趾骨をケラチンが覆い、爪を形成しています。爪は一生伸び続けますが、野生下では自然に摩耗します。爪には血管と神経が通っています。

手の役割も果たす嘴

鳥類には嘴があるかわりに歯や顎はありません。嘴はグルーミングにより、ちょうど良い長さに整えられています（咬耗）。嘴の表面はケラチン質で覆われていて、血管や神経が通っています。

発達した鳴管

さえずるための器官、鳴管がとても発達していて、特にオスは美しい声でさえずります。

筋肉質の舌

種子の皮を剥くために、よく発達した厚い筋肉質な舌を有しています。

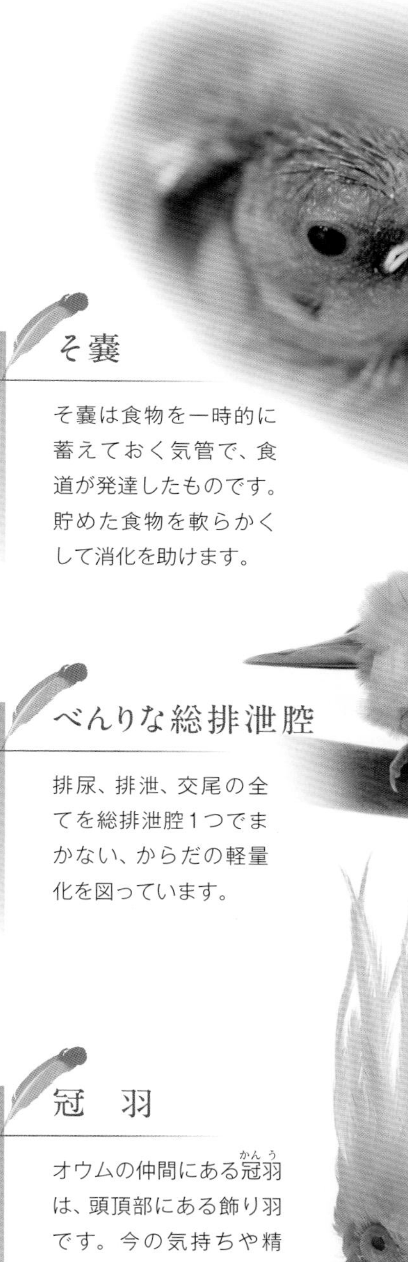

そ囊

そ囊は食物を一時的に蓄えておく気管で、食道が発達したものです。貯めた食物を軟らかくして消化を助けます。

べんりな総排泄腔

排尿、排泄、交尾の全てを総排泄腔1つでまかない、からだの軽量化を図っています。

冠　羽

オウムの仲間にある冠羽(かんう)は、頭頂部にある飾り羽です。今の気持ちや精神状態によって倒れていたり立ちあがったりします。インコやフィンチ類に冠羽はありませんが、頭頂部の羽毛の逆立ちによって、オウムと同様にそのときの気分を察することが可能です。

2つの胃袋

食物はそ囊から2つの胃を経て消化されます。1つめの胃は腺胃や前胃と呼ばれる胃で、そ囊から流れてきた食物を、ここで分泌される消化液によって消化します。2つめの胃は後胃や砂囊、筋胃などと呼ばれる胃で、たいへん筋肉質な胃袋です。ここでは、グリッドと呼ばれる固い鉱物などを利用して食物をすりつぶし、消化を助けます。

適正体重はそれぞれ

たとえ同じ鳥種であっても、からだや骨格の大きさには個体差があるため、適性体重にもそれぞれ差があります。 同じ種でもオスに比べるとメスのほうが、体重はやや重めです。

長寿命

種類にもよりますが、ジュウシマツやキンカチョウ、コキンチョウなどは5～7年、ブンチョウ、セキセイインコ、コザクラインコやボタンインコでは7～10年、オカメインコ、コニュアやピオヌスなど中型のインコではおよそ20年、大型インコ・オウムでは40年以上と、コンパニオンバードは長寿命です。中には100歳まで生きたという記録の残っているキバタンもいます。

もくじ
Contents

——よくわかるコンパニオンバードの健康と病気——

2 はじめに　3 PROLOGUE　コンパニオンバードの健康　4 コンパニオンバードのからだを理解しよう

Chapter 1
11 **コンパニオンバードの健康と病気の予防**
12 コンパニオンバードの健康と病気の予防

Chapter 2
17 **毎日の健康管理**
18 毎日の健康管理
20 安全環境
21 部屋の中には危険がいっぱい
23 衛生管理と飼育用品の点検

Chapter 3
25 **家庭での健康管理**
26 家庭での健康管理：温・湿度管理／食餌管理
27 健康状態を観察しよう
29 触ってチェック／見た目からわかる症状
31 便からわかる健康状態
32 グルーミング（爪切り、羽切り）（爪のトリミング〈爪切り〉）
34 翼のトリミング（クリッピング）

Chapter 4
37 **栄養管理**
38 栄養管理／鳥の食性を理解する／食餌の与えかた
39 主食を選ぶ
41 シード食では副食が不可欠
43 ペレットを与える上での注意点
44 与えてはいけない食べもの／有機野菜もよく洗うこと
45 サプリメント・総合ビタミン剤／食餌のメニューを増やそう
46 鳥の食性に配慮した副食の与えかた
48 肥満を防ごう 肥満の原因
50 オウム目・スズメ目の栄養要求量

Chapter 5
51 **鳥のからだの仕組み**
52 鳥のからだの仕組み 鳥のからだの特徴
53 皮系外皮系：爪／ろう膜／皮膚／腺
54 骨　格
55 脊椎／胸部～前肢帯骨
56 翼の骨／後肢帯～後肢骨／胸部の筋肉
57 消化器系：口腔／食道／前胃・砂嚢
58 小腸／大腸／総排泄腔
59 肝臓／膵臓 呼吸器系：鼻・鼻腔・副鼻腔 鳥の呼吸の仕組み
61 循環器系
62 泌尿器系：腎臓／尿の形成と濃縮 生殖器系：オスの生殖器
63 鳥の発情と交尾／メスの生殖器
65 内分泌器系　神経と感覚器官
66 中枢神経／末梢神経／自律神経／知覚終末・感覚器
68 血液
69 体温／鳥の体温
70 体温調節
71 鳥の羽毛について：羽の役割／羽の種類／翼の役割
72 羽包とは／羽の特性／換羽について

Chapter 6
75 **治療を受けるにあたって**
76 治療を受けるにあたって
79 ペット保険について
81 知っておきたい検査の種類
85 保定と麻酔について
86 薬についての基礎知識 医薬品とは
88 安全な投薬のしかた（保定）
90 補完代替医療“ホリスティックケア”について
93 漫画で楽しむ! 鳥との生活と医療

Chapter 7
101 **飼い鳥のかかりやすい病気**
102 ウィルスによる感染症：オウムの内臓乳頭腫症（IP）／ボルナウイルス感染症（腺胃拡張症）
104 オウム類の嘴羽毛病（PBFD）

105 セキセイインコの雛病（BFD）

106 細菌による感染症：グラム陰性菌感染症／グラム陽性菌感染症

107 そのほかの細菌による感染症／鳥の抗酸菌症（鳥結核症）［人と動物の共通感染症］［届出伝染病］／マイコプラズマ症

108 鳥のオウム病（人と動物の共通感染症）

110 寄生虫による感染症：消化管内寄生虫　原虫／トリコモナス症（原虫）

111 ジアルジア症（原虫）／ヘキサミタ症（原虫）

112 コクシジウム症（原虫）／クリプトスポリジウム症（原虫）［共通感染症］

113 鳥の回虫症（線虫）／条虫症（条虫）

114 外部寄生虫／鳥の疥癬症（節足動物）

115 ワクモ・トリサシダニ（節足動物）／ウモウダニ（節足動物）

116 キノウダニ（コトリハナダニ）（節足動物）／ハジラミ（節足動物）

117 真菌による感染症：アスペルギルス症／カンジダ症

118 クリプトコッカス症［ヒトと鳥の共通感染症］／マクロダブラス（AGY）症

119 皮膚真菌症

121 繁殖に関わる病気：メスの繁殖期にかかわる病気／過剰産卵／異常卵

122 卵塞症（卵秘、卵詰まり）

123 異所性卵材症

124 卵管蓄卵材症（卵蓄）

125 卵材性腹膜炎／総排泄腔脱・卵管脱

126 卵管嚢胞性過形成

127 卵管腫瘍

128 卵巣腫瘍／多骨性過骨症／腹壁ヘルニア症

130 黄色腫（キサントーマ）／産褥テタニー・麻痺

131 オスの繁殖期にかかわる病気　精巣腫瘍

133 過剰症：塩化ナトリウム（塩）／タンパク質の過剰／水中毒（水分過剰症）

134 シードジャンキー／ビタミンの過剰

135 中毒：重金属による中毒／鉛

138 消化器に関わる病気：嘴の病気／嘴の色の異常

139 口腔内の病気／口角・口腔・食道・そ嚢の病気／口内炎／口腔内腫瘍／食道炎・そ嚢炎

140 そ嚢結石・そ嚢内異物

141 そ嚢停滞・そ嚢アトニー

142 食道狭窄・閉塞／胃の疾患：胃炎

143 腺胃拡張症（PDD）

144 胃の腫瘍／グリッドインパクション／腸の疾患：腸炎

145 腸閉塞（イレウス）

146 腸管結石

147 総排泄腔の疾患：総排泄腔炎／メガクロアカ（巨大総排泄腔）

148 肝臓の疾患

149 感染性肝炎

150 肝傷害・血腫（非感染性疾患・感染性疾患）

151 肝リピドーシス（非感染性疾患）／肝毒素（非感染性疾患）

152 肝腫瘍（非感染性疾患）

153 肝性脳症（肝疾患によって生じる病気）／Yellow Feather Syndrome（肝疾患によって生じる病気）

154 膵臓の疾患：膵炎、その他

156 泌尿器の病気：痛風・高尿酸血症

157 呼吸器の病気：鼻炎

158 咽頭炎・喉頭炎

159 肺　炎

160 気嚢炎

162 気管閉塞

163 循環器の病気：心疾患

164 アテローム性動脈硬化症

165 内分泌の病気：甲状腺機能低下症

166 糖尿病

167 神経の病気：中枢神経の病気／中枢神経の疾患

168 てんかん（癲癇）／脳挫傷／脳振盪

169 振戦（症状）／中枢性運動障害

170 昏迷・昏睡（症状）

171 末梢神経系の病気／末梢性運動麻痺／前庭徴候

172 末梢神経性自咬

173 目の病気：白内障／結膜炎

174 角膜炎

176 耳の病気：外耳炎

177 皮膚の病気：皮膚炎

178 皮膚の腫瘤

179 趾瘤症（バンブルフット）

180 骨の病気：骨の腫瘤

181 骨　折

もくじ Contents —よくわかるコンパニオンバードの健康と病気—

183 Chapter 8 問題行動・事故・外傷

184 問題行動：ストレスについて

185 毛引き

187 羽咬症／自咬症

188 心因性多飲症

189 パニック／過緊張発作

191 事故・外傷：外傷

192 筆毛出血／熱傷

193 熱中症

194 絞扼（こうやく）

195 感電

197 いざというときのために：自宅でできる応急手当／出血

198 卵塞／誤食／けいれん

199 呼吸困難／外傷／熱傷（やけど）

200 感電／総排泄腔脱・卵管脱／骨折

201 誤飲・窒息／体調不良

203 漫画で楽しむ！ 鳥との生活と医療

コラム／Column

16 コンパニオンバードにおける長生きの秘訣

35 野生下での暮らし

74 思わぬ事故に注意

91 やってはいけない民間療法

109 ヒトのオウム病

獣医師コラム／Column

120 鳥類の獣医学と文鳥

137 フードについて

155 勾玉状の貴金属？

182 正常を知ることの大切さ

196 カラスに注意

202 あなたの保温はあってますか？

207 参考文献

Chapter 1

コンパニオンバードの健康と病気の予防

コンパニオンバードの健康と病気の予防

コンパニオンバードも私たち人間と同じようにさまざまな病気にかかることがあります。飼い主としてどんな疾病があるのかを知っておくことは大切です。

コンパニオンバードの健康を考える

コンパニオンバードを健康的に飼育するためには、ただやみくもに可愛がるだけではなく、彼らのことをよく理解する努力が欠かせません。知識も持たず、盲目的な愛情のみで鳥を長生きさせることは難しいものです。

自分が飼育している鳥のことや、かかるかもしれない病気のこと、万が一のケガなどのことを知っておくことで、病気やケガを防ぐことができます。もし、愛鳥が病気にかかってしまったとしても、早期発見・早期治療で回復につなげ、愛鳥との暮らしをより健やかで充実したものにしましょう。

大切なのは「よく観察すること」

スズメ目やオウム目に代表されるコンパニオンバードたちは、寒さが苦手です。

なぜなら、40～43℃前後というたいへん高い体温を常に保たなくてはいけないからです。コンパニオンバードを飼育する際には、適正な環境温度について考えなくてはなりませんが、同じ鳥種でも個体差があるため、一概にこうとはいえないものがあります。

飼育している鳥の羽の膨らみ具合や、行動のようすなどを毎日、よく観察しましょう。そして快適に過ごせていると思われる温度を見極め、それを目安に温度管理を行うというのが理想です。

老鳥や羽の生えそろっていないヒナ、体調の思わしくない鳥に関しては、ケージ内を30℃程度に保温し、その温度で鳥が暑がっていたり、寒がっていたりすることはないか、飼育者自身の目で愛鳥の状態をこまめに確認し、環境温度を調整しましょう。

健康に申し分がない鳥の場合、厳しい寒さや暑さが続いたとしても、たちまち具合が悪くなることはあまりないかもしれません。

しかし、連日に渡り、過酷な状況におかれるストレスは、愛鳥にとって当然、良いとは言い難いものです。厳しい寒さ暑さに耐えていたとしても、コンパニオンバードは、ほんの些細なことがきっかけとなって病気にかかってしまったり、急に具合が悪くなってしまったりということがよくあります。

愛鳥のからだの中で異変が起きているとき、わたしたち飼育者に彼らが発するSOSのサインが、ヒトが体調不良になったときに見られる行動や症状と似かよったものだろうと考えるのは早合点というものです。

コンパニオンバードは鳥の中でも捕食される側のいきものです。そのため、捕食者側の動物に自分の弱った姿を見せ、自分に狙いを定められてしまうことのないよう、限界ぎりぎりまで「元気なフリ」をすることがとても得意な鳥たちともいえるのです。

一緒に暮らしているのですから、愛鳥のようすがいつもと異なっていることに気づけないようではいけません。

鳥の元気なフリに騙されてしまうのではなく、飼い主としての自分の「勘」も、大事にしましょう。一見、「大丈夫そうだから」という思い込みは禁物です。

生息地の環境を知っておく

鳥の種類や健康状態、ライフステージ、そして個体差によってコンパニオンバードの快適な温度や湿度はそれぞれ異なります。

生息地の環境とまったく同じようにすることは無理ですし、コンパニオンバードですから、その必要もありませんが、飼っている愛鳥の生息地を知ることによって、より良い飼育を考える上でのヒントを得ることができるでしょう。

環境の差や個体の差を考える

たとえば、セキセイインコやオカメインコ、キンカチョウ、ボタンインコの仲間など、乾燥地帯が原産の鳥たちであれば、高すぎる湿度は苦手ではないかと考えられます。

野生下では高地に生息している鳥、たとえばサザナミインコやダルマインコなどは、寒さにはある程度までは耐えられそうですが、暑さは得意ではなさそうであるといったことが推測できます。

また、東南アジアが原産のワカケホンセイインコやブンチョウ、ベニスズメなどは、本来の生息地ではないはずのさまざまな地域に帰化しています。これらの鳥は環境に対する適応力が高めであると考えられるでしょう。

そういったことを理解した上で、さらに考慮に

入れなくてはいけないことがあります。

それは、わたしたち同じ日本人の中にも、暑さが苦手な人がいれば、寒さのほうが身に堪えるという人もいるように、同じ種の鳥の中にも「個体差」があるということです。

現在、飼育されているコンパニオンバードの多くは、日本で生まれ育った鳥たちです。野生下での暮らしをそのまま取り入れようとしても、それがベストな選択であるとは限りません。

あくまでそれぞれの鳥の個体差といったものを考慮した上で、その鳥にあった温・湿度管理を行いましょう。

季節の変化と健康管理

わたしたちヒトが季節の変わり目になると、倦怠感を感じたり体調不良に陥りやすくなったりすることがあるように、コンパニオンバードにとっても季節の変わり目というのは体調を崩しやすい時期といえます。

温度・湿度の管理

秋や春といった季節の変わり目は気候が不安定になりがちですが、昨今の地球温暖化による気候の変動は著しいもので、飼育環境の温・湿度管理も今まで以上に難しくなってきているといえるのではないでしょうか。

朝は爽やかで快適だったので冷房をセットせずに出かけたら、日中は熱中症が心配になるほど暑くなってしまった、あるいは、日中はポカポカ陽気で暖かかったのに、日暮れや朝方になると急激に冷え込んでしまった、などということも最近では決して珍しくはありません。

急激な温度変化が頻繁に起こると、鳥のからだにも大きな負担がかかります。それが幼鳥や病鳥、老鳥であればなおのことです。熱中症に関しては、特に厳重な注意が必要です。

窓を閉め切った一軒家、あるいは集合住宅の一室で、熱中症に陥ってしまったコンパニオンバードが、動物病院に急患として運ばれるケースは、夏に限らずあとを断ちません。

天気予報は年々、精度が上がってきていますので、朝、住んでいる地域のその日の天気や気温の変化をチェックすることを飼育者として毎日の日課にしましょう。

飼い主が留守のあいだも愛鳥が快適に過ごせるようにしたいものです。

気圧の変動にも要注意

温度の変化や湿度の変化と同じくらい、あるいはそれ以上に、気圧の変動はコンパニオンバードの健康に大きな影響を及ぼします。

雨や台風の影響で気圧が低くなると、ヒトと同様に鳥も体調を崩すことがあります。

特に天候が変わりやすい春や、低気圧が長く続く梅雨の時期、そして台風の多い秋には、愛鳥の体調に異変はないか、よく観察しましょう。

ホメオスタシスと健康

鳥もわたしたちも、自らのからだを環境に適応させ、安定させるための「ホメオスタシス（生体恒常性）」という自然に備わった機能を有しています。このホメオスタシスは、3つのシステムから成り立っています。

1つめはからだの働きを調整する「自律神経」、2つめは、ホルモン分泌をつかさどる「内分泌」、3つ

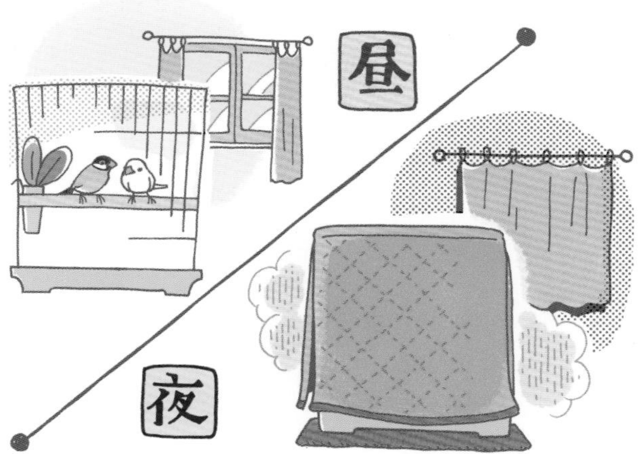

めは、外部から進入する異物から守る「免疫」です。

この3つのバランスを狂わせてしまうのは、暑さや寒さ、気圧の変動、音や振動、光、その他の刺激などによるストレスなどです。ヒトも鳥もストレスにさらされ続けることによって、ホメオスタシスはバランスを失い、さまざまな病気に罹りやすくなります。

過保護は免疫力を低下させる

ヒトと暮らすコンパニオンバードの場合、日によって昼夜が逆転するなど、飼い主の生活のリズムが安定しないことが続くと、自律神経は整いにくくなってしまいます。

また、空調が24時間、完璧に整備された環境の中で鳥がずっと暮らすというのも、一見、良さそうですが実は大きな問題があります。

コンパニオンバードたちは、野鳥に比べれば温度変化が少ない環境の中で生活しています。そのため、環境の変化に対しての免疫が徐々に失われ、急激な温度変化に適応する力が弱くなってしまいがちです。

言い換えれば、どちらのケースとも、ホメオスタシスを保つために大切な自律神経を調節するための機能と、免疫力を維持する機能が低下しやすい状況にあるといえるでしょう。

極端な生活リズムの変化は鳥のからだに負担をかけますが、多少の寒暖差や気圧の変動にも適応できる丈夫なからだづくりもコンパニオンバードを飼育する上で念頭に置いておく必要があります。

飼育環境を極端に一定にし過ぎないこと、バランスの整った食餌を与えること、適度な運動の機会を与えること、リラックスできる時間を与えること、良質な睡眠を与えること。これらは日々の暮らしの中で愛鳥の健康を守るためにすべきことといえます。

愛鳥にとって快適な状態を知り、ある程度の範囲内での暑さや寒さといった季節による多少の寒暖の変化は、愛鳥が環境に適応する力を維持するうえで欠かせないものと心得ましょう。

愛鳥にとっての快適温度とは

寒い時期には愛鳥の羽の膨らみ具合(膨羽)、暑い時期にはくちばしを広げ、脇を上げるようにして、からだにこもる熱を逃がそうとしてはいないかといったことをチェックします。そのような行動が特に見られないようであれば、愛鳥が現在の環境に適応している状態といえるでしょう。

飼育している鳥の日々の姿をこまめに観察し、どのくらいの温度や湿度のときに、寒がったり暑がったりするのかを把握します。愛鳥にとっての快適温度から極端なまでに温度が逸脱することがないように心がけつつ、愛鳥との暮らしに季節のうつろいを積極的に取り入れましょう。

コンパニオンバードにおける長生きの秘訣

かわいい愛鳥には一日でも長く一緒に暮らして欲しいものです。さまざまな鳥の飼い主さんにお会いし、たくさんの取材を重ねて見えてきた「愛鳥を長生きさせる秘訣」をご紹介しましょう。

◆触り過ぎない

手塩にかけて育てあげ、目に入れても痛くないほどよくなついた手のりの愛鳥ともなれば、つい必要以上にかまいたくなってしまうものです。しかし、スキンシップが過剰になると、発情のスイッチが頻繁に入りすぎてしまい、オスは精巣腫瘍、メスは卵詰まりなど、命に係わる病気を引き起こすリスクは高まります。

「馴れた鳥ほど短命」と言われるのは、このあたりに原因がありそうです。

ヒトとは異なり、あっという間に鳥はおとなに成長します。スキンシップと称して必要以上にからだに触れることはNGです。長生きさせたければ、愛鳥とは節度あるお付き合いをしましょう。

◆1回放鳥時間は短めに

放鳥タイムは手乗り鳥にとって、もっとも大きな楽しみのひとつです。

しかし、放鳥時間が長くなればなるほど、ヒトの側の集中が途切れやすくなります。

そこが愛鳥にとって慣れ親しんだ部屋だとしても、ほんの一瞬、目を離したすきに、思わぬ事故に遭遇することがあるものです。

放鳥は短時間に行うことを基本とし、遊び足りないときには愛鳥をケージに戻し、いったん用事を済ませてから、再び放鳥を行うようにしましょう。

◆余計なものを与えない

かわいい愛鳥にできるだけおいしいものを食べさせてあげたいと思うのは親心です。しかしながら、ヒト用に改良された糖分の高いフルーツや鳥用と称するクッキーなどのおやつを日常的に与えることはどうでしょうか。肥満になりやすいのはもちろんのこと、脂肪肝など病気の原因にもなりがちです。

ほとんどのコンパニオンバードは野生下においてたいへん粗食です。

愛鳥を長生きさせたければ、ペレット、シード、青菜など、からだに必要な食べ物以外は極力、控えめにすべきといえるでしょう。

◆よく観察し、定期健診を受ける

コンパニオンバードの寿命は飛躍的に伸びています。その背景には、鳥類の医療の発展が大きくかかわっていることは間違いありません。

鳥は体調不良を隠そうとするいきものですので、毎日、よく観察し、定期的に動物病院で健診を受け、病気を未然に防ぎ、早期発見、早期治療で愛鳥を長生きさせましょう。

よくわかるコンパニオンバードの健康と病気

Chapter 2

毎日の健康管理

毎日の健康管理

メリハリのある生活を

野に暮らすコンパニオンバードの仲間たちは、日の出の少し前に目覚め、ペアや群れの仲間とともに餌場に出かけて食事をとります。日中は羽づくろいや日光浴、あるいはヒナの世話をして過ごし、日没前になると再び仲間たちと一緒に餌場で食事をしてそれぞれのねぐらへと戻ります。一方、ヒトと暮らすコンパニオンバードの多くは、午後の時間帯にのんびりと過ごすことが多いようです。朝、飼い主が目覚めたら、まずはケージのカバーを外して、エサと水を交換しましょう。愛鳥も目を覚まし、にぎやかな朝食の時間が始まります。その後はしっかりとからだを動かして、夜は飼い主より少し早めに静かなところで質の良い睡眠をとらせ、生活のリズムを整えましょう。

睡眠

本来、インコやフィンチは、日の出から日の入りまでが活動の時間で、それ以外の時間のほとんどを睡眠に充てています。ヒトに比べると長めの睡眠時間といえるでしょう。野鳥の場合、外敵からどんな時でも自分の身を守らなくてはいけないため、浅めの睡眠になりがちで、睡眠時間はより長めとなっているのかもしれません。

大型インコ・オウムの中には、片目だけ閉じて脳の片方ずつを休ませて、周囲に注意を払いながら、浅い眠りを繰り返すという鳥もいます。

愛鳥がいつもは寝ている時間帯に、ケージの中で落ち着かない様子でいるのであれば、物音や振動など、愛鳥の眠りを妨げているものがないか、周囲を確認します。

ヒトの話し声があまりにもはっきり聞こえてしまうような場所も、手乗り鳥にとっては、遊びたくてそわそわとしてしまい、誘惑の多い落ち着かない場所と

いえるかもしれません。

夜は睡眠時間をキープできる場所にケージを設置し、ゆっくりと休ませるようにしましょう。

明暗のリズム

1日の暮らしのなかで明るさと暗さのバランスを整えることは大切です。

多くの家庭では愛鳥のケージはリビングなどの人の気配が感じられる場所に置かれています。そのようなところは照明があるため、鳥にとっては明るい時間が長すぎる場所といえるでしょう。

日照時間が長すぎると、コンパニオンバードの場合、睡眠不足や過剰な発情を促す恐れがあります。リビングの照明を消すのが難しいようであれば、夜間はケージの場所を移すか、別の場所に設置した就寝時用のケージに移動する、あるいは専用カバーや遮光カーテンなどでケージを覆い、明るい時が長くなりすぎないように調整してください。

日光浴

コンパニオンバードの健康を保つ上で、室内の空気の入れ替えと日光浴は欠かせません。

日光浴をすることで、体内時計を整え、丈夫な骨を作る上で欠かせないビタミンD_3を効率よく体内で生成する効果や、紫外線による殺菌効果といったものが期待できます。

直射日光は避けるようにして、毎日、日光浴をさせましょう。ガラスは紫外線をあまり通さないため、窓越しの日光浴では効果は望めません。愛鳥を日光浴させる際には必ず窓を開けます。

その際、鳥だけにはせずカラスやネコ、ヘビなどに襲われることのないようあらかじめ安全対策を講じておきます。朝は忙しく愛鳥の日光浴に付き合う時間がとれないという場合は、安全を第一とし、無理に行う必要はありません。

ビタミンD_3は鳥類用のビタミン剤で補給することも可能です。臨機応変に使い分けましょう。

換 気

コンパニオンバードが健やかに過ごすためには、飼育環境の換気もとても大切です。

鳥類の呼吸器は哺乳類に比べ、複雑で繊細なつくりになっているため、呼吸器疾患や中毒にかかりやすい傾向があるからです。

窓には網戸を取り付けて鳥の逸走を防止した上で、空気の対流を考えて対角線上に窓を開け、部屋の換気を効率よく行いましょう。

近隣で工事や薬品の散布などが行われるという日に窓を開けてしまうと、時には愛鳥の命にかかわりますので、飼育者としては、そういった周辺情報にも敏感でありたいものです。

換気が気軽に行えないときには、空気清浄機を使用します。

コンパニオンバードを飼育している部屋では、フィルターに抜け落ちた羽根やエサ、排泄物、脂粉などが付着しやすいので、フィルターの洗浄や交換は、こまめに行なうようにしましょう。

水浴び

水浴びはからだについた汚れなどを落とし、脂粉の量を調整する役割があります。積極的に愛鳥を水浴びに誘いましょう。

特にブンチョウやキンカチョウなど、フィンチ類は水浴びが大好きです。シロハラインコなどのピオヌス類の鳥やウロコインコの仲間、ヒインコの仲間、オオハナインコ、オウム類、コンゴウインコの仲間など、熱帯雨林気候に生息している鳥たちも水浴びを好みます。

水浴びは小鳥の場合はバードバス、中型から大型鳥の水浴びは霧吹きやシャワー、たらい等を用いて行います。

容器に水を入れたまま放置しておくと、その中で細菌が繁殖して水が傷みます。汚れた水での水浴びは、鳥をかえって病気にさせてしまう恐れがあります。

霧吹きやバードバスを用いて鳥に水浴びをさせる際には、水を入れる容器をよく洗浄し、いちどしっかりと乾かした上で、清潔な水を毎回入れ替えましょう。

湯水を水浴びに用いると、羽の防水性が保てなくなってしまうので、たとえ寒い日でも水浴びは必ず常温の水のみで行います。

安全環境

鳥は好奇心が旺盛です。気になるものを嘴でつついて遊ぶうちに異物を誤飲・誤食してしまうことが

あります。

特に嘴の中に入ってしまうような細かいものやヒトの食べ物には注意が必要です。気がつかないうちにケージの中の飼育用品が鳥に破壊されていることこともあります。

ケージの中の掃除をする際には、ケージや飼育用品もあわせて点検・洗浄しましょう。

誤飲・誤食による事故は、飼い主の注意で予防できることがほとんどです。

部屋の中には危険がいっぱい

バードビューで部屋の中を総点検

ヒトにとっては安全で快適な部屋の中も、愛鳥にとっては危険に満ちた、死と隣り合わせの部屋であることも。鳥はわたしたちが想像しえないような突飛な遊びかたをすることがあります。「もしかしたら」という危機管理意識を持って、部屋の中をバードビューで改めて見直しましょう。

放鳥時の注意点

ケージから鳥を室内に出す時には、その前に部屋の安全をチェックする習慣をつけてください。愛鳥を放鳥する場所から危険なものを遠ざけましょう。昨日までは安全だったはずの部屋でも、思わぬものが生活空間の中に持ち込まれているかもしれません。

気がつかないうちに鳥が異物を口にしていることもあります。長く遊ばせたい時には愛鳥をいったんケージに戻して用事を済ませてから再び放鳥するようにし、放鳥している間は決して目を離さないようにしてください。

◉部屋の中に潜む危険なもの

▶コンパニオンバードが気になるもの（誤飲・誤食の恐れがあるもの）

ネイルパーツ、消しゴム、耳栓、イヤホンの先端、リモコンのボタン、発泡スチロール、ビーズ、アル

ミ箔、ボタン、キーホルダー、キーチェーン、ピアス、イヤリング、チャーム、観葉植物の肥料や土、薬、ヒトの食べ物etc……。

▶揮発性のもの・煙が出るもの（中毒の恐れがあるもの）

虫よけスプレー、アルコール除菌スプレー、害虫駆除剤、蚊取り線香、お香、ペンキ、シンナー、揮発性の塗料や薬品、アロマオイルetc……。

▶巻きつくもの（巻きつけ事故や感電の恐れがあるもの）

糸、紐、テグス、ロープ、ゴム、コンセント、リボン、電気コードetc……。

▶鳥のからだを隠してしまうもの（踏みつけ事故の恐れがあるもの）

ソファー、クッション、めくれたじゅうたん、新聞紙、雑誌、脱ぎ散らかした洋服、タオル、カーテン、スリッパetc……。

▶鳥が事故に巻き込まれやすいもの（思わぬ事故の恐れがあるもの）

ビニール袋、ヒーター、鏡、ガラス、浴槽、扇風機、ガスレンジ、鍋、炊飯器、電気ポット、ドアクローザー（ドアを閉める装置）、たんすの隙間etc……。

▶鳥にとって毒性が危惧される植物
ポトス、ゴムの木、ウンベラータ、アマリリス、アゼリア、スイトピー、ラッパスイセン、ポインセチア、アサガオ、カラー、アイリス、スズラン、ツゲ、ヒイラギ、ランタナ、キョウチクトウ、シャクナゲ、イチイ、フジ、サクラの木、トマトの苗、果物の種etc……。

愛鳥を遊ばせる前に

思わぬところに危険は潜んでいます。家具と家具の隙間や、テレビ台や冷蔵庫の裏、カーテンレールや照明器具、エアコンの上などの狭い隙間にも鳥は入り込んでしまうことがあります。そういった場所にはゴミやホコリが溜まりやすく、ゴキブリの忌避剤など鳥の健康を害する恐れがあるものが落ちている恐れもあります。

ヒトの目の届きづらい場所は愛鳥が入り込めないよう、あらかじめ何かで隙間をふさいでおくか、いつでも容易に人の手が届くように拡張し、きれいに掃除しておきましょう。

愛鳥を遊ばせた後に

放鳥した後は、部屋の中が不衛生にならないよう、排泄物や抜け落ちた羽などのあと始末をします。ヒトにとっても鳥にとっても清潔で快適な住環境を心がけましょう。

飼い主の衛生管理

愛鳥の世話を行った後、愛鳥と触れあった後には、必ず手をよく洗うようにしましょう。ヒトと鳥の共通感染症を防ぎ、鳥から鳥への病気を運ぶ感染源にならないためにも、世話のあとの手洗いを習慣にします。

衛生管理と飼育用品の点検

鳥の排泄物には鳥同士、あるいはヒトに共通感染する病原体が混じっていることがあります。脂粉や抜け落ちた羽が、ヒトの健康を害する恐れもあります。排泄物は長い時間、放置することはせず、見つけたらこまめに片づけましょう。

バイオフィルムの予防

バイオフィルム（菌膜）とは、固体や液体の表面に付着した微生物が形成する生物膜のことです。身近な例では、歯垢や台所や水回りのヌメリなどがあります。ヌメリは、水分がある状況で細菌が付着し、汚れを栄養に細菌が繁殖したものです。

バイオフィルムは自然界にも広く存在していて、ありとあらゆる場所に存在し、細菌感染の一因となります。また、バイオフィルムが形成されてしまうと、消毒剤が効きにくくなるなど、衛生管理上にも、いろいろと問題が起こります。

ケージや水入れ、菜差しなどの飼育用品にバイオフィルムができないよう、それらをよく洗浄してからしっかりと乾かし、清潔に保つことが大切です。

ケージや飼育用品は「洗って乾かす」

晴れた日を狙ってケージを分解し、止まり木やエサ入れ、水入れ、おもちゃなどを熱湯で消毒します。その後、水分をよく拭き取り、太陽光にあてて2時間ほど乾かすと、紫外線による殺菌効果も期待できます。バイオフィルムを予防するためにも洗浄後は完全に乾かしてから使用しましょう。

洗剤や薬品は よく用途を確認してから

ケージや飼育用品の掃除をする際、希釈した漂白剤や、殺菌効果があるとされる濃度70%以上のアルコール液などを用いるのも効果的です。ただし、中には薬品や熱湯消毒が効かないタイプの菌も存在するので、過信は禁物です。これらのものは取り扱い説明書に書かれた用途や注意事項をよく確認した上で安全に使用しましょう。

塩素系の薬液は腐食作用があるため、金属製の部品には使えません。アルコールは揮発性が高いため、アルコールを用いて除菌したあとは完全に乾かしてから使用してください。

ケージ周り

汚れたところはこまめに掃除

ケージ全体を洗浄することも大切ですが、気付いた時に気になったところをすぐにきれいにしておく習慣を身につけましょう。部屋の換気もこまめに行います。鳥の排泄物や食べ物のカスなどを放置すると、カビやダニの原因になります。ケージを置いている場所は特に脂粉やほこりがたまりやすいので、ケージを移動し、こまめな拭き掃除を行います。

市販の除菌シートは強い殺菌成分が入っていることがあるので、鳥が舐めて健康を害することがないよう、再度ふき取りを行いましょう。

バードテント

バードテントは鳥に巣をイメージさせてしまい、過剰な発情を促しやすいため、ケージの中に入れっぱなしにするのは、あまりよくありません。また、中が不衛生になりやすいので、ときどきは洗濯するか、新しいものに交換しましょう。布やロープのほつれは趾が絡まり、たいへん危険です。ほつれを見つけたらすぐに修理するか、新しいものに取り換えましょう。

エサ入れや水入れ、副食入れ

エサ入れや水入れは毎日洗浄してから用います。特にプラスチック製の食器は、傷がつきやすく、そこから雑菌が繁殖しやすいので、よく洗いよく乾かしてから使用しましょう。洗い替えのストックをいくつか用意しておくと安心です。ストックの容器は長時間、留守にする時などにも活用できます。

止まり木　おもちゃ

止まり木は、ささくれやカビが出たら速やかにとり替えます。おもちゃは定期的に入れ替え、熱湯で消毒をします。鳥が特定の止まり木やおもちゃに吐き戻しをする場合、その部分がたいへん不衛生になりやすいので、こまめに洗浄しましょう。

飼育用品を洗う際には壊れているところや緩んでいるところなどがないかをチェックします。自然木の止まり木はささくれが出たり、樹皮が剥がれ落ちてきたら取り替えどきです。

青菜フルーツ、 ふやかしたエサなど

挿し餌や水分を多く含んだ食べ物は、たいへん腐敗しやすいので、その都度用意し、食べ終わったらすぐに片づけます。食べこぼしで汚れた場所も速やかに拭きとりしましょう。

◉複数羽を飼育する場合の世話の順番

コンパニオンバードを複数飼育している場合、状況や状態によって、世話をする順番も考慮に入れましょう。

日々の世話は健康な状態の鳥から始めて、もし健康状態に不安のある鳥がいるようであれば、世話は最後に行います。放鳥する時の順番も同様です。病気の鳥がいる場合、他の鳥との同居は解消してケージはいったん分けます。飼育用品の使いまわしはやめましょう。

Chapter 3

家庭での健康管理

CHAPTER 3

家庭での健康管理

鳥はヒトや犬や猫などの哺乳類とは異なり、病気であることが分かりづらいいきものです。鳥の元気なときの状態や体調不良サインを知り、病気の早期発見・早期治療に役立てましょう。

温・湿度管理

過保護にしないことで耐性をつける

鳥は、羽全体を膨らませて（膨羽）寒そうにしていない限り、基本的に保温する必要はありません。鳥にとって急激な温度変化は、体調を崩す大きなストレスとなります。その一方で、適度な季節感と緩やかな温度変化のある環境での暮らしは、むしろ部屋の中で暮らすコンパニオンバードのQOL（クォリティ・オブ・ライフ）を高め、ストレスへの耐性を無理なく高めることが期待できます。

温度だけではなく、極端に高すぎたり低すぎたりする湿度にも要注意です。体調不良を起こす原因となります。

快適な湿度はその鳥の種類によって異なりますが、ウイルスやカビなどの増殖を抑えるといった観点からは、およそ50〜60％を目安に湿度管理を行うとよいでしょう。

食餌管理

「食餌の適量」を知っておく

愛鳥の日頃の食餌量を知っておくことは大切です。いざという時に、いつもと比べてどれくらい食べられているかを判断できるよう、平均的な食餌の量を把握しておきます。

エサ箱に入れたエサの量から食べ残したエサの量を引くことで、愛鳥が一日あたりに食べるだいたいのエサの量がわかります。

ヒナの場合は、挿し餌を与える前と与えた後の体重を計測し、その差から一回の挿し餌で食べた量を把握することができます。

とくに、体調不良時やひとり餌の練習中、ダイエット中、シード食からペレット食への切り替え中のときには何をどれだけ食べたかをこまめに記録して、食事がきちんととれているかをチェックしましょう。

尿の異常には飲水量のチェックを

便がいつもより水っぽい（多尿）と感じたときには、飲み水の量を計測します。鳥の体重に対して、鳥が飲んだ水の量が10〜20％以内であれば正常であることがほとんどです。野菜やフルーツを与えすぎると便が水っぽくなることがありますが、そういった場合は、それらを控えて便が正常に戻るかようすを見ます。飲み水の量が鳥の体重の20％を超えるようなときには、病気が疑われます。動物病院で相談しましょう。

健康状態を観察しよう

鳥は群れで行動することが多いため、からだが弱ってきても「元気なふり」や「食べているふり」をして、体調不良を隠そうとします。これは、飼育下にあるコンパニオンバードも決して例外ではありません。

この鳥類特有の病気のサインを飼育者の知識不足で見逃してしまうと、治療が手遅れになってしまうことがあります。

体重は健康のバロメーター

健康管理の中でもっとも大切なことの1つに、体重の計測があります。鳥類は代謝が速く、体調を崩すとすぐに体重が減ってしまいます。

また、からだの調子が上向きになるとすぐに体重をとり戻すため、体重の変動が健康のバロメーターとなり、病状の推移を知ることが可能です。

ヒナや病鳥、迎えたばかりの鳥は体調を崩しやすいものです。これらの鳥はできれば毎日、健康に問題のない鳥であれば週に1回の体重測定を行い、測定結果を記録として残しておきましょう。動物病院で受診する際、この体重の推移を記録したデータは診断や治療に役立ちます。

適正体重は同じ鳥種の中でも骨格によって異なります。ふだんから体重測定を習慣にし、その鳥にとってのベストな体重を把握しておくとよいでしょう。

体重のめやす（セキセイインコの場合）

体重	状態	体重	状態
40g以上	＝肥満	30g〜25g	＝痩せぎみ
40g〜35g	＝太りぎみ	25g〜20g	＝痩せすぎ（重度削痩）
35g〜30g	＝標準体重	20g以下	＝危篤

トリコモナス（110ページ）の進行により
膨羽、元気を消失しているキンカチョウ

鳥の状態を観察しよう（行動・音）

羽を膨らませていないか（膨羽）»鳥は、寒いときや体調を崩したときに羽を膨らませます。保温しても羽の膨らみがとれない場合は体調不良を疑います。抱卵行動中の鳥は健康でも膨羽しますが、健康であれば食餌中や放鳥時など、抱卵している場所以外での膨羽はみられません。

開口呼吸、翼を広げていないか、からだを細くしていないか（縮羽）»鳥は暑いときには、からだから体温を逃がすためにからだを細くし（縮

羽)、嘴や翼を開いてあえぐような動作をします。このようなしぐさがみられるときは、温度や湿度が高すぎないかを確認し、調整します。

いつも通りの元気さか»鳥は元気なふりをするため、病気が発見しづらい動物です。元気があっても病気に罹っているということがあります。寝てばかりいる（傾眠、嗜眠）場合には、病気を疑うべきといえます。手乗り鳥がケージから出てこようとしない、触れられることを嫌がるといったときには、からだに異変が起こっているかもしれないので、注意深く観察します。

食欲はあるか»鳥は弱っていても、「元気なフリ」や「食べたフリ」をします。実際に食べているか、食べた量を計測する必要があります。さらに便の状態も確認します。

濃い緑色で量は少量、下痢状の絶食便が出ているようであれば、その鳥は食べていない可能性があります。いつもと変わりないか、便の数や大きさ、色や形状、においにも注目しましょう。

あくび»鳥も眠いときや眠りから覚めるとき、気分転換などにあくびをします。首を伸ばしながら、口を大きく開けるあくびを頻繁に行っているようであれば、上部気道疾患や、後鼻孔への食物や異物の誤入などが疑われます。

嘔吐・吐出 » 胃から吐き戻した場合を嘔吐、口腔内やそ嚢から吐き戻した場合を吐出と言います。撒き散らしている場合は嘔吐、特定の所に吐き出している場合には吐出の傾向があります。

特定の対象物に吐き出す場合は、オスの求愛行動で、発情性の吐出と考えられます。

くしゃみ・咳 » 鳥にくしゃみがあるときは、上気道（鼻から喉頭など）にトラブルがある可能性が考えられます。鳥のくしゃみは口を閉じて首を横に振りながらします。鳥の咳は口を開けて首を縦に振りながら行われます。咳は気道（気管支や肺胞など）の疾患が疑われます。

鳥類の場合、特に咳は深刻な疾患から起きていることが多くあります。一見、元気そうに見える鳥でも要注意です。また、迎えたばかりの鳥で複数回の咳が見られた場合はすみやかに動物病院で診察を受けましょう。

呼吸困難 » 開口呼吸、テイルボビング（尾羽を上下させて呼吸を補助している）、スターゲイジング（息が苦しくて空を見上げる）、受け口、チアノーゼなどが見られたら呼吸が苦しいサインです。

呼吸音がある » 甲状腺腫や気管炎による声を作る鳴管の問題が疑われます。

足挙上（足を上げている）» 骨折、打撲、関節炎、外傷、腫瘍、卵巣腫瘍、骨化過剰症、腎不全、痛風、中毒、発作など、さまざまな原因が考えられます。 健康でも体温保持のために足を上げることがあります。

神経症状 » 首が傾く（斜頸）、趾を握りこむ（ナックリング）、翼を震わせる（振戦）、首を後ろに反らす（後弓反張）、足や翼をバタバタする（強直間代性痙攣）などの症状が見られるときには、神経の異常が疑われます。

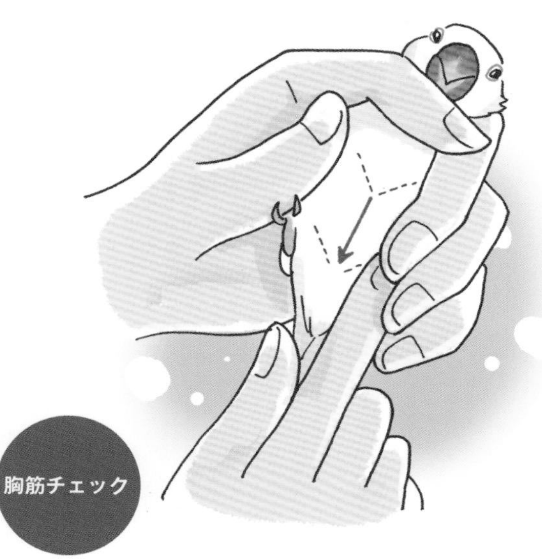

胸筋チェック

触ってチェック

定期的に鳥に触れて異常がないかをチェックすることで、多くの病気にいち早く気づくことができます。スキンシップで病気の早期発見・早期治療につなげましょう。

腹部の触診 » 腹部が膨大する病気としては、肥満のほか、黄色腫、ヘルニア、卵塞、卵蓄、腹水、嚢胞性卵巣、腫瘍などがあります。鳥の診察になれた獣医師の場合、腹部の触診で発情状態を把握することもできます。

胸筋の触診 » 飢餓や病気で栄養状態が悪くなると、1日で胸筋がやせるため、体調の良し悪しが直ちにわかります。

体表腫瘤（しゅりゅう）の触診 » 鳥のからだは、ほぼ羽毛で全身が覆われているため腫瘤の発見が遅れがちです。定期的に体表腫瘤のチェックを行いましょう。常日頃から触ることに慣らしておくと、触診を受ける際のストレスにも強くなります。特に腫瘤ができやすい部位は、尾腺部、翼端部、腹部、頸部です。

見た目からわかる症状

鳥と哺乳類では病気の徴候は大きく異なります。この鳥類特有の病気のサインを知るために愛鳥の正常な状態をよく知っておきましょう。

嘴の過長》肝機能障害（198ページ）、疥癬症（114ページ）、PBFD（104ページ）、栄養性疾患などが原因となります。

嘴の血斑》肝疾患（脂肪肝、肝炎、肝腫瘍等）のほか、栄養性疾患、PBFDなどによる感染性疾患で嘴の出血斑がみられることがあります。打撲による内出血も考えられます。

ろう膜の褐色化》メスであれば発情、オスの場合は精巣腫瘍が疑われます。

羽軸の変形、出血》羽毛損傷行動、PBFD、栄養性羽毛形成不全などが考えられます。

脱羽》雌の発情、毛引き、皮膚炎、甲状腺機能低下症、PBFD、BFD（150ページ）などが疑われます。

羽毛の変色》脂肪肝症候群、甲状腺機能低下症、栄養性羽毛形成不全などでみられます。

羽質の低下》羽の発育期にストレス（肝不全、栄養不良、感染など）が加わると、その時期に作られた部分の羽質は低下し、ストレスラインが表れます。

結膜発赤・目やに》結膜炎はまぶたが赤く腫れ、目の周りは涙で濡れ、目やにが出ます。

耳漏》細菌性外耳炎であれば分泌液によって耳の周りが濡れます。

口角・口腔内のただれ》やけど、カンジダ（117ページ）、トリコモナス（110ページ）、細菌、ウイルス、中毒が考えられます。

顔や頭部の汚れ》顔や頭部がエサや粘液で汚れている場合は嘔吐が疑われます。

便から分かる健康状態

▶正常な便

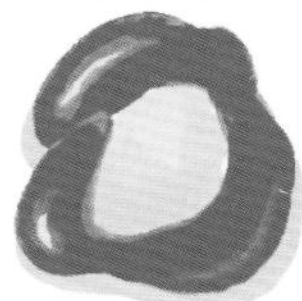

ビリルベルジン（ヘモグロビンなどに含まれるヘムの生分解産物の中間体）と食渣（しょくさ）（食べかす）により緑褐色です。（食べたものにより色は変化します）

▶下痢

便の形が崩れます。乾燥した地域が原産の種では、稀です。

▶多尿

液体（尿）が多く、便は形が崩れません。飲水量が体重の20％を超えるなど病的な原因（糖尿病、腎不全、肝不全、心因性多飲症など）と、生理的な原因（換羽、産卵、発情、興奮、暑い、フルーツや野菜、塩土の過食など）に分かれます。

▶巨大便

発情時のメスの便は巨大になります（営巣時は巣内を汚さないよう排便回数が少なくなるため）。精巣腫瘍や排便障害でも巨大便になります。

▶粒便

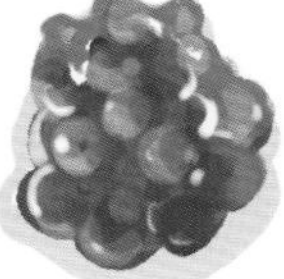

食物は砂嚢ですり潰されるため、粒便が出るということは胃がん、胃炎、胃の蠕動（ぜんどう）異常が疑われます。

▶緑色下痢状便（絶食便）

絶食時に見られます。ビリベルジンと腸粘膜のみが排泄されるため、便は濃緑色となります。

▶濃緑色便

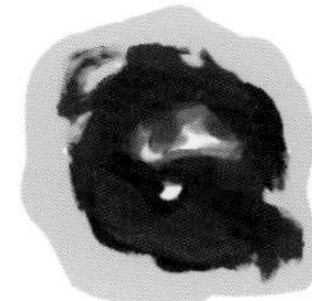

重度の溶血（鉛中毒など）により、溶出した血液中のヘモグロビンから緑色の胆汁色素のビリベルジンが生成され濃い緑色になります。また、脂質の多いエサを食べ続けたり、緑色のエサを食べたときも濃緑色便となります。

▶黒色便

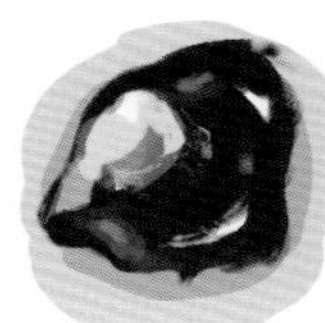

胃炎、胃がん、中毒、肝不全等による胃出血が疑われます。食餌量が減った時にも便が黒くなることがあります。

▶白色便

膵臓から消化酵素が分泌されなくなると、未消化のデンプン（白）や脂肪（白）が便中に排泄されるため、便は大きく白くなります。

▶赤色便

ニンジンやペレットなど赤い色のものを食べると赤色便が出ることがあります。

▶赤色物の付着

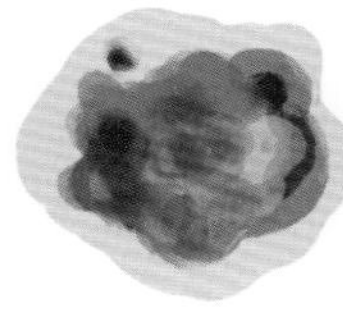

便に赤色物が付着している場合、総排泄腔出血、排泄口出血、生殖器出血、腎出血などが原因です。

▶尿酸の黄色化

感染性肝炎や肝細胞障害が疑われます。

▶尿酸の緑色化

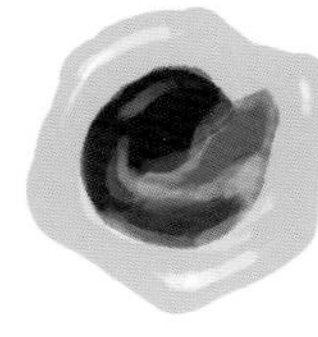

溶血を伴う急性感染性肝炎や敗血症が疑われます。

▶尿酸の赤色化

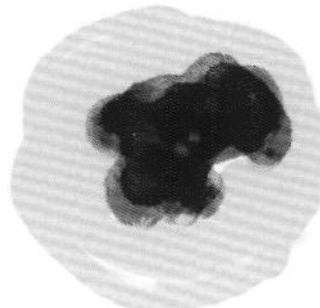

鉛などの中毒疾患や溶血性疾患が疑われます。

CHAPTER 3

グルーミング（爪切り、羽きり）

家庭で爪切りや羽切りを行う場合、「無理のない範囲で少しずつ」、が基本です。処置が終わったら、ごほうびを渡すのもよいでしょう。グルーミングに対する抵抗を少しずつ減らしてゆきましょう。

爪のトリミング（爪切り）

爪が長くなりすぎる理由

鳥の爪は一生、伸び続けます。野生下で暮らす鳥の爪は常に摩耗し、適切な長さに保たれるようになっていますが、飼育下では爪が摩耗される機会がほとんどないため、伸びすぎてしまうことがあります。

鳥の爪が伸びるまでの間隔が早いようであれば、止まり木を見直します（固すぎるのでプラスティック製はNG）。

なかには病気で爪が伸びすぎることもあります。

CHECK POINT

- **止まり木の太さや材質は適切か？**
→適切でない止まり木は、爪が摩耗しづらい
- **病気の可能性はないか？**
→ケラチンの形成異常（栄養不良や肝不全など）や、外傷、疥癬など

爪切りが必要なケース

ヒトとの暮らしの中で鳥の爪は衣類やタオル、カーテンなどの繊維に爪が引っかかりやすく、靭帯を損傷してしまうことがあります。

また、愛鳥を手に乗せたときに爪が食い込み、時にはケガをすることもあります。事故の防止と共通感染症の予防という観点から、鳥の爪があまり長くなりすぎているようであれば爪切りを行いましょう。

爪切りのメリット

- 放鳥中、洋服やカーテン、タオルなどの繊維に鳥の爪が引っかかる事故を防止（靭帯損傷など）
- 爪による鳥の脇、顎下、瞼、眼球の損傷の防止
- 鳥の爪によるヒトの外傷や共通感染症の予防

ヒナの爪はそのままで

ヒナの趾の爪は、成鳥の爪とは異なり、細く長めです。これは、ヒナが巣から落ちないためのものと考えられます。巣立ちを迎えるころまでは、爪切りはせず、成鳥になってから必要に応じて爪切りを検討しましょう。

◉爪の切りかた

鳥の爪を切るには、ヒト用の爪切り以外に、鳥あるいは小動物専用のもの、犬猫用のニッパーなどあります。使いこなしやすいタイプのものを選びましょう。カットし過ぎると（深爪）出血しますので、市販の止血剤（クイックストップ®など）を用意しておくと安心です。

❶爪切り、照明器具、止血剤を用意します。
❷鳥をしっかり保定し、デスクライトなどで爪によく照明をあてながら、血管が透けて見える少し手前のところでカットします（爪が黒く、透けて見えない種類の鳥もいます）。
❸もし深爪してしまったら、出血箇所に止血剤の粉末を出血箇所に押し当てるようにします。すぐに出血は止まります。この際、粉末が鳥のクチバシや目、出血箇所以外の傷口等につかないように気を付けましょう。止血剤を塗布したら患部を押さえて5〜10秒ほど止血します。その処置が終わったら、爪についた余分な止血剤の粉末は落として、鳥の嘴に爪が入っても大丈夫なように整えます。

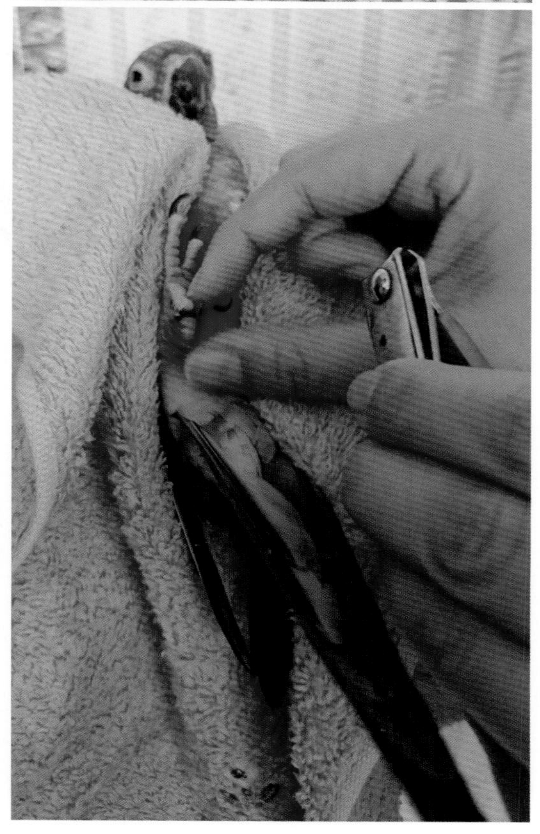

【深爪してしまったものの、止血剤がないとき】

まず、出血している爪の趾を10秒ほど押さえて止血します。その後、以下のような止血の方法があります。

片栗粉など：片栗粉などを出血箇所に塗布します。小麦粉や片栗粉は、その栄養分がばい菌の温床となりやすく、そのままにしておくのはよくありません。動物病院で適切な処置を受けることが望ましいといえます。

線香の火で止血する：やけどしやすいので、爪に火を押し当てる際には、慎重に行います。

線香の煙（副流煙）による受動喫煙で鳥の体調を害する恐れもあり、二次的なリスクを伴います。

はじめは無理しない

慣れない保定や爪切りで鳥に怖い思いや痛い思いをさせてしまうと、関係悪化の原因になります。はじめは動物病院やペットショップに爪切りを依頼し、その際によく観察して、コツを掴んでおくとよいでしょう。

自宅で爪切りを行う際は、慣れるまでは保定する係と爪をカットする係に分かれ二人で行うと、より安全に手早く行うことができます。

★サンドパーチについて：爪が削れるのと同様に、足の裏までも削れてしまう恐れがあります。また、鳥がクチバシを止まり木にこすりつけてグルーミングする際にも傷がつきやすくなります。鳥がサンドパーチを齧っているなら、飲み込んでしまうと危険ですので、外しましょう。

翼のトリミング（クリッピング）

風切羽の部分をカットし、飛翔を制限することをクリッピング（羽切り）といいます。

風切羽をカットしても、次の換羽には新しい羽がまた生えてくるので、その都度、カットする必要があります。

▶クリッピングのメリット

- 逸走の防止
- 窓ガラスや壁などへの激突防止
- 飼い鳥としてやや扱いやすくなる

▶クリッピングのデメリット

- 定期的なカットが不可欠
- 着地失敗・落下等の事故が起こりやすい
- 羽切りしているからという油断から逃がしやすい
- 安全に羽をカットするには技術が必要
- 鳥自身の自尊心の低下
- 毛引き、自咬の原因になりやすい
- 運動不足に陥りやすい
- 踏みつけ事故にあいやすい

外側の羽も必ずカットする

見ための理由から、外側の風切羽だけを残すクリッピングを施されることがあります。風切羽を失い、強度がなくなっているためたいへん折れやすいうえ、またすぐに飛べるようになってしまいます。外側の羽だけを残すのはやめましょう。

隠れている筆羽を誤ってカットしてしまうと大量に出血することがあります。羽はていねいに一枚、一枚、カットします。

また、ほんとうに愛鳥の翼をカットする必要があるか、メリット、デメリットをよく考えたうえで羽切りを行いましょう。

内側の線は成鳥、外側の線は幼鳥に適したカットライン

BIRDS Column Health & Medical care

野生下での暮らし

野生のインコやオウム、あるいはブンチョウなどのフィンチは、ふだんはどんな暮らしをしているか、考えてみたことはありますか。自然の中に暮らすコンパニオンバードたちの暮らしぶりを少し覗いてみましょう。

◆ケアンズに暮らすオウムとインコ

オーストラリアのケアンズ港からフェリーで片道50分、世界遺産グレートバリアリーフの島々の1つ、フィッツロイ島には野生のキバタンが生息しています。

こちらの白いビーチは砂ではなく、サンゴの殻で埋め尽くされており、歩くとカラカラとした音がします。観光地化はあまりされておらず、ウミガメの産卵地としても知られています。

キバタン達は夜も明けきらぬうちに目覚め、うっそうとした熱帯雨林の中から騒々しい鳴き声をあげてビーチに降り立ち、朝の食事をはじめます。

来訪した8月はオーストラリアでは冬にあたりますが、マカダミアの樹が直径2cmほどの実をたくさんつけていてました。そのナッツをキバタンは群れの仲間やつがいの相手とともに食べていました。

食事がすむとキバタンたちは日差しを避けるようにビーチ沿いの木陰に入り、互いに羽繕いをしあったり、木の枝に巻き付いたツタにぶら下がってブランコ遊びを楽しんだりと、思い思いの時間を過ごします。

日が高くなる昼頃から夕方にかけては、船で

観光客が来る前のビーチで採餌中のキバタン

ヤシの木の葉やツタにぶら下がって仲間と遊ぶキバタン

やってくる観光客たちを避け、熱帯雨林の中に身を潜め、静かに午睡をしていました。

観光船が島を出て日が傾きはじめると、仲間の合図を皮切りに、再びけたたましい鳴き声とともに何十羽ものキバタンたちがビーチに舞い戻ってきて、人けのない海岸沿いに降り立ち、再び食事をはじめます。

島内にはパパイヤも多く自生していて、その時々の旬の食べ物を主食としているようです。食事を済ませたキバタンたちは、夕日が海に沈むころ、再び仲間たちとともに熱帯雨林の森の中へと消えていきました。

次に向かったのは、ケアンズの町から車で東南内陸部に向け1時間半ほどのところにあるアサートン高原です。クイーンズランドの湿潤熱帯地域で、ここではつがいのキンショウジョウインコがジャングルやバナナ畑の中で観察できます。また、キバタンもたくさん生息していて、収穫の終わったトウモロコシ畑に数百羽もの巨大な群れで降りたち、夕日を背に、こぼれたトウモロコシの実をついばんでいました。

少し離れたところからこちらの様子をうかがうキンショウジョウインコのペア

収穫の終わったトウモロコシ畑に舞い降りるキバタンの群れ

ブルネイのプールサイドに営巣するブンチョウ

自然が多く残るフィッツロイ島のビーチ

◆異国の地に暮らすブンチョウたち

ブンチョウはインドネシアが原産の鳥です。ハワイでもよく見かけますが、昭和の頃、ブンチョウ好きの日本人によって持ち込まれ、現地の気候に適応し、定着したといわれています。日本でも篭脱けしたブンチョウは少なからずいたと思われますが、気候に馴染めなかったのか、我が国では外来種としては定着していません。

朝、街路樹の植え込みやビルの隙間から文鳥たちは現れ、ワイキキビーチ周辺の公園では草の実をついばむ姿や、ショッピングモールの噴水で水浴びする姿を見ることができます。

また、東南アジアのボルネオ島北部に位置するブルネイ王国では、ブンチョウが王室御用達の5つ星ホテルにあるプールサイドのガゼボ（壁のない休憩のための建築物）に巣を作り、子育てをしていました。広大な敷地の中に植栽が行われていて、一年中咲き誇る美しい草花と水辺、建物が調和した心地よい空間をブンチョウは住まいとして利用しているのです。

このようにコンパニオンバードとして飼育されている鳥たちも、野生下では自然の一部として環境に適応し、時には人々の暮らしをうまく活用しながら、それぞれの生活を送っているといえるでしょう。

よくわかるコンパニオンバードの健康と病気

Chapter 4

栄養管理

CHAPTER 4

栄養管理

鳥の種類によって食性は少しずつ異なります。鳥の種類やライフステージにあった食事を与えましょう。

鳥の食性を理解する

愛鳥には美味しいものをたくさん食べてほしいものですが、好んで食べるからといって、糖度が高く調整されたフルーツや、砂糖がまぶされたドライフルーツなどを日常的に与えることは、肥満のみならず万病のもとになり、愛鳥の寿命を縮めてしまいかねません。

とはいえ、鳥の食事に関して、むやみに臆病になりすぎることもありません。食欲不振時など、いざという時のために愛鳥の好物をあらかじめ知っておくことは、とても良いことです。フルーツはごくたまにおやつとして与える程度にとどめ、主食を食べる量に影響が出ない程度にしましょう。

食餌の与えかた

主食について

コンパニオンバードの食餌は、エサ入れにペレットやシードを一定量入れた状態にしておく与え方が一般的ですが、可能であれば分割して与えます。

主食として与えるものは、副食のさじ加減が難し

い種子混合餌よりは、栄養バランスのとれたペレット食が理想です。

◉エサの与えかた

ライフステージにもよりますが、1日あたり鳥の体重の10%程度が、飼い鳥の食べる適正な量とされています。食べこぼしや殻の量を加味すると、エサ入れには体重の20%程度を入れておくと安心です。

ただ、このようにエサ入れにエサを入れっぱなしにするのは、飼育者側の利便性のみを優先した与えかたの1つに過ぎません。

エサ入れに常にエサがあるという状態は、愛鳥の肥満を招きかねないだけでなく、愛鳥のQOLを考える上でも、望ましい与えかたとは言いかねます。

もし、事情が許すのであれば、鳥のエサは、できるだけ少量・頻回で与えましょう。主食を朝と夕の二回に分け、さらに青菜などの副食やごほうびとしてのおやつを間食として与えると、愛鳥の食事をする楽しみが増えるだけでなく、肥満の予防にもなります。

ただし、気を付けなくてはいけないことがあります。飼い主の都合で愛鳥が長時間、絶食するようなことは、避けなくてはなりません。

いずれの与えかたにせよ、鳥が1日あたり体重の10%程度のエサを毎日しっかり食べているか、確認するようにしましょう。

体重測定で食べている量をチェック

エサをきちんと食べているかを調べる方法としては、キッチンスケールを用いて与えるエサの量を計測する方法と、体重を測る方法があります。体重測定をできれば毎日、最低でも週に一回は行いましょう。

主食を選ぶ

一般的な飼い鳥の主食には、大きく分けて人工の完全栄養食であるペレットと、種子がブレンドされたシード（種子混合餌）の2種類があります。

ペレットにはペレットの、シード（種子混合餌）にはシードの良さがあります。一長一短ありますので、上手に使い分けられるようにしましょう。

栄養バランスを考えると、人工完全栄養食である良質なペレットを主食とし、シードや青菜は、副食やおやつとして与えると、どちらの良さも取り入れることができます。

災害や病気の時など、いざという時のためにも、さまざまなタイプのエサを好き嫌いなくおいしく食べることができる鳥に育てたいものです。

◉ペレット食（人工総合栄養食）

ひと言でペレットといっても、粒の大きさや味や栄

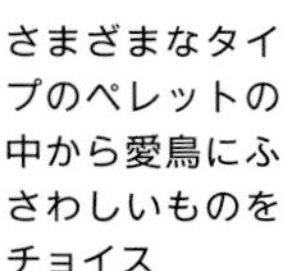

さまざまなタイプのペレットの中から愛鳥にふさわしいものをチョイス

大型インコ・オウム用のペレットは粒も大きめ

市販の種子混合餌

アワ、ヒエ、キビ、カナリーシード、ボレー粉がブレンドされたシード（種子混合餌）

ひまわり

えん麦

サフラワー

そばの実

養価など、異なるさまざまなタイプの商品が多くのメーカーから発売されています。

その中でも栄養バランスの整った質の良いペレットを愛鳥の主食にしましょう。時折、メーカーによる廃番や内容の変更が行われることがありますので、いざという時のためにも、ひとつの銘柄にこだわりすぎず、何種類かのペレットを食べられるようにしておくと安心です。

ペレットは密閉容器に移し替えて冷暗所で保管し、開封したら早めに使い切ります。

今までシード食だった鳥は、ペレットへ切り替える際に、慣れるまで時間がかかることがあります。それでも一日2回、朝と晩におやつがてらシードを控えめな量で与え、日中はエサ入れにペレットのみを入れておくと、いつの間にかペレットも食べられるようになっていることが多いようです。

ペレットを主食とする場合、ほかにビタミン剤やサプリメントは不要です。特にビタミンAやビタミンDなどの脂溶性ビタミンは、ビタミンCなどの水溶性ビタミンとは異なり、不要な栄養素が体外に排出されず、体内に蓄積されて健康を害する恐れがあります。

ペレットを常食とする場合は、サプリメントやビタミン剤で栄養の重複による過剰症が起こらないように、くれぐれも留意しましょう。

◉シード食（種子混合餌）

シード（種子混合餌）は、飼い鳥にとって、好みの粒を選びとり、皮を剥いて食べるというペレットにはない楽しみがあります。皮を剥くことが鳥にとってちょっとしたストレス解消になることもあります。シードには良質なたんぱく質が含まれています。

シードを主食として与える場合、一般的な配合のもの（アワ、ヒエ、キビ、カナリーシードがベース）で、種子に着色が施されていないもの、ドライフルーツなどが入っていないものをチョイスします。

また、鳥が好みの種子ばかり食べてしまうことのないよう、どの種子もまんべんなく食べさせることも大切です。与える際にはエサ箱の上から継ぎ足してしまうのではなく、少量を食べきったことを確認してから、エサを新たに与えるようにします。

小型～中型の鳥の場合、ヒマワリやサフラワー、アサノミ、エゴマなどの脂肪分の多い種子は肥満の原因になりますので、主食としては不向きです。

シードは冷蔵庫などの冷暗所で保管します。カビの匂いがしたり、虫が湧いたりしたものは、速やかに破棄し、鳥が口にすることのないようにします。

また、量り売りのシードの中には衛生状態に不安が残るものもあります。万が一、シードの中にネズミの糞などが混じっているようであれば、それは捨てて新たに買いなおす必要があります。

シードの中でも皮つき餌のほかに、種子の殻のあらかじめ剥かれたエサ（むき餌）が販売されています。皮を剥いたむき餌は「死に餌」とも呼ばれ、皮つき餌に比べ栄養価がとても低く、品質が劣化しやすいため、主食には不向きです。必ず、殻付きのエサ（皮つき）を選びましょう。

シード食では副食が不可欠

シードを主食にする場合は、栄養に偏りがあるため、シード以外にいくつかのものを副食として必ず与える必要があります。

野菜：カロチンの多く含まれる緑黄色野菜を与えます。ニンジンやピーマンもビタミンAが豊富ですので、ヒナのうちから積極的に与えて食べられるようにしましょう。市販の野菜には薬品がかかっていることがあるので、流水でよく洗い流します。

アブラナ科の植物（コマツナやチンゲン菜、ブロッコリー、キャベツ等）は、ゴイトロゲンと呼ばれる甲状腺に負担がかかる物質が多く含まれます。もし与えるとしても少量とし、甲状腺を守るために、ヨードを含むビタミン剤を併用するとよいでしょう。

ホウレンソウに含まれるシュウ酸は、カルシウムと結びついてカルシウムの吸収が悪くなるといわれているので注意が必要です。コンパニオンバードには、サラダ菜などキク科の野菜をメインに与えます。野菜が入手しづらいときは常温に解凍したミックスベジタブルなどで一時的に代用することも可能です。

ビタミン剤・サプリメント：野菜だけでは足りないビタミンをビタミン剤やサプリメントで補います。成分表示、消費期限、対象の鳥が明記された良質なものを選びます。

換羽期に体調を崩しやすい鳥には、換羽期専用のサプリメントを与えます。脂溶性ビタミンの含まれるビタミン剤やサプリメントを与える際には、過剰投与にならないよう注意してください。

ビタミン剤やサプリメントを入れた水は変質しやすいので、水入れは直射日光の当たらない場所に置いて使用しましょう。

サラダ菜

サニーレタス

リーフレタス

おやつ用に乾燥させた野菜

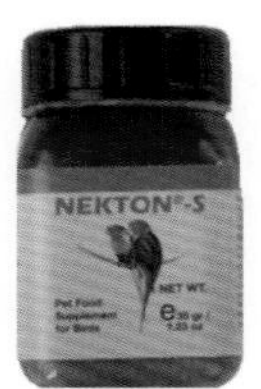

鳥専用の各種ビタミン剤

ボレー粉と塩土。与え過ぎに注意しましょう

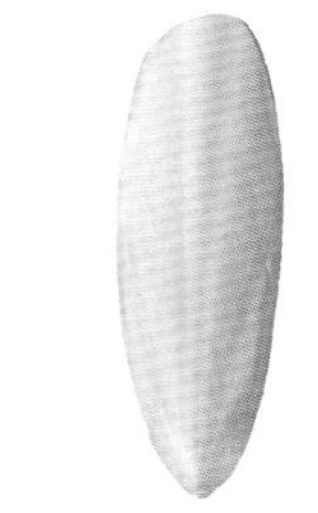
カットルボーン（イカの甲）

リンゴ

ペレットは粒の色や形、大きさ、味、成分などいろいろ

みかん

バナナ

ボレー粉：カルシウムの補給のために主食とは分けて与えます。市販のボレー粉は水洗いしてよく乾かしてから与えましょう。食用のカキの殻でボレー粉を作ることもできます。

よく洗って塩抜きしたカキの殻を袋に入れてハンマーで細かく砕き、しっかり乾燥させれば、手作りで安全性の高いボレー粉の出来上がりです。完成したものは密閉容器に市販の乾燥剤と共に入れて、冷凍庫で保存します。

ミネラルブロック・塩土：鳥類にも塩分を与える必要があります。ただし、これらのものは塩分の含有量がはっきりしていないため、与えるのは週一回程度のみとし、塩分の過剰摂取に注意してください。

カットルボーン：イカの甲です。与える量を調整しづらいのが難点です。愛鳥がボレー粉を食べないときは、カルシウムの補給にカットルボーンを与えるとよいでしょう。※

フルーツ：フルーツを好んで食べる鳥は多いのですが、セキセイインコやオカメインコ、ブンチョウなど、鳥の食性によっては、糖分を速やかに消化することができず、肥満になってしまうことがあります。

また、みかんやグレープフルーツなどの柑橘系のフルーツは、ビタミンCが多く含まれているためサプリメント等に含まれる鉄分の過剰吸収に注意します。

市販のフルーツは、野生下で鳥たちが食べている自然の中でとれるフルーツとは異なります。それらは、人工的に糖度が高く調整されており、甘くて嗜好性は高いのですが、食べ過ぎれば当然、肥満の原因になります。ロリキートなどの花蜜食の鳥を除き、フルーツの与え過ぎは気を付けましょう。

主食選びは成分も確認して

毎日の主食には良質のたんぱく質を充分に含む食事を与えて下さい。主食がシード食の場合、そのほかにビタミン、ミネラル、カルシウムなどを含む副食をバランスよく与えることも大切です。

また、そのさじ加減は、プロでも難しいといわれています。完全に自然食だけで鳥を飼いたいということであれば、鳥類の栄養学を学んだ上で、与えるべきエサを鳥種やライフステージ、鳥の体調によって吟味できる知識が求められます。

※ ビタミンDが不足すると、カルシウムを充分に吸収することができないので、カルシウムを吸収するためにも日光浴を欠かさず行いましょう。（19ページ参照）

新鮮な青菜を1年じゅう供給することに難しさを感じるようであれば、ビタミン剤を併用するか、総合栄養食であるペレットを主食にするほうが無難です。

ペレットは栄養バランスの良い食餌となり、あれこれ与えなくても、安心して鳥を飼育することができます。

ペレットの場合、たまに青菜を与える程度で、ほかの副食は基本的には不要です。ペレットを選ぶ際には、栄養成分、消費期限、対象の鳥をよく確認し、愛鳥の主食としてふさわしいものを選びましょう。

▶ペレット食のメリット

・副食が不要
・保管がしやすい
・栄養バランスのことで悩まなくて済む
・殻などのゴミが出ない

▶ペレット食のデメリット

・外国産の輸入品が主流で割高感がある
・シードより食いつきが悪いことが多い
・入手が困難（ホームセンターやスーパーマーケットでの扱いがほとんどない）

▶シード食のメリット

・鳥が皮を剥いて食べる喜びがある
・嗜好性が高い
・ペレットに比べ価格が安価
・スーパーマーケットなどで入手可能
・飼い鳥の主食として歴史がある
・殻つきのエサは鮮度が落ちづらい

▶シード食のデメリット

・栄養に偏りがある
・青菜やボレー粉等の副食が欠かせない
・種子の殻が出る
・エサ入れの中の残量が分かりにくい
・好きなシードしか食べないことがある

ペレットを与える上での注意点

確認すべきポイント

完全栄養食として知られるペレットですが、なかには嗜好性ばかりが優先されていて、飼い鳥の主食としてはふさわしくないものもあります。原材料、成分表示、消費期限、対象の鳥が明記されていないような商品や、おやつのテイストが強いものは避けましょう。

できるだけ添加物の少ないものをチョイス

人工的な着色やフルーツの匂いなど、ペレットによっては添加物が気になることがあります。また、品質を保持するために、酸化防止剤や保存剤等の添加物が使われていることもあります。添加物を長期的に摂取し続けると、愛鳥の健康に影響をおよぼしかねません。

色付きのペレットの場合、排泄物の色を確認しづらくなることがあります。できるだけ添加物が少ないペレットを選びましょう。

ペレットに用いられる添加物の種類

ペレットに用いられている添加物には、合成（人工）添加物と天然添加物があります。

ビタミンCやビタミンE、ハーブから抽出した天然成分由来の添加物は、からだには優しいですが、保

アボカドやネギの仲間は中毒の原因になります

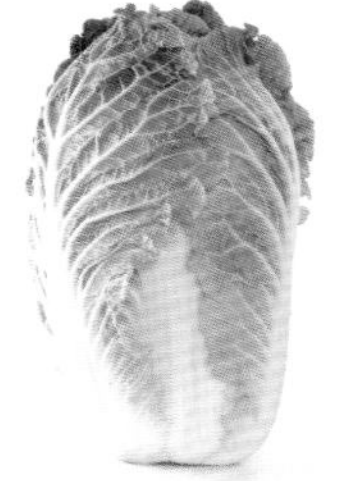

キュウリやハクサイは副食に不向きです

存料としての効果は低めです。品質を維持するためには冷蔵庫などの冷暗所で保管し、開封後は速やかに使い切りましょう。

▶栄養の重複に注意

ペレットに加え、サプリメントなどを与えると、栄養過剰による障害を引き起こす恐れがあります。

▶粒の大きさや形、固さ等、好みがある

大粒のペレットは食べないけれど小粒のものなら食べる、あるいは、同じ味でも月型のペレットは残すけれど、せんべい型のペレットは好きなど、鳥にも好みがあります。いろいろとチャレンジしてみましょう。

▶手を加えた場合はすぐに使い切るのが原則

粉末化したペレットや水分を含んだペレットは、たいへん傷みやすいので、食べ残したものはすぐに取り除きましょう。

与えてはいけない食べもの

ヒトが食べても無害だけれど、飼い鳥が口にしてしまうと、中毒を起こす食べものがあります。

愛鳥が欲しがるからと、安全性が確認できていないものをむやみに鳥に与えてはいけません。

アボカド：ヒトには無害ですが、鳥類や犬猫など、ヒト以外の多くの動物は、アボカドに含まれるペルシンと呼ばれる殺菌作用のある毒素により中毒を起こす危険があるため、実・種ともに与えてはいけません。
ニラ、モロヘイヤ、玉ネギ、長ネギなどのネギ類：ネギ類には毒素（硫化アリル）が含まれ、急性の貧血や血尿を引き起こすため、鳥に与えないようにしましょう。
ホウレンソウ：アクに含まれるシュウ酸はカルシウムと結合してカルシウムの吸収を妨げてしまうため注意が必要です。
アブラナ科の植物（キャベツ、ブロッコリー等）：ゴイトロゲンと呼ばれる甲状腺腫誘発物質が含まれています。与えるとしても少量に留めるべきでしょう。
豆類：生の豆類はレクチンと呼ばれる中毒症状の原因になる物質が含まれるため、ヒトも鳥も食べられません。大型のインコ・オウムに与える場合は、レクチンを熱で破壊するため、しっかり水に浸したあと、沸騰状態で10分以上煮るか、炒ってから与えましょう。
キュウリやハクサイなど：水分が多く口当たりの良いものは、ほとんど栄養価が期待できません。鳥の主食を食べる量に影響しない程度におやつとして与える分には構いませんが、副食としての青菜とは別のものと考えましょう。
ヒトの食べ物：飼い主がおいしそうに食べていると、それを愛鳥も欲しがることがあります。

ヒトの食べ物は塩分や糖分、油分、添加物が多すぎます。なかでも加熱炭水化物や糖分が高いスナックやスイーツ、ごはんやパン類はカンジダ症（117ページ）の原因になるため、むやみに与えてはいけません。

有機野菜もよく洗うこと

鳥類に与える野菜は、有機栽培のものにこだわる必要はありません。有機肥料をつくる過程で病原菌

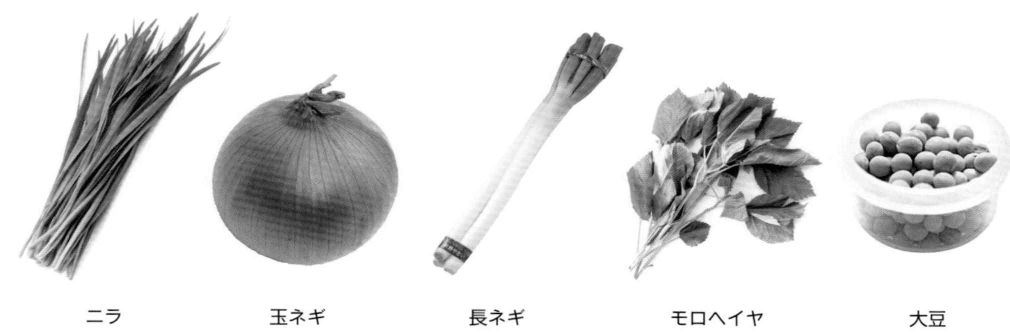

が混入し、それが有機野菜に取り込まれる危険性もあるからです。

有機肥料（堆肥）の原料となる家畜の糞や残飯には、サルモネラや病原性大腸菌O157など食中毒を起こす病原菌が含まれていることがあります。

愛鳥に与えるときには、有機野菜だからといってそのまま与えたりせず、必ず流水でしっかりと洗い流してから与えるようにしましょう。

▶摂りすぎに注意

ミネラルブロックや塩土、カットルボーン、ボレー粉などの副食は、砂嚢に過剰に溜まり過ぎると、さまざまな消化器系の疾病を引き起こす恐れがあります。量を決めて計画的に与えましょう。

サプリメント・総合ビタミン剤

サプリメントやビタミン剤は、季節を問わず、主食だけでは足りない栄養素を手軽に補うことができます。換羽や巣引きの際の栄養補給に最適です。

シードが主食の場合は、不足しがちなビタミン、ミネラル等の栄養素をサプリメントで効果的に補いましょう。

▶開封後は密閉容器に移し、冷蔵庫で保存

劣化したエサは愛鳥のからだに悪影響を及ぼします。ペレット、シードいずれの場合も、開封後は乾燥剤とともに密閉容器に移し、冷暗所で保管し、早めに使い切るようにします。

食餌のメニューを増やそう

いろいろな食べものに慣らす

いつも同じ食事ばかり与えていると、その食事に愛鳥が飽きてしまって、食欲が落ちてしまうことがあります。また、そのいつもの製品がマイナーチェンジや廃番になった時に、慣れ親しんだ食事を替えることが難しくなり、新しい食事に切り替えができないといった問題が起こる恐れがあります。

メインとして与えている主食のほかにも、旬のフルーツや野菜などを少しずつ与えます。市販のおやつ類は嗜好性が高く脂肪分も多いので、日常的に与えていると肥満になりやすいので注意が必要です。とはいえ、ご褒美などでたまに少量、与えたりして愛鳥の好きな食べ物を把握しておくと、食欲が落ちたときの起爆剤として、役に立つことがあります。

あれこれ試して、愛鳥が食べられるものの幅を日ごろから拡げておくと良いでしょう。

CHAPTER 4

鳥の食性に配慮した副食の与えかた

コンパニオンバードの場合、主食が全体の7〜8割、その他の副食が2〜3割をメドに与えます。愛鳥の食性やライフステージ、肥満度など、愛鳥の状態に合わせて内容を調整しましょう。

◉ボウシインコやコンゴウインコの仲間

野生下でフルーツを常食しているため、加熱した炭水化物を与えても、あまりおなかを壊さない傾向があります。

◉モモイロインコやオカメインコ、バタンの仲間

野生下では穀類を主に食べています。加熱された炭水化物やフルーツは消化しづらいので極力控えるべきといえます。

◉ヨウム・ヤシオウム

熱帯雨林に生息し、ヤシやその果実や種子（オイルシード）を主に食べていますが、飼育下で、運動不足の環境にある場合は、高脂肪食は控えめにするべきでしょう。

◉オオハナインコ

花蜜食のロリキートに近い食性です。ペレットに加え、ビタミンAを豊富に含む野菜やフルーツを多めに与えます。

◉コニュア（ウロコインコの仲間やコガネメキシコインコやトガリオインコ等）やピオヌス（アケボノインコやドウバネインコ等）の仲間

野生下では果実を主に食べています。果実食の鳥は、糖分が多い食べ物を常食しているため、フルーツや加熱した炭水化物を与えても、あまりおなかを壊しづらい傾向があります。

ペレットを7割、副食として野菜、フルーツ、穀類をそれぞれ1割で与えます。

◉ローリー・ロリキート（ヒインコやゴシキセイガイインコ、ショウジョウインコ等）

花の蜜を主食にしています。これらの鳥の食性は完全にわかっているわけではないので、それ

ぞれの鳥の状態を見極めながら、エサ選びを慎重に行ってください。

花蜜食用のフードを中心に7割、その他の副食としてフルーツ、野菜を各1割、あとはボレー粉や塩土、ミネラルブロックのほか、定期的にビタミン剤を与えます。フルーツ類は皮を剥き、野菜も小さくカットして与えると食べやすいようです。

◉セキセイインコ、コザクラインコ、ボタンインコ、マメルリハ、テンニョインコ、ビセイインコ、サメクサインコの仲間

穀物食の鳥で、野生下では種子やイネ科の穀物、果実、葉や芽などを食べています。糖分の消化能力は低めで、フルーツを常食させると肥満の原因になります。

◉ハネナガインコなどセネガルパロットの仲間

セネガルパロットの多くは、サバンナに点在する林に生息しています。野生下では種子、穀物、果実、ナッツ、葉や芽などを食べています。飼育下にあり、運動不足な環境にある場合は、ナッツなどの高脂肪食は控えめにします。ペレット7割に対して、フルーツ、野菜、穀類を各1割ずつ目安として与えます。

◉ダルマインコやコセイインコ、ワカケホンセイインコなどの仲間

穀物食と果実食の中間食で、種子、果汁、フルーツ、花、花蜜、穀物、虫などいろいろなものを食べています。消化能力も高めです。少しずつさまざまなものを与えましょう。

◉キンカチョウ、コキンチョウ、ジュウシマツ、ブンチョウなどフィンチの仲間

雑食性で、野生下では穀物や種子の他に、花や小さな虫などいろいろなものも食べています。消化能力はやや高めですが、小さな鳥たちですので、与えてよいフルーツやおやつの類は、ほんのわずかな量になります。

◉サザナミインコ

霧の深い山岳地帯の森に生息し、柔らかい木の芽など、水分の多いものを主食としていると考えられます。そのため固いシードを与えすぎると消化しきれず腸閉塞をおこすことがあります。主食としては、ペレットや野菜を中心に与えます。

◉カナリヤ

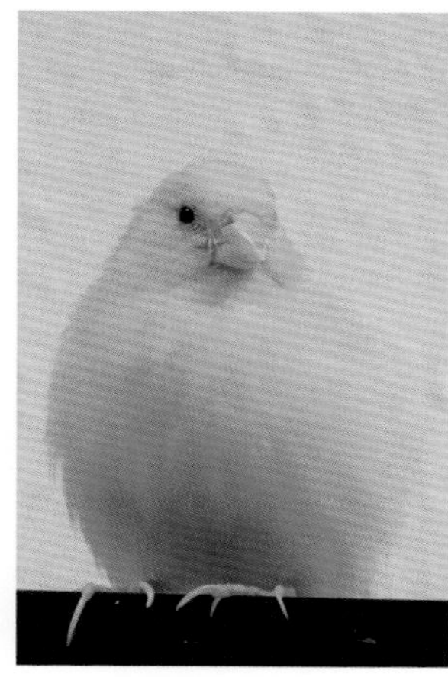

標高の高い果樹園や雑木林に生息し、穀物の種子や葉、果実などを食べています。

カナリヤに与える色揚げ剤の原料はパン粉と油で脂質過剰となりやすいため、与えすぎることのないようにしましょう。

CHAPTER 4

肥満を防ごう

ケージの中に暮らす飼い鳥たちは、運動不足になりがちです。鳥の運動不足は、肥満、脂肪肝、肺活量の減少など、さまざまな万病のもとになります。

肥満の原因

運動不足の解消を

肥満にはいくつかの原因が考えられます。1つは運動不足です。野鳥に運動は必要ありませんが、ケージで暮らすコンパニオンバードは運動不足になりがちです。手のり鳥には、部屋の中で放鳥し、からだを動かすチャンスを与えましょう。放鳥するためには、部屋の中で愛鳥が安全に飛翔

手作りおもちゃで肥満＆ストレス解消

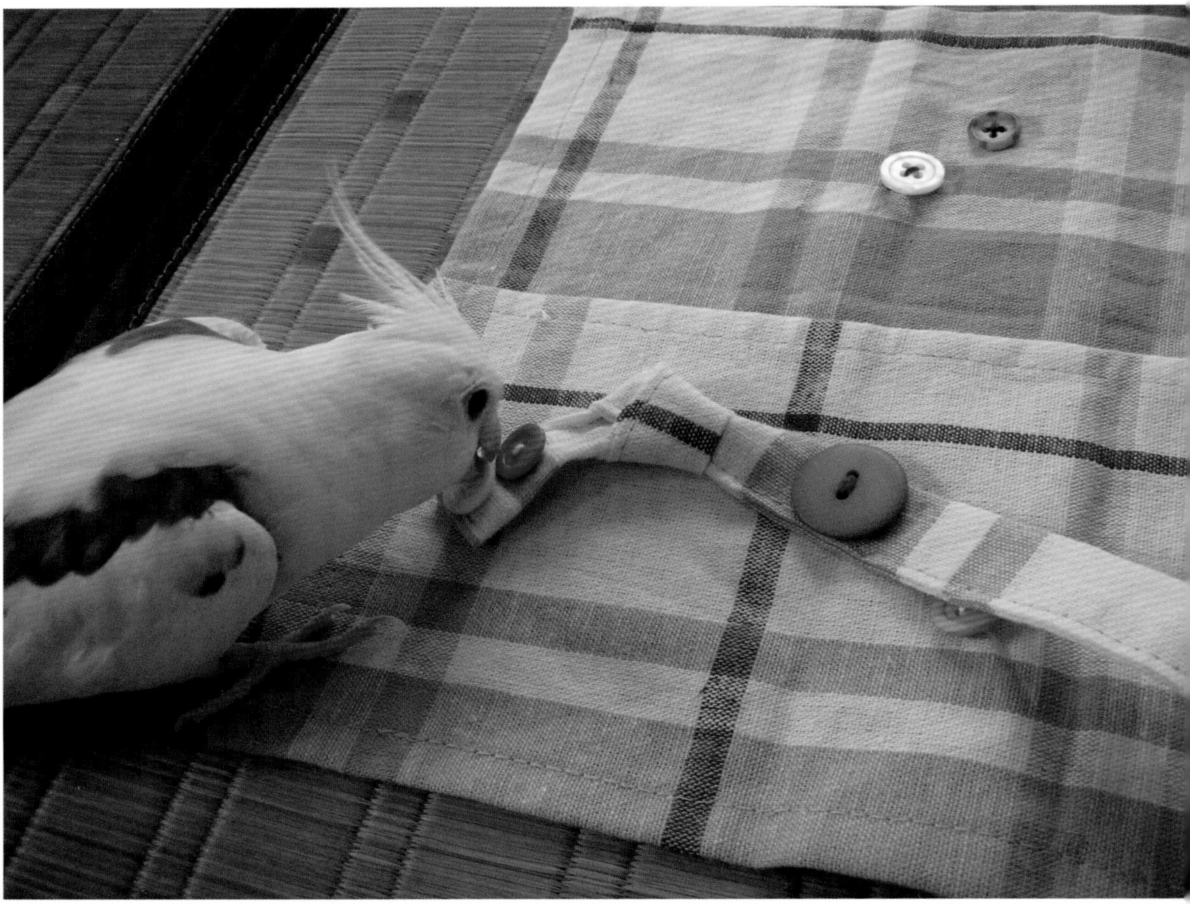

できるようにレイアウトを見直すことも大切です。

部屋の中に鳥用のブランコやバードジム、水浴びコーナーを設置するなど、いろいろと工夫し、楽しく愛鳥がからだを動かすことができるよう促しましょう。

手のり鳥でなかったとしても、ケージの中でじっと同じ箇所に1日じゅうとどまり、糞が山のようになっているような状態で過ごしているようでは健康的とはいえません。放鳥する機会がない分、できるだけ広めのケージで飼育することはもちろんのこと、バードトイや止まり木、エサ箱や水入れの位置も運動量が増えるよう、レイアウトを見直して肥満を未然に防ぎましょう。

食事の内容には気を配る

コンパニオンバードは自らエサを探しにいく必要はなく、与えられた食物を食べているため、食に関するすべての責任は飼育者にあるといっても過言ではありません。

愛鳥に必要な栄養素をバランスよく摂取させましょう。特定の栄養素の摂りすぎや不足も肥満の原因になることがあります。鳥の食生活を冷静に振り返り、足りない栄養素があれば、意識的に摂取させることもときには必要です。

鳥の種類にもよりますが、主食であるペレットやシード以外に脂肪分の高いナッツや糖分が高いフルーツを頻繁に与えすぎてしまうと、鳥はあっという間に肥満体になってしまいます。

また、ライフステージにあった食事を与えることも大切です。代謝の落ちた中年期以降の鳥は、食餌の内容の見直しを行うとよいでしょう。

肥満は過剰な発情や生活習慣病などさまざまな病気の原因になりますので、愛鳥の体重が増えてきたら早いタイミングでおやつを与えることをやめるか、内容を改めるか検討する必要があります。

鳥が好きなときに好きなだけ食べられるようにせず、エサ箱は外してしまい、食餌を与えるタイミングを1日2食にして、エサの量を管理し、食べ過ぎを防ぐのもよいでしょう。

体格をチェック

肥満かどうかを見極めるには、鳥の胸部の筋肉を触って判断します。しっかりと締まった筋肉が胸筋についているのが理想です。胸骨にある竜骨突起（りゅうこつとっき）が突出して見えるようであれば、痩せすぎということになります。鳥の贅肉は前胸部と下腹部周辺につきやすい傾向があります。日頃から鳥の体重チェックと胸筋のチェックをこまめに行い、愛鳥のベストプロポーションを把握・維持し、体格の異変にいち早く気づきましょう。

オウム目・スズメ目の栄養要求量

（米国学術研究会議NRC　家畜の栄養要求量（1994）より）

項目	要求量
タンパク質	12.00%
脂　質	4.00%
エネルギー	30000.00Kal/kg
ビタミンA	50000.00IU/kg
ビタミンD	10000.00IU/kg
ビタミンE	50.00ppm
ビタミンK	1.0ppm
チアミン	5.00ppm
リボフラビン	10.00ppm
ナイアシン	75.00ppm
ピリドキシン	10.00ppm
パントテン酸	15.00ppm
ビオチン	0.20ppm
葉　酸	2.00ppm
ビタミンB_{12}	0.001ppm
コリン	1000.00ppm
ビタミンC	——
カルシウム	0.5%
リ　ン	0.25%
ナトリウム	0.15%
塩　素	0.35%
カリウム	0.40%
マグネシウム	600.00ppm
マンガン	75.00ppm
鉄	8.00ppm
亜　鉛	50.00ppm
銅	8.00ppm
ヨウ素	0.30ppm
セレン	0.10ppm
リジン	0.60%
メチオニン	0.25%
トリプトファン	0.12%
アルギニン	0.06%
スレオニン	0.40%

よくわかるコンパニオンバードの健康と病気

Chapter 5

鳥のからだの仕組み

CHAPTER 5

鳥のからだの仕組み

**鳥のからだはわたしたち哺乳類のつくりとは大きく異なります。
鳥のからだの仕組みを知って、健康管理に役立てましょう。**

鳥のからだの特徴

卵を産んで育てる

鳥類は卵から産まれます。卵生のいきものには魚類や爬虫類、両生類などがいますが、産んだ卵を親が抱卵し、孵化させてたヒナを巣立ちまで育てる点においては他に類がなく、鳥類特有のシステムといえるでしょう。

哺乳類が体内で受精卵を発生させて、ある程度まで胎児が育ってから出産するのに対し、鳥類は受精後、卵を体外に生み落としてから保温・孵化させることで、空を飛ぶための軽量化を図っていると考えられています。

羽毛がある

鳥のからだを覆う羽毛は鳥特有のもので、飛翔のためだけでなく、高い防水性と保温性によって鳥のからだを守っています。

嘴がある

鳥は歯や顎の代わりに、嘴のみを有しています。

また、前足を持たない鳥たちは、嘴を手の代わりに用いることがあります。嘴の中には、血管や神経が通っていて、触覚器としての役割もあります。

嘴の形は、それぞれの食性によって異なります。

インコ・オウムの仲間の嘴

フィンチ類の嘴

発情中のメスのセキセイインコ。ろう膜は褐色でガサガサしている

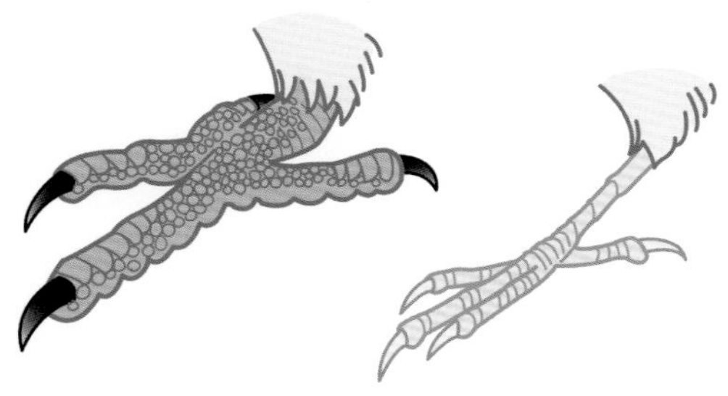
趾の配置：インコ・オウム類の趾は、前に二本、後ろに日本の対趾足（左）カナリヤやフィンチ類の趾は、前に三本、後ろに一本の三前趾足（右）

成熟したオスのセキセイインコ。ノーマル種ではろう膜は青くなる

ブンチョウの尾脂腺

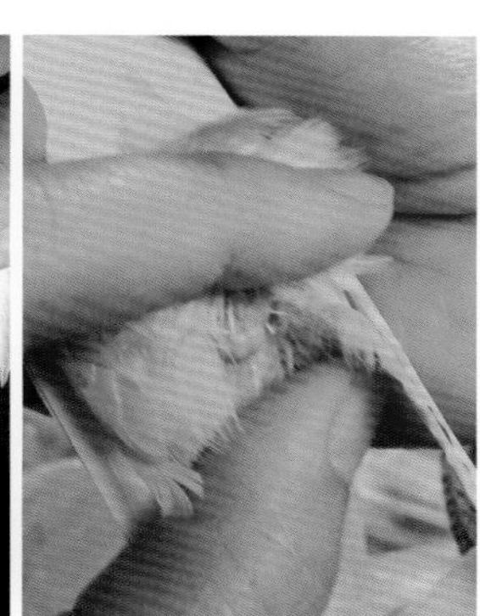
セキセイインコの尾脂腺

翼がある

鳥は翼により、揚力と推進力を得て、飛翔することができます。飛ばない鳥も、もとは飛べる種から発生しました。

外皮系

爪

タンパク質であるケラチンが趾の骨を覆って爪を形成しています。爪は一生、伸び続けますが、通常は止まり木に止まる際などにこすれて、ほぼ一定の長さを保ちます。

爪の中には神経や血管が通っていて、深爪をすると出血します。

ろう膜

セキセイインコやオカメインコ、ハトなど一部の種では、上嘴の付け根に柔らかく膨らんだろう膜があります。ろう膜には感覚器としての役割があります。

皮膚

薄く柔らかく乾燥しやすい皮膚をしています。

腺

鳥には汗腺などの皮膚腺がほとんどなく、尾脂腺、耳道腺、瞼板腺、排泄口腺があります。

尾の付け根にある尾脂腺からは、皮脂が分泌されます。そのオイルを嘴にこすりつけ、羽を整えて、羽毛の防水性や保温性を高めているようです。

水浴び用の水はそのオイルが落ちないよう、お湯ではなく必ず水にします。尾脂腺は炎症や腫瘍ができやすいものの、羽毛に覆われているため見落とされやすい部位といえます。

骨格

鳥の骨格は飛翔のため、軽量化されていますが、激しい飛翔運動を支えられる構造になっています。

骨質／からだを軽くするため、骨質は薄くなっています。ヒトは体重の15～20%が骨の総重量ですが、鳥では体重に対して骨重量は約5%しかありません。骨の内部はストローのように空洞になっています。そこに細かい骨の柱（骨小柱や糸状骨）が筋交いのようにして薄い骨質を支えています（トラス構造）。

鳥は骨折しやすいため、保定の際は 細心の注意が必要です。

含気骨（がんきこつ）／鳥には飛翔のために骨の中（骨髄に当たる部位）に空気が含まれる骨があります。主に椎骨、肋骨、上腕骨、烏口骨、胸骨、腸骨、坐骨、恥骨などが該当し、それらを含気骨といいます。含気骨は気嚢と肺につながり、呼吸器の一部となっています。

融合骨／薄い骨質のため、仙骨、胸椎、腰椎、仙椎、尾椎のいくつかの骨や、頭蓋骨、鎖骨、手根 中手骨などの骨は骨同士が融合化し、強度を保っています。

骨髄骨／骨髄骨は鳥類のメス特有の組織です。産卵期になると、メスの大腿骨・脛骨などの骨髄腔の中に出現し、産卵期の卵殻形成に必要なカルシウムを一時的に貯蔵する機能を持つといわれています。

発情が止まれば骨髄骨は徐々に消失します。卵材の重さで飛翔能力が落ちる営巣期には、多くの種のオスがメスを守ります。

鳥の骨格

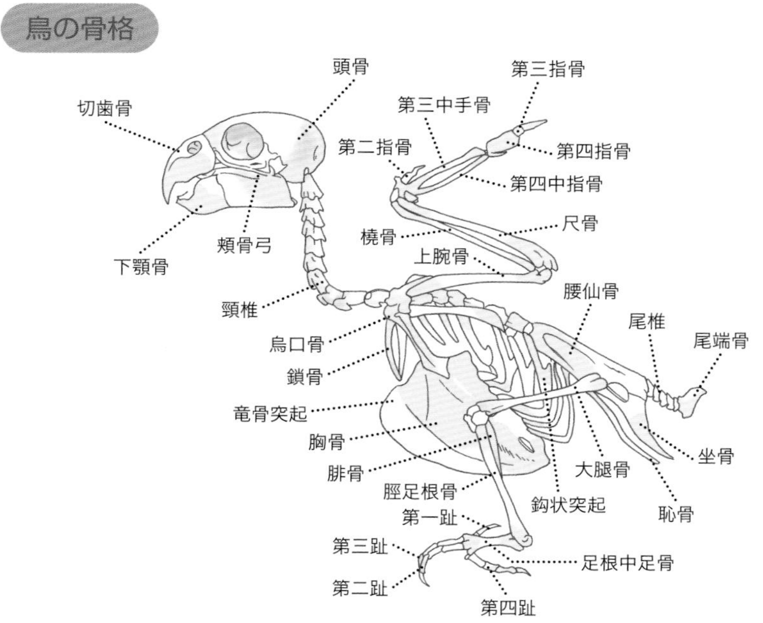

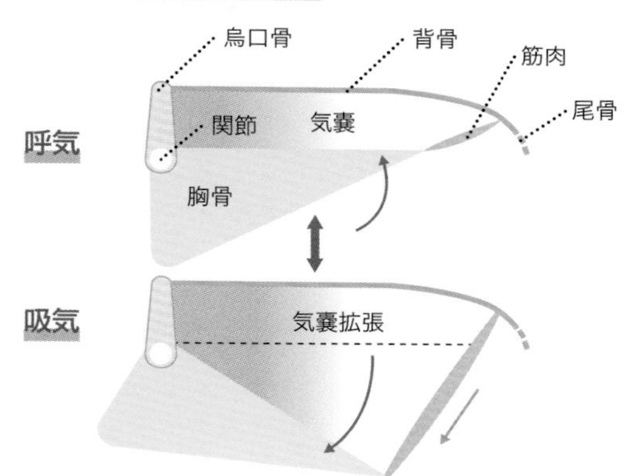

9つの気嚢と肋骨と胸骨の動きが連動し、ふいごのように肺へ空気を送り込み、呼吸します

頭部の骨／哺乳類の頭蓋骨は上顎と下顎の2つのみですが、鳥類の場合は多くの骨で構成され、関節も複数あり、種子の殻を割るなどの複雑な動きを可能にしています。食事のときには上顎を大きく開くことが可能です。

切歯骨に存在する鼻孔には、異物が入り込まないための骨（弁蓋骨）があります。

鳥類の頭骨には哺乳類にはないリング状の強膜骨があります。巨大な眼窩（骨でできた空間）があり、強膜骨が目の外側に輪のように連なり、大きな目を保護しています。

脊椎

鳥の背骨は脊椎と呼ばれる多くの骨で構成されています。脊椎の分節をなす椎骨の多くは融合し、自由に動くのは頸椎と尾椎のみです。鳥類の首はたいへん柔軟性に富んでいて、首は鳥の関節の中でも最も頑丈ですので、保定するときは首を押さえます。

飛翔の際に胸椎には大きな力がかかるため、胸椎の多くは融合し、強度の高いものとなっています。

一部の胸椎と全腰椎、全仙椎、一部の尾椎が癒合し、複合仙骨（腰の骨）を作っています。尾椎が融合して尾骨を作り、尾羽を平行に支えています。

胸部〜前肢帯骨

鳥の胸部は肋骨と胸骨はカゴのような形になっていて、大切な臓器を守っています。

肋骨／鳥類の肋骨には脊椎と関節する長い椎肋骨と、胸骨と関節する短い胸肋骨があります。肋骨の数は鳥の種類により異なります。肋骨の後縁から尾側へ突出する骨の張り出しを鈎状突起といいます。この鈎状突起により、肋骨壁を強固にし、筋肉の付着面を増やすことで肋骨を補佐し、呼吸能力を高めています。

胸骨／鳥の骨格の特徴のひとつに巨大な胸骨があります。哺乳類とは異なり、一個ずつ分かれておらず、1つの大きな骨となっています。胸骨の腹側面には突出した骨（竜骨）があります。竜骨には飛翔を担うための分厚い胸筋が付着しています。胸骨は背側で肋骨と関節し、息を吸っている時も吐いている時も、常に肺内の空気が流れるという効率的なガス交換を可能としています。

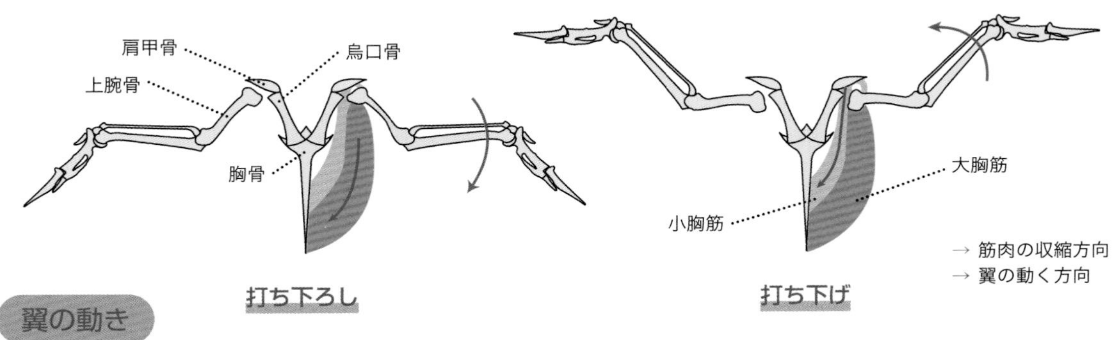

翼の骨

翼の骨は、上腕骨、橈骨、尺骨、手根骨および3つの指骨（第一指骨、第二指骨、第三指骨）からなります。飛行するためにいくつかの骨は癒合、減少し、軽量化されています。また、上腕骨と前腕の尺骨が著しく発達しています。

後肢帯～後肢骨

後肢帯／腸骨は大きな板状の骨で、背側は臀筋の付着部位となり、腎臓の前葉を収める寛骨を構成する骨の1つです。坐骨には腸骨との間に坐骨神経が通る坐骨孔があります。恥骨は哺乳類のように結合せず、複合仙骨によって補強されています。

後肢骨／ 大腿骨は後肢最上部にあります。長い脛骨は強い筋腱を持つ鳥の足を強固に支えています。

一方、腓骨は短めです。鳥の足の指の骨を趾骨といいます。第一趾、第二趾、第三趾、第四趾があり、中でも第三趾がもっとも長くなっています。 鳥類の第五趾は退化したためありません。

胸筋の触診：竜骨に対して左右の胸筋の高さをチェックして体型を評価します。

筋 系

鳥の胸筋は特徴的です。翼を羽ばたかせるために用いられる鳥の胸筋は健康状態がよければベストな状態を維持することができます。

胸部の筋肉

鳥が空を飛ぶ仕組みは、翼を動かす強力な胸の筋肉にあります。胸筋（浅胸筋、大胸筋）は翼を下方に羽ばたくために、烏口上筋（深胸筋、小胸筋）は上方に羽ばたくために存在します。

胸筋は飛翔のため、たいへん発達しています。ヒトの胸筋の割合はおよそ体重の1%ですが、鳥の胸筋は体重の15 ～25%を占めるといわれています。

鳥が体調不良に陥り、必要な栄養が摂れなくなるとまずは胸筋から萎縮していきます。そして体調が良くなってくると胸筋はもとに戻ります。この胸筋

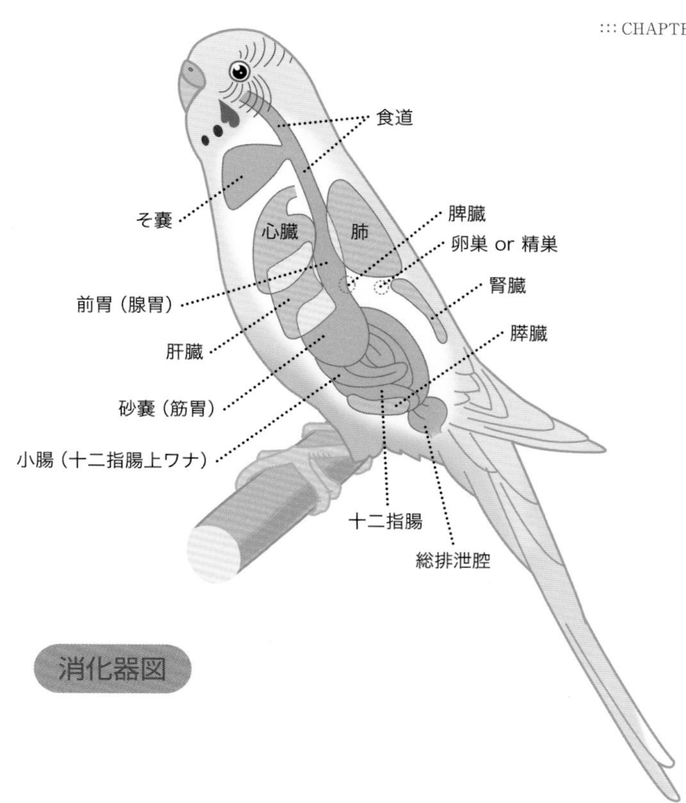

消化器図

の張り具合を日ごろからよくチェックしておくと、愛鳥の健康状態を把握する有力な手がかりとなります。

消化器系

空を飛ぶため、より軽く、エネルギーをより効率よく摂取できるよう、歯を持たない鳥の消化器官はたいへんユニークなつくりとなっています。

口腔

鳥類には歯が存在しません。鳥たちは、嘴と舌を用いて器用に食事をします。舌の先端は丸く筋肉質でよく発達し、中に骨が含まれます。唾液の分泌量はオウムの仲間では少なめです。摂取した食物は、咽頭から食道へと丸呑みにされます。

食道・そ嚢

食道は筋肉性の管で粘液分泌腺があり、常に湿っています。前部食道は一部が拡大し、そ嚢を形成します。そ嚢の役割は主に食物を貯蔵することですが、食物を温め、摂取した水分によってふやかす役割も持ちます。さらに、そ嚢内で唾液や細菌の作り出す酵素によって、食物の消化を助ける役割もあると考えられています。

また、そ嚢はヒナにとっては、親鳥から与えられた食物を一時的に蓄える大事な場所でもあります。

鳥の嘔吐は消化管の逆蠕動(ぜんどう)、そ嚢の急激な収縮や腹部筋肉によって引き起こされます。そ嚢の大きさや形状は鳥の種類によって異なります。

前胃・砂嚢(さのう)

鳥の胃は、前胃（腺胃）と砂嚢（筋胃、後胃）の2つあります。

前胃／細長い胃で、前胃には分泌腺が多数存在し、ここで分泌された胃酸により、食物を消化します。

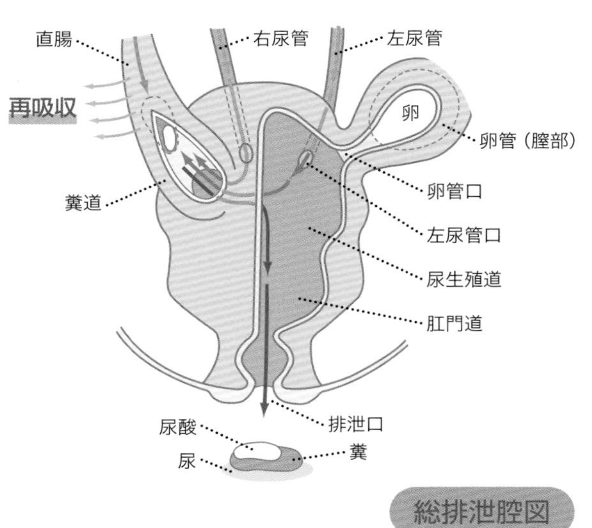

総排泄腔図

砂嚢／砂嚢は、分厚い筋層を持ち、砂嚢の内側はヒダ状の膜におおわれています。前胃から分泌された消化液とエサを砂嚢で攪拌（かくはん）し、すり潰します。

砂嚢では鳥が飲み込んだ砂や砂利（グリット）を用いて、エサのすり潰しに役立てます。

小腸

十二指腸／**空回腸**／砂嚢の働きによって流動状となった食物は、十二指腸に入ります。十二指腸は途中で折れ曲がり（十二指腸上ワナ）、ループ状となり、その中に膵臓の大部分が納まります。

小腸では砂嚢ですりつぶされた食物に消化液を混ぜ、さらに消化、吸収を促します。

十二指腸を出た食物は、小腸の中で最も長い空回腸に入ります。

小腸では、膵臓と腸の分泌酵素による消化が行われると同時に、吸収が行われます。ほとんどの食物は、膵酵素と腸酵素によって分解されます。分解された栄養分は、主に小腸で吸収されます。鳥の小腸粘膜の表面は、絨毛と呼ばれる細かい粘膜の小突起でおおわれています。それによって表面積を増大させ、取り入れた栄養素を効果的に吸収します。絨毛の高さは哺乳類の2倍あり、毛細血管床によって吸収した養分を拾い上げ、門脈に輸送します。絨毛は、杯細胞が分泌する粘膜によって、胃酸や消化酵素、消化物による磨耗から守られています。脂肪は直接、毛細血管に吸収されます。

大腸

盲腸／**直腸**／飛翔のため鳥の大腸は細く短く、盲腸と直腸（あるいは結直腸）からなります。セキセイインコなど一部の鳥には盲腸がありません。大腸は肝臓から胆汁を受け取り、膵臓から消化酵素を受け取ります。大腸は水分と電解質の吸収を主な機能としています。

総排泄腔

総排泄腔とは、魚類、両生類、爬虫類、鳥類、およびごく一部の哺乳類に見られる、直腸・排尿口・生殖口を兼ねる器官のことをいいます。

消化管と泌尿生殖器がつながる共通の終末部である管のことを総排泄腔（クロアカ）といいます。消化管（腸管）の末端である糞管（肛門管）、泌尿器からの輸尿管、生殖器からの生殖輸管（卵管・精管）のすべてが、共通の腔部である総排泄腔に開口しています。

鳥は糞や尿といった排泄物や卵や精子を総排泄腔の出口にあたる排泄口からすべて排出します。総排泄腔は、糞道、尿生殖道、肛門道の3つからなり、尿生殖道には尿管のほか、オスの場合は精管、メスの場合は輸卵管がつながっています。

幼若期の鳥には総排泄腔の内側の背中側にファブリキウス嚢と呼ばれる嚢状の構造をしたリンパ組織がありますが、性成熟するにともない萎縮、消滅していきます。

生まれたばかりのヒナの消化管は無菌ですが、環境からの侵入した細菌がすぐに消化管に定着し、腸内細菌叢を形成していきます。

総排泄腔は腹腔内にしっかりとは固定されていないので、卵詰まりなどをきっかけに、外へ反転してしまうことがあります。

肝 臓

鳥類の肝臓は、右葉と左葉の2葉からなります。左右の大きさはほぼ同じです。ヒトの肝臓は、アルコールを分解し、体内で生成された有毒なアンモニアを尿素に変えて尿と一緒に排出しますが、鳥の肝臓は、アンモニアを尿酸という半固形物に変えて排出します。肝臓で作られた胆汁を貯蔵する役割を持つ胆嚢は通常、肝臓の右葉に存在しますが、インコやハトなどの一部の鳥では、胆嚢を持たず、肝臓内で生成された胆汁を直接、分泌します。

肝臓は、過剰な炭水化物から脂肪を合成して貯蔵します。このため、高脂肪食を摂取していると、中性脂肪が肝臓に貯まり脂肪肝となります。

肝細胞より分泌された胆汁は、胃酸によって低くなった消化管内pH（酸性・アルカリ性の度合）を中和します。肝臓で作られる胆汁のひとつである胆汁酸は、脂肪の消化吸収に重要な役割を果たします。

膵 臓

腹葉、背葉、脾葉の3葉からなります。ホルモンおよび消化に必要な消化酵素を分泌します。

呼吸器系

鼻・鼻腔（びくう）・副鼻腔

外鼻孔／上嘴の付け根のあたりに左右2つある鼻の穴のことを外鼻孔といいます。セキセイインコやウロコインコの仲間ではろう膜によって取り囲まれています。外鼻孔より吸引された空気は後鼻孔に流れていきます。

鼻腔／鼻腔は骨性鼻中隔という骨によって2つの通路に分離されています。鼻腔には鼻腺からの分泌物や、涙腺より分泌され涙液も流れ込みます。

副鼻腔／副鼻腔は上部気道のひとつで、左右の目の下の位置にあります。

後鼻孔と後鼻孔乳頭

鳥の呼吸の仕組み

鳥は肺の前後に気嚢という中を空気で満たしている袋状の嚢がからだの中に複数あり、その気嚢を使って呼吸を行っています。

気嚢はからだに空気を送るポンプの役割をしています。

肺への吸気・排気は、気嚢の拡大・縮小により、一方向に空気を流す形で恒常的に行われます。このため、酸素を消費した後の空気が肺にとどまることはありません。

ヒトの場合は息を吐くときには酸素を体内に取り入れることはできませんが、鳥の場合、息を吸うときも吐いてるときも酸素を取り入れることができるシステムとなっています。

鳥はこのように無駄なく酸素と二酸化炭素を交換することができるため、ヒマラヤ山脈のようなたいへん標高が高く、空気が薄いところであろうと、悠々と飛翔することができるのです。

上部気道（外鼻孔、鼻腔、副鼻腔、咽頭）および気管上部

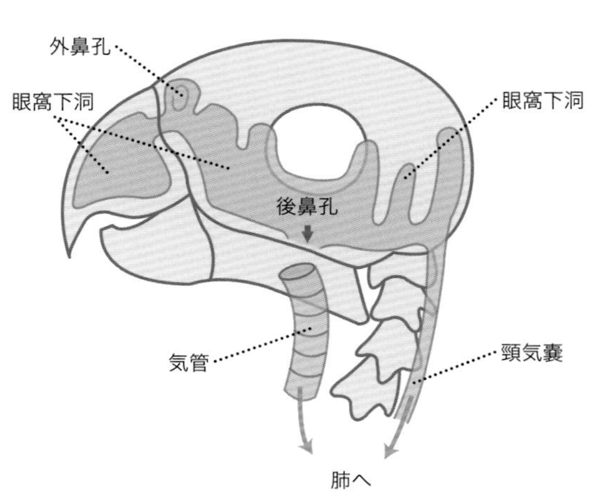

下部気道（気管下部、鳴管、肺、気嚢）と内臓

鳴管
鎖骨間気嚢
前胸気嚢
肺
肺
心臓
後胸気嚢
肝臓
腸
砂嚢
腹気嚢

後鼻孔／鳥の口を開けると、咽頭の上壁に縦長のスリット状の裂け目としてみえるのが後鼻孔です（下図参照）。鼻腔路の開口部として存在します。この裂け目の両脇には、後鼻孔乳頭があり、食物などの異物の侵入を阻止しています。鼻孔で取り入れた空気は、後鼻孔を通り、咽頭、喉頭を経て気道に入ります。

喉頭／喉頭は舌の基部にあり、舌と一緒に動きます。喉頭口はスリット状で、食物を食べるときは反射的に閉じます。

気管／鳥の気管は哺乳類とは異なり、完全に輪状に軟骨がつながっていて（気管輪）形状が保たれているため、物理的な圧迫がない限り狭窄することがなく、たいへん丈夫です。

鳴管／鳥類の発声器官で、哺乳類の喉頭に相当しますが、喉頭とは形態も位置も異なります。多くの鳥の気管は左右2本に分かれ、気管支に分岐するところに位置します。ここで気管や気管支、軟骨、膜および筋肉などが 関連しあって発声器官を形成しています。鳴管は、外側と内側にそれぞれ鼓状膜があり、これらを空気の流れで震動させることで声を出します。

気管支／鳥の気管支は2種類あります。肺の外にある幹性気管支（肺外気管支）と肺の中にある膜性

気管と鳴管

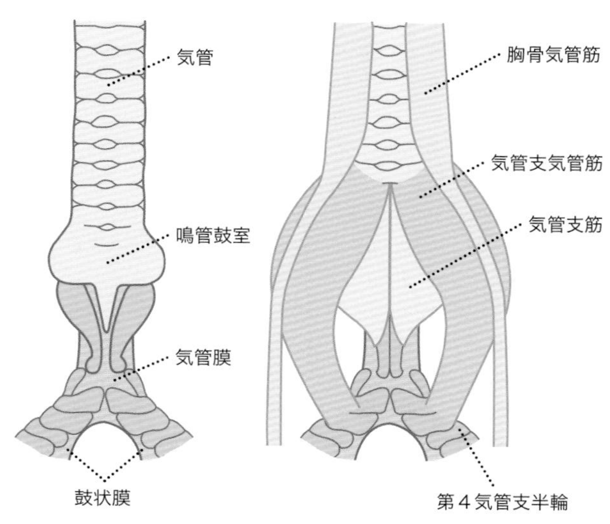

気管支（肺内気管支）です。鳴管を出た肺外気管支は、肺の内側面に入り、膜性気管支へと変わって後側方へとつながり、腹気嚢へとつながります。

幹性気管支は肺内に入ったところで、内側面に膜性気管支を生じ、各気嚢へとつながるか、旁気管支を生じます。その末端と末端がそれぞれ連絡し合い、回路を作ります。

肺／鳥の肺は小さく、筒状になっていて、肺の前後には袋状の気嚢が接続しています。哺乳類の肺は主に横隔膜が上下に動くことによって、外気を取り込んだり、息を吐き出しますが、鳥の場合、哺乳類に比べ、気嚢が肺をアシストし、効率的なガス交換機能を持っているため、酸素が薄い高い上空を飛ぶことができます。

気嚢／鳥の気嚢は多くの種で9つあり（スズメ目では7つ）、前気嚢と後気嚢に大きく分けることができます。気嚢には体内に空気を蓄える役割や、呼吸の際に空気を送るポンプとしての役割、体重を軽くする役割、体温を下げる役割などがあります。

鳥は、肺ではなく、気嚢を膨らませたり縮ませたりして呼吸運動を行っています。

循環器系

心臓／鳥類の心臓は哺乳類と同じ2心室2心房です。飛翔という激しい運動をするために大きめで、右心室と左心室の大きさの違いが顕著です。肝臓によって支えられています。

動静脈／動脈は弾力性があり、静脈は静脈弁が少なめです。血液供給は動脈からだけではなく、後軀や後肢からも腎臓に送られます（腎門脈系）。

胸腺／ファブリキウス嚢／ファブリキウス嚢は総排泄腔の背側にある盲嚢状突出部にある小嚢です。B細胞（体液性免疫に関わるリンパ球の1つ）の生成と増大を行う鳥特有の気管です。ヒナの頃に最大となり、年齢とともに萎縮します。

胸腺は頸部に位置しT細胞（細胞性免疫に関与）の成熟と分化を司ります。年齢が進むと退化します。

末梢リンパ組織／末梢リンパ組織には脾臓、骨髄のほか、ハーダー腺、リンパ節などがあります。

泌尿器系

腎臓

鳥類の腎臓は大きめで、脊椎を挟んで左右に前葉、中葉、後葉の3葉に分かれています。腎臓は背側の複合仙骨や腸骨のくぼみにはまりこんでいます。

腎臓では、体内の老廃物を白く半固形状の尿酸と水分尿として体外に排泄します。

ヒトは老廃物を水に溶かし尿として排泄しますが、鳥は尿酸として排泄するので、ほとんど水分を必要とせず、老廃物を排泄することが可能です。

尿の形成と濃縮

ろ過・再吸収・排泄

糸球体毛細管（しきゅうたいもうさいかん）（腎臓のネフロンで毛細血管の塊）の血液は、糸球体膜でろ過され、糸球体包（ボウマン嚢）へ尿として流れ出ます。鳥類には膀胱がありません。糸球体包へろ過された尿は、尿細管、集合細管、集合管で水分などが再吸収され濃縮されます。また、総排泄腔に排泄された尿が、逆蠕動（ぜんどう）によって直腸に戻り、水分などの再取り込みが行われます。

アンモニアを尿酸に分解して排泄

タンパク質を分解してできたアミノ酸を利用する際、副産物として有害なアンモニアが生じます。水分を排泄できない卵殻の中で発生するため、水分に溶ける尿素ではなく固形の尿酸にして排泄し、卵の中を衛生的に保っています。尿酸は肝臓または腎臓において作られます。

排泄のしくみ

泌尿器排泄物は水分尿と固形の尿酸に分かれて総排泄腔に送られます。そこで消化器排泄物である便と混ざり合います。これらは逆蠕動により大腸にいったん戻り、水分が再吸収されます。

再度、総排泄腔に押し出された便と尿酸は、再び排泄されてきた尿とともに排泄されます。

生殖器系

鳥類のメスはからだを軽く保つため、硬い殻に包まれた卵を短時間のうちに成熟させて排卵します。交尾をしていなくても排卵します。オスでは飛翔の妨げにならないように、精巣は体内に格納されています。

オスの生殖器

オスの生殖器はないように見えますが、2つの精巣、精巣上体、精管を有しています。

精巣／精巣は腹腔内に留まっていて、繁殖期になると精子を生成するために何十倍から何百倍もの大きさになります。

精子／精子は精巣で作られ、精巣上体で成熟され、精管で蓄えられて射出されます。精漿（せいしょう）（精液の精子以外の部分）は精細管で作られます。

黄体形成ホルモン（LH）や卵胞刺激ホルモン（FSH）の精巣機能に及ぼす影響は、哺乳類とほぼ同様と考えられます。

鳥の発情と交尾

精巣の大きさと発情

鳥の精巣は、左がやや大きめで、発情期になると、とても大きくなります。

非発情期には小さくなりますが、次の発情期には再生します。

精巣の熱暴露と腫瘍化

精子や精巣は熱に弱いため、哺乳類では成長の過程で腹腔内の熱を避けて、体腔から出て陰嚢に収まります。

鳥の場合、精巣が腹腔内に留まっていて、精子の形成は高温環境下で進行すると考えられています。

しかし、飼育下では、過度なスキンシップが原因で、精巣が肥大して腹腔内の熱に暴露され続けると、精巣は腫瘍化しやすくなります。精巣腫瘍は女性ホルモン産生性であることが多く、女性ホルモンが大量に分泌されて、罹患鳥はメス化することがあります。

鳥の交尾

交尾はオスとメスがそれぞれ発情によって大きく広がった総排泄腔をこすり合わせるようにして行われます。その際、メスは卵管口を外転させ、オスは陰茎あるいは精管乳頭を卵管にあてがい、精子を流し込みます。

オウム類ではクロインコとコクロインコは、オスの排泄腔から外転し腫れた袋状の突起がメスの総排泄腔に挿入されます。

メスの生殖器

卵巣と卵管の構造

メスの生殖器は、卵巣と卵管、総排泄腔からなります。 卵巣では卵黄が形成され、卵管では卵白, 卵殻膜, 卵殻が形成されます。卵巣の表面には大きさの異なる卵胞がブドウの房のようについています。

卵巣の成熟

一般的な季節繁殖鳥は、およそ一年をかけて成熟します。ジュウシマツでは3〜4か月、ブンチョウでは7〜8か月セキセイインコは卵巣が成熟するまでに12ヶ月ほどといわれますが、実際にはもっと早い鳥もいます。長寿命の大型種では性成熟まで時間がかかり、白色系オウムでは3〜4年、コンゴウインコではおよそ5年以上かかります。

光周期と発情

鳥は成熟すると気温や気圧、温度、日照時間の変化やスキンシップなどの刺激を受け、性腺刺激ホル

モンが分泌され、発情期を迎えます。春に繁殖する鳥では、明るい時間が長くなると卵胞を成長させ、逆に短くなると、卵胞の成長と発育を抑制します。ブンチョウはその逆で光周期（昼の長さ）が短くなることによって発情が促され、繁殖期が始まります（短日繁殖）。

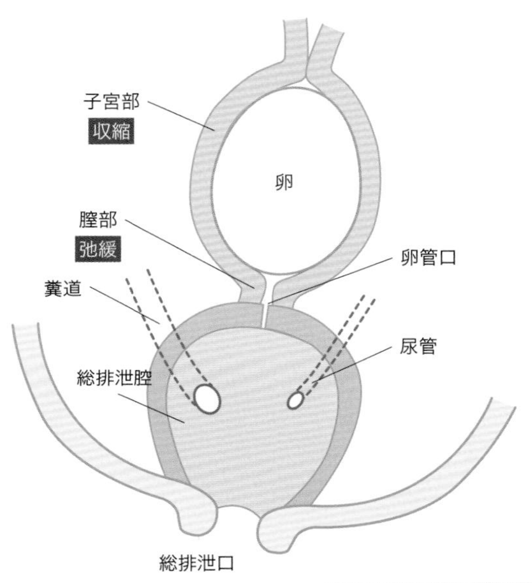

産卵のメカニズム

産卵のメカニズム

鳥のメスはオスの精子を自分の体内で一定期間保管することができ、卵巣から卵子が排出されるたびに受精し、有精卵を産卵します。子宮に卵が入るとホルモンやカシウムの働きで子宮の収縮や膣部の弛緩、腹筋の収縮が起こり、卵は子宮を押し出されて卵管口から産卵されます。

卵は総排泄腔の中に入らず、排泄物と接触することはありません。ビタミンD_3やカルシウムが欠乏すると、子宮部が収縮しなくなったり、卵殻がうまく作られなくなったりしてしまうため、卵詰まりを起こしやすくなります。

産卵のサイクル

メスはオスの精子を取り込むと、鳥種によりますが一週間から一か月ほどで有精卵を産卵します。

メスは卵巣から成熟した卵黄を卵管内に排卵し、排卵された卵は卵殻、卵殻膜、卵白を24〜26時間かけて形成します。卵は同時に2個以上作られることはありません。24時間以内に卵が出てこなければ 卵詰まり（卵塞）です。卵を不定期に産み、取り除くと産卵するニワトリのような補充卵性の鳥もいますが、コンパニオンバードを含む一般的な鳥は一定期間に一定数の卵を産む「非補充産卵性」です。

産卵周期：連続産卵した個数または日数をクラッチと呼び、クラッチの繰り返しを産卵周期といいます。通常の鳥は、年に１クラッチの産卵を行います。フィンチ類は毎日産みますが、オウム類は一日置きに産むのが一般的です。もし、産卵周期が狂った場合は、卵詰まりなどを疑います。

１クラッチの産卵数と孵卵日数

- キンカチョウ：6卵、12日
- カナリア：4卵、13〜14日
- セキセイインコ：4〜6卵、16〜18日
- オカメインコ：5卵、19日
- コンゴウインコ：2〜4卵、24〜27日
- タイハクオウム：1〜3卵、27〜30日

●ブンチョウ：4～6卵、17日
●ジュウシマツ：4～7卵、14日

卵の重さはからだの大きさにほぼ比例し、体重の約2～3%です。通常、同一クラッチの卵は、同時に孵化します。

抱卵行動

下垂体前葉ホルモンであるプロラクチンが分泌し始めると抱卵行動が始まります。

抱卵期には、効率よく卵を温めるため、断熱効果の高い羽毛の一部が抜け、一部の皮膚が厚くなり、充血がみられます（抱卵斑）。

メスはケージに手を入れると激しい攻撃行動が見られたり、巣を汚さないため便の回数が減り、巨大な便（31ページ）をするようになります。抱卵時は、巣（ケージ）にこもりがちとなり、卵の上に座って羽を膨らませ、卵を温め続けます。

内分泌器系

ホルモンは内分泌器官から分泌された後、主に血液の循環によって運ばれて全身の標的器官・細胞に到達して作用を発揮し、代謝・免疫・生殖といった生物の正常な機能を調節します。

神経系と感覚器官

神経系は中枢神経と末梢神経から構成されます。感覚器官は刺激を受け取る器官です。鳥の神経および感覚器は三次元空間での生活に適応するために進化してきました。

主なホルモンの役割

《下垂体前葉》

●**黄体形成ホルモン（LH）**：卵黄の発達や産卵に関与。卵形成のためのホルモンの分泌を促進

●**卵胞刺激ホルモン（FSH）**：卵胞の成長や精子形成に関与

●**プロラクチン（PRL）**：抱卵行動（就巣）、育雛行動を誘発

●**甲状腺刺激ホルモン（TSH）**：甲状腺を刺激して甲状腺ホルモンの分泌促進

●**副腎皮質刺激ホルモン（ACTH）**：副腎皮質に作用してコルチゾールの分泌を調整

●**成長ホルモン（GH）**：成長促進。肝臓でインスリン様細胞増殖因子産生

《下垂体後葉》

●**アルギニンバソトシン（AVT）**：後葉ホルモンの一種。子宮運動の促進と産卵誘起作用、水分の保持・吸収などに関与

《甲状腺》

●**甲状腺ホルモン（T3・T4）**：換羽など新陳代謝の促進、自律神経の働きの調整など

《副腎》

●**アルドステロン**：ナトリウムの再吸収、水分保持、血圧上昇、カリウムや水素イオンの排出など

●**副腎皮質ステロイド（コルチコステロン）**：血糖値を上昇するなどストレスに対する抵抗性を高める

《上皮小体》

●**副甲状腺ホルモン（PTH）**：血液中のイオン化Ca値を上げる作用

《鰓後腺》

●**カルシトニン（CT）**：カルシウム値を低下させる作用

《その他》

松果体（メラトニン）、消化管（ガスト リン、コレシストキニン、セクレチン）、膵臓（インスリン、グルカゴン、ソマトスタチン）、卵巣（プロゲステロン、アンドロゲン、エストロゲン）、精巣（アンドロゲン）、免疫細胞（サイトカイン）など

中枢神経

鳥類を含む脊椎動物では脳と脊髄が中枢神経です。鳥の脳は小脳がよく発達しています。

前脳（終脳）／左右の平滑な大脳半球とその前方に位置する細長い嗅球からなります。

嗅球は嗅覚情報処理に関わる組織です。ほとんどの鳥では嗅球は発達していません。大脳皮質は大きな線条体（意思決定や運動機能を司る部位）を持ちます。

間脳／視床上部（松果体）と視床下部（下垂体）は、間脳に位置します。下垂体は、腺下垂体と神経下垂体からなります。

中脳／鳥類は飛翔のため、主に視覚の情報を受けている視葉が存在する中脳が特に大きく発達しています。

小脳／運動や平衡感覚を担っている部位です。鳥はほかの動物に比べ、飛翔のため空間認識が大切です。そのため小脳が発達し、平衡感覚が優れています。

延髄／延髄には、生きていくために欠かせない機能をコントロールすることを担う中枢がたくさん含まれています。

末梢神経

鳥類の脳神経には、嗅神経、視神経、動眼神経、滑車神経、三叉神経、外転神経、顔面神経、内耳神経、舌咽神経、迷走神経、副神経、舌下（ぜっか）神経の12対があります。

脊髄神経は脊髄から伸びる末梢神経のことで、脳から続く細い神経幹です。脊髄神経には、運動線維、知覚線維、自律神経線維が含まれます。

自律神経

自律神経は交感神経と副交感神経からなります。意思とは無関係に働き、体温や呼吸を維持し、食物を消化するなど、内臓の働きを調節し、生命維持に必要なことを行います。

知覚終末・感覚器

味覚

味蕾（みらい）／鳥では味を感じる細胞の味蕾はあまり発達していませんが、甘味、酸味、苦味、塩味などを感じ取ることができます。また、味蕾は舌でなく、口蓋や舌の基部、咽頭などに存在します。味蕾はヒトでは9000個、イヌでは1700個あるのに対し、ハトで27〜56個、インコ類で約400個といわれます。

嗅 覚

コンパニオンバードの嗅覚はあまり発達していません。コンドルなど嗅覚で食べ物を探す一部の鳥には発達しているものもいます。

聴覚と平衡感覚

耳は聴覚と平衡感覚のための器官です。空気抵抗をなくすため、哺乳類のような耳翼を持たず、外耳道は羽毛によって隠れています。

中耳／中耳とは鼓膜より奥の部分のことで、鼓膜で音の振動を受け、中耳にひとつある耳小骨で振動を内耳に伝えます。

内耳／内耳は音と平衡感覚の感覚受容器で、蝸牛(かぎゅう)器官と前庭、三半規管からなります。半規管は、中にリンパ液が満たされ、からだの傾きを測る役割を持っています。

中耳の耳小骨にから伝えられた振動を聴覚神経に伝えます。

視 覚

◉動体視力と視野の広さ

鳥は飛翔のため、高い視力が必要です。このため、鳥類の視覚は哺乳類と比較して著しく発達しています。

眼球は大きく平らです。重量もあり、広い範囲を見渡すことができます。急激に近くを見る際は平らな眼球を丸くして焦点を調節します。鳥は中心窩(最も感度が高く、焦点を結像する網膜の一部)をそれぞれの目に2つずつ有しています。そのため、1つの中心窩で遠くにある物体に焦点をあてながら、もう一方で目の前にある物体の詳細な部分まで認識することができます。

目のしくみ

鳥の巨大な目は、眼球が脳と同じくらいの大きさがあり、ほとんどが強膜輪(眼球を固定しているリング状に連なる小骨板)によって隠れています。眼瞼(がんけん)(眼球をおおって角膜を保護する皮膚)は主に下眼瞼が動いてまぶたを閉じます。

眼球とまぶたの間には水平方向に動いて眼球を保護する瞬膜(第三眼瞼)という膜があります。瞬膜は半透明で、鳥は膜を通して外界を見ることができます。瞬膜は、ゴーグルの代わりになります。

眼球の前内側には瞬膜腺(しゅんまくせん)、後側には涙腺(るいせん)があり、涙液を分泌し、眼球を潤しています。

涙腺から分泌された涙は、鼻涙管という管を通って鼻孔に抜けるようになっていて、目に入ったゴミなどを洗い流します。

鳥の目の機能

色・明暗の識別／鳥は4色をフルカラーで認識します。さらにヒトには認識できない紫外線も認識して

目の構造

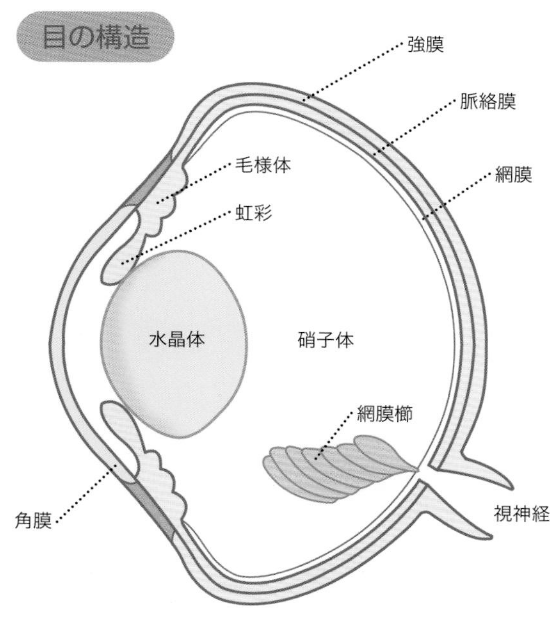

います。鳥目と言われるように、夜間は視力が極端に落ちますが、フクロウなどの一部の種類では夜間に捕食を行うことも可能です。

優れた動体視力／焦点を調節する能力に優れています。たとえば猛禽を警戒しながら飛んでいても、突然、近くに飛んできた虫をすぐにフライングキャッチすることができます。

広い視野／頭の両側についた眼球は、およそ330度を見渡せる、たいへん広い視野を持ちます。

血液

空を飛ぶため、鳥の血液は酸素を効率よく運ぶようになっています。

血液

鳥の血液量は体重の約10%です。健康な鳥の安全出血量は全血液量の約10%です。(体重に対して約1%)。

赤血球

鳥類の赤血球は哺乳類よりも大きく、楕円形で中央に卵型の核のある有核赤血球で、酸素運搬能力が高めです。鳥種により異なりますが、赤血球の半減期(血中濃度が半分になるまでの時間)は哺乳類より短く、およそ28〜45日です。これは、貧血になりやすいことを意味します。

白血球

白血球は顆粒球である偽好酸球、好酸球、好塩基球と、単核球であるリンパ球、単球からなります。白血球数の増減から、感染症や炎症性疾患、ストレスなどを評価することができます。

血液検査の方法

血液検査を行う際には、安全出血量(体重の1%)以内で採血します。採血は左側の血管より太い右側の頸静脈から行うことが一般的です。大型鳥では、上腕の静脈やすねの脛骨静脈から採血を行うこともあります。

血管に針を挿すことにリスクのある鳥や、血が止まりにくそうな鳥の場合、深爪をして内部を通る血管から少量の血液を採血することがありますが、爪

には神経も通っているため痛みを伴います（爪切り採血）。

体温

ほとんどの鳥は哺乳類と同じ体温を一定に保つ恒温動物です。飛翔のために高い体温を維持しています。

鳥の体温

夜は変温動物となるハチドリなどの例外を除き、鳥類は哺乳類と同様、恒温動物です。ただし、オウムやインコの仲間やフィンチなどのスズメ目のヒナ

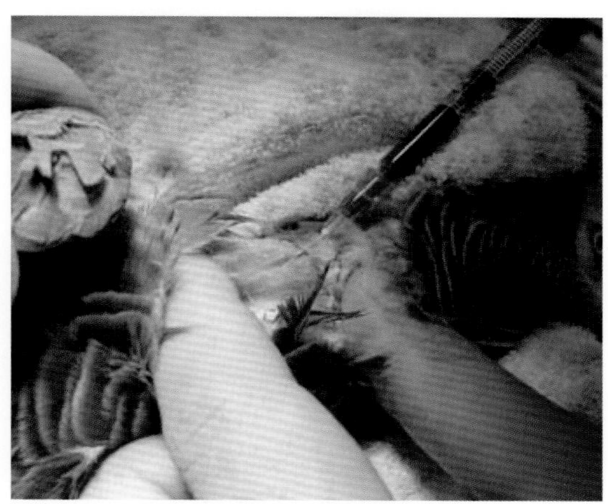

右頚静脈から採血を行っている様子（ヨウム）

暑いとき

寒いとき

は体温調整が未熟なので温度管理を厳密に行う必要があります。

鳥の体温が高いのは、これによって新陳代謝を促進させて、空を飛ぶという激しい運動に伴う大きなエネルギーを得るためです。高い体温により静止状態から急激に運動を行うことが可能です。

鳥は体温がもともと高いため、病気に罹った時に発熱するということはほとんどありません。鳥が体調不良の時には体温を維持するため、膨羽が見られます。

体温調節

暑いとき：鳥には汗腺がないので汗をかいて放熱することはできません。そこで、血管を拡張させ、体表（足や脇などの無羽域）から熱の放散を促します。羽を寝かせて（縮羽）、綿羽容積を減少することで、体温を逃がしやすくします。

そして開翼姿勢をとり、脇の羽毛が薄い部分に風をあて、代謝を落として熱の発生を防ごうとします。熱性多呼吸（あえぎ呼吸、パンティング）を行い、気嚢や肺から熱を放散します。

体温が限界まで高くなり、浅く速い呼吸がさらに激しく繰り返されると、呼吸運動によって代謝が上がって熱が産生され、体温が急激に上昇し、死に至ります。

特に脱水時や湿度が高いときは、低い気温でも注意が必要です。また、水分は体温を調節するという役割を担っています。水入れの水は切らさないようにしましょう。

鳥の内臓は気嚢に直接、接触しているので、効率よく熱を逃がすことができます。また、気嚢や肺からは液体が蒸発することで（蒸散）、熱が放散されます。

寒いとき：多くの鳥では、低温下にある場合、大胸筋を振動させることで熱を発生させて、体温の上昇を高めます。足から上がってきた冷たい静脈血は、躯幹部から足に向かって降りてきた動脈血によって温められます（対向流熱交換システム）。熱は動脈から静脈に受け渡され、外界に放散されにくくなっています。羽を立たせ、皮膚から外気までの距離をとるための空気の層をつくり（膨羽）綿羽の容積を増やして、体温を逃げにくくします。ケガや体調不良の時に鳥を保温しても膨羽をやめないことがあるため、保温のし過ぎには注意が必要です。

CHAPTER 5

鳥の羽毛について

鳥はからだが羽毛で覆われています。羽毛は飛翔のためだけでなく、保温や育雛、方向転換などさまざまな役割を担っています。

羽の役割

鳥の羽は他の動物には見られない特徴的なものです。哺乳類にとっての被毛のような存在で、1年に1回程度、すべての羽が生え変わります。

セキセイインコやスズメの大きさの鳥で3000枚程度、カラスの大きさの鳥では1万枚、中には2万枚もの羽毛を有する鳥もいます。

羽毛にはさまざまな役割がありますが、からだを外気から守り、体温を維持することが大きな役割のひとつで、それ以外にも防水や求愛、縄張りの誇示行動、飛翔中の方向転換やブレーキの役割や、ヒナを育てる際の巣材といった役割があります。

羽の種類

鳥の羽は、正羽、綿羽、毛羽の3種類に大別されます。

正羽：木の葉のように、軸（羽幹）があり、板状の羽毛を正羽（体羽）といいます。正羽には、風切羽、尾羽、雨覆羽、体幹・頭部・頸部・足などの羽が含まれます。

綿羽：綿羽には羽軸がほとんどなく、タンポポのような綿毛状の小羽枝のみです。

綿羽は保温と防水性に優れた羽毛で、ヒナの頃は、綿羽がからだの表面をおおっています。成鳥になると、正羽の下に綿羽が生えます。

綿羽には羽軸を持つ半綿羽と、粉状の粉綿羽が含まれます。

粉綿羽は羽の先端が崩れてケラチン質の粉末となります。粉綿羽は、尾の付け根にある尾腺から分泌される皮脂のように、羽毛を整える役割や防水のための役割、羽に艶を出すための役割などがあると考えられています。オカメインコを含むオウムの仲間は粉綿羽を大量に出すため、それを吸いこむことで、ヒトや鳥が喘息のような発作を起こすことがあります。

毛羽：羽軸だけ、あるいは羽軸の先端に羽枝の房がついただけのもの（糸状羽）を毛羽といいます。糸状羽は体表にあり、嘴や目の周囲に分布していて、感覚器としての役割があると考えられています。

翼の役割

風切羽：初列風切羽は飛翔時に前に進む力、次列風切羽は上昇する力（揚力）を生み出します。

尾羽：飛翔時の方向転換やブレーキ、舵取り、繁殖期のディスプレイといった役割があります。

雨覆羽：飛翔のために翼全体を整えます。

新生羽に覆われた生後二週間のオカメインコ

羽包（うほう）とは

鳥の羽毛部分が生えてくる根本の部分には、羽包（ヒトでいう毛穴）があります。

このチューブ状の構造をした羽包の中で、羽は形成されます。羽包には平滑筋がついて、その自律神経の不随意運動により、寒いときには羽毛を立てて保温性を高めたり、興奮時に冠羽を立てたりするといった感情表現が可能となっています。

羽の特性

ケラチン質の鞘に包まれた新生羽には血管が通っています。そのため新生羽に傷がつくとそこから出血するので注意が必要です。羽が完全に完成すると、血液の供給もストップします。残った鞘（さや）は鳥自身が取り除いたり自然に抜け落ちたりしなくなります。

成長の止まった羽はカットしても出血はしません。羽をカットした部分が新たに成長することも次の換羽で生えかわるまではありません。切られた羽はそのままの状態となります。

換羽について

換羽（トヤ）とは、古い羽が抜け落ちて新しい羽に生えかわるまでの過程のことをいいます。

換羽の頻度と時期はさまざまです。鳥の種類や年齢、体調、栄養状態や繁殖、季節や温度、日照時間にも影響を受けます。

ヒナから成鳥になるまでの間に羽は何度か生えかわり、成鳥になってからは年に約一回、繁殖

翼の部位のなまえ

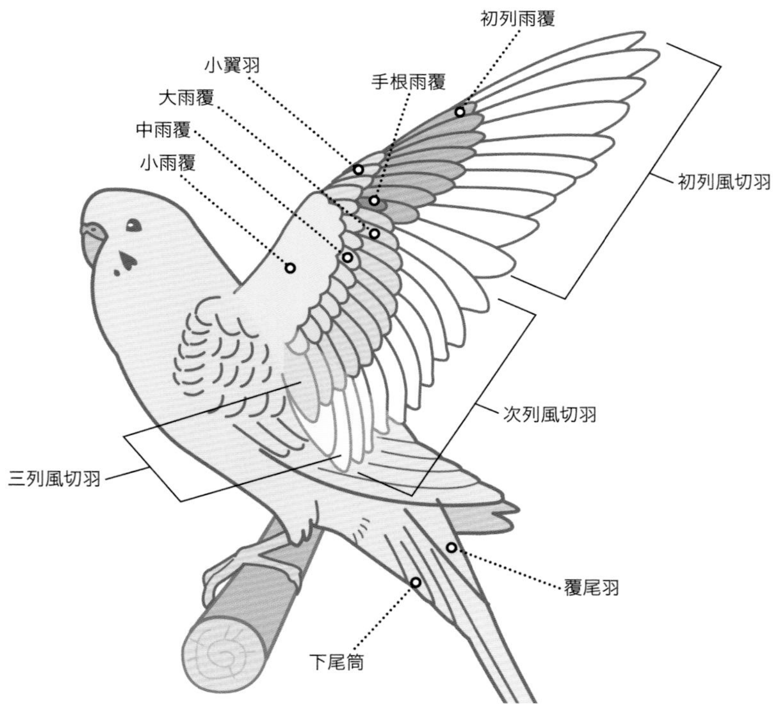

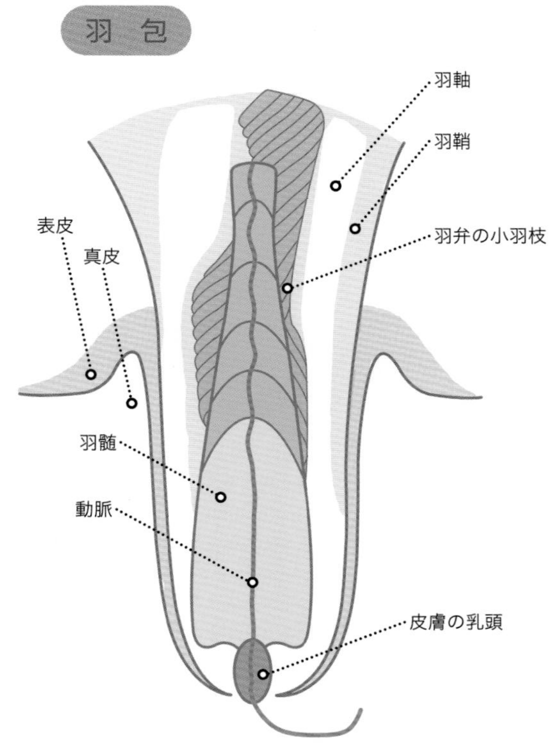

シーズンのあとに抜けかわります。

飼育下にあるコンパニオンバードの場合、飼育されている環境や食事の内容等によって、年に1回か2回、あるいは持続的に抜けかわることも多いようです。

換羽に要する期間は、およそ1か月から3か月程度と鳥種によってそれぞれです。一般的なコンパニオンバードの場合は換羽が終了するまで、4〜6週間ほどかかります。その期間は必要な栄養摂取量が増え、病気に対する抵抗力は落ちますので、鳥にとってはストレスの多い時期でもあります。

換羽がスムーズにいかないと、ダラダラと換羽が長引いてしまったり、羽の色が変化、あるいは捩れたり不完全な羽が生えてきたりして、毛引きの原因になることがあります。

栄養バランスのとれた食事に加え、必要に応じてサプリメントなどを併用し、換羽を乗り切りましょう。

BIRDS Column Health & Medical care

思わぬ事故に注意

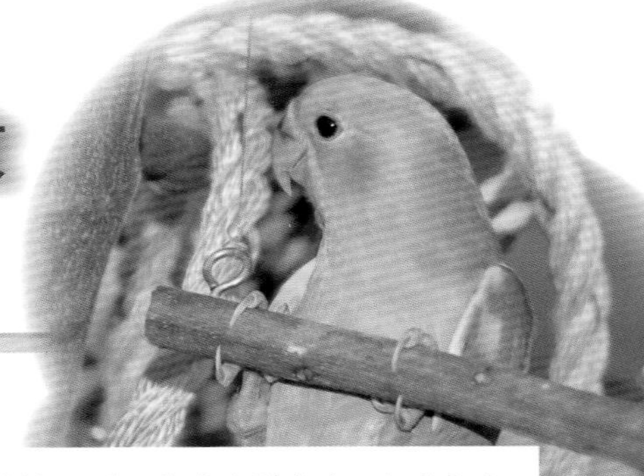

愛鳥にケガのないよう気配りしていても、思いがけず事故が起こることもあります。わたしたち飼育者は、愛鳥が家の中で安心して健やかに暮らせるよう、日ごろから細心の注意を怠らないようにしたいものです。

◆あらゆる隙間はふさいでおく

野鳥が暮らす自然の中には、いったん入ってしまうと出てこられなくなるような隙間というものは、ほとんど存在しません。

家の中はどうでしょうか。食器棚やテレビ、冷蔵庫、ソファの裏など、いったん落ちてしまったら、自力では這い上がってこれないような危険な隙間がいくらでも存在します。

ゴミやホコリなどの清掃が行き届いていないだけではありません。そういった場所には虫の忌避剤をはじめ、虫の死骸や糞、食べかすや古い薬品など、鳥が口にすると危険なものが長期にわたり放置されていることがあります。

家具と壁の間を開けないように配置するなど、鳥が嵌ってしまいそうな隙間はできるだけつくらないようにするか、ガードや網を設置して、隙間を埋めておきましょう。

◆布や毛布、洋服への潜りこみによる事故が多発

鳥のヒナは、親鳥をイメージするような暗くて暖かい場所を好みます。布や毛布などを見つけると、その中に積極的に潜り込もうとするものです。ヒナだけではありません。セキセイインコやオカメインコのように木に留まって寝る鳥というよりは、ラブバードなど、木の洞をねぐらにする鳥や、木の枝や木の葉で作った巣をねぐらにするフィンチ類など多くの手のり鳥たちが、やわらかい布などで覆われたうす暗い隙間に好んで入り込んだ結果、足やお尻による踏みつけ事故の犠牲になることがあります。洋服のポケットやスリッパの空洞、ソファのクッション、ティシューボックスなどは特に要注意といえるでしょう。

◆外に向かって飛んでいくのが鳥と心得る

ちょっと空気を入れ替えようとして窓を開けた瞬間、あるいは宅配便が届いて慌ててドアを開けた瞬間に、鳥たちはその隙間をかいくぐって大空に羽ばたいていきます。

飼い主や家が好きだから出て行かないということはありません。習性として広く明るい場所へと羽ばたいていくのが鳥です。いったん外に出て行った鳥が野鳥として生き残ることは、日本の場合、ほとんど不可能です。多くの場合、カラスや猫の狩りの対象になってしまうか、食餌がとれないまま衰弱し、命を落とすことになります。

暗闇の方向に向かって飛ぶことは冷静な状態であれば、ほとんどありません。鳥に行ってほしくない部屋の電気は消しておきましょう。また、気が緩みやすいので、放鳥は長々と行わず、こまめにケージに戻し、用事を済ませてから再び放鳥するようにし、愛鳥から目を離すことのないようにしましょう。

治療を受けるにあたって

CHAPTER 6

治療を受けるにあたって

年々、鳥を専門に診る動物病院も増えてきてはいますが、全国的にみるとまだ少ないと言わざるを得ない状況があります。いざというときに慌てないよう、早めに信頼できるホームドクターを見つけておきましょう。

鳥を診ることができる動物病院の探しかた

信頼できる獣医師に愛鳥を診てもらいたいのであれば、鳥を飼うことを決めた段階から、できるだけ速やかに動物病院を探しはじめたほうがよいでしょう。

動物病院の探しかたがわからないときには、地元の獣医師や獣医師会などに訊ねてみるという方法もあります。

タウンページ等で動物病院を探す際には、鳥類が診療科目に入っているというだけで、その動物病院に決めてしまうのはやめましょう。「鳥も診療します」と標榜している動物病院であったとしても、鳥類の医療に特化した知識を有しているとは言いがたいところがまだ少なからずあります。

愛鳥の命を託すわけですから、鳥類の医療を学び、しっかりと「診る」ことができる専門の獣医師を探さなくてはいけません。地域によっては、鳥類専門の獣医師はまだ多くはないため、自宅からは通いづらい地域に通院せざるを得ないことも時にはあるでしょう。

いざという時に慌てないように、愛鳥を連れて行ってみようと思っている動物病院が見つかったら、本当に鳥の診療がしっかりできる動物病院なのかどうか、早めに確認をとっておきましょう。そ嚢検査など鳥の医療として基本的な健康診断検査がそこで受けられるかどうかも確認しておきます。

インターネットの情報は玉石混交

昨今ではインターネットの検索システムで動物病院を選ぶスタイルも定着しつつあります。

診察している鳥の種類や予約の方法、混み具合、健康診断の種類といった情報は、動物病院のホームページで確認できることもあります。

しかしながら、口コミサイトの情報はネガティブな評価は一切、掲載されなかったり、情報が古すぎたり偏り過ぎていたりと、鵜呑みにするのはリスクがあるといえます。動物病院の正しい情報を得るためには、飼育者として慎重に判断する冷静さも必要です。

飼っている鳥の症状をインターネットで検索し、聞きかじりの知識だけで自己流に鳥に診断を下し、その見立てと獣医師の診断が異なっていたからといって、勝手に不信感を抱き、匿名性をよいことに、インターネットに悪評を書き込むといったようなケースも残念ながらいまだ後を絶たないからです。

あるいは、診察自体はきちんとしたものであっても、飼育者と獣医師の間でコミュニケーションがうまくとれず、誤解が生じてしまうケースも時にはあるでしょう。

動物病院と飼い主の間で訴訟になるようなケースを調べてみると、いつも通い慣れている動物病院ではなく、たまたまその病院が休診だったから他の動物病院に連れていったというケースや、あるいは普段から健診を受けず、動物病院をほとんど利用していない飼育者が突然、急患としてすでに手に負えないほど病状が悪化しているペットを飛び込みで連れ込み、治療の内容に満足せずにトラブルになる、というパターンも少なくないようです。

かわいい愛鳥のためにも、自分自身がそのような飼育者にならないことが大切です。つねに納得のいく説明や最善の治療が受けられるよう、また、日ごろから獣医師と円滑なコミュニケーションがとれるよう、自ら努力し、良好な関係性を築いておくことも必要です。

いざという時に困ってしまうことのないよう、健康診断などをきっかけにして、元気なうちに愛鳥と受診し、ホームドクターとして末永く付き合いができそうな動物病院を探しておきましょう。

かかりつけ医のいる安心

愛鳥の体調や動きに少しでも心配や不安を感じたら、すぐに診察を受け、相談することができるホームドクターがいると安心です。

愛鳥を迎えたら、診療方針や通いやすさなどを総合的に判断し、良さそうだと思う動物病院を選び、あまり時間をおかず健康なうちに健康診断を兼ねて受診しましょう。

よく、「おすすめの良い動物病院を教えて欲しい」という問い合わせを受けることがあります。しかし、ひと言で良い動物病院といわれても、飼育者が動物病院や獣医師に対して、何を望むか人によってそれぞれ、千差万別といえます。

遠くても鳥類の専門病院、最新の医療機材が整っている病院、話しやすい獣医師、担当医制、時間や曜日に融通がきく病院、インターネットから予約ができる、駅から近い、駐車場があるなど通いやすい、犬や猫とは待合室が別になっている、あるいは費用が良心的など、さまざまでしょう。

鳥類を診察する動物病院といっても、鳥の診療に長けているとは限りません。獣医師によってそれぞれ専門や得意分野が異なることもあります。なかには機材や人手などの問題で、その病院では治療が困難と獣医師が総合的に判断した場合、提携先の大学病院や専門医のいる動物病院を紹介してくれる獣医師もいます。

このように理想の獣医師を見極める目を養うためには、飼育者の側にも常にアップデートされた鳥に関する基礎知識を持つことが不可欠といえます。

自分なりに重視したいポイントを念頭に置いた上で、大切な愛鳥の命を安心して任せられる動物病院かを検討します。

愛鳥にとって良い動物病院と巡り合うためには、飼育者自身が正しい飼養知識を持ち、目の前の獣医師が言っていることが適切であるかどうか、ある程度は見極める力を有することも求められます。

ドクターショッピングはNG

最低限、見立てや治療の方針などわかりやすい説明をしてくれる先生であり、疑問点については質問すれば速やかに答えてくれるといったことは、かかりつけ医に求める条件のひとつといえるでしょう。

獣医師も忙しいので、ゆっくり長々と説明してくれることを期待すべきではありませんが、もし

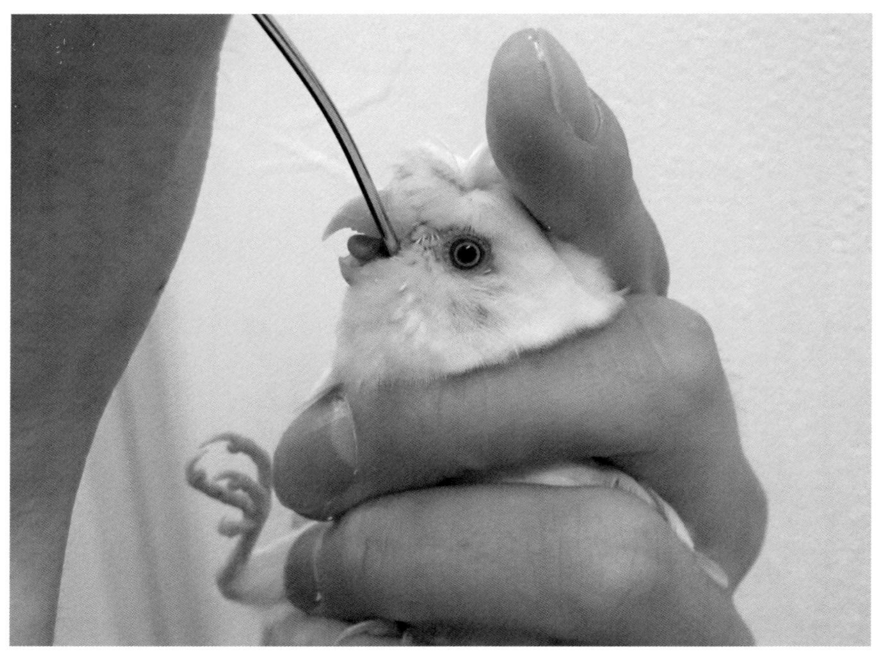

そ嚢検査のようす。金属性の棒を口からそ嚢まで入れ、そ嚢液を採取するには、専用の器具と技術が必要なため、そ嚢検査は鳥を診ることができる動物病院であるかを判断するためのひとつの目安になるといわれています。

疑問に思うことがあったら、その場でその都度、聞いておくことは大切です。

聞きたいことも聞けず不信感を持ったまま通院し、コミュニケーションの行き違いが生じてその動物病院から足が遠のき、次から次へとドクターショッピングを繰り返すのは、愛鳥にとっても決して望ましいことではないはずです。

場合によっては同じ検査を何度も受ける、あるいは、薬を何度も変えるということにもなりかねません。そうなると弱った愛鳥のからだに、さらに負担をかけてしまいます。

より良い診療を求めて転院することは、必ずしも間違ったことではありませんが、愛鳥にとってそれが本当にためになることであるのかについては、飼育者自身が冷静に判断しましょう。

よりよい治療のためには飼育者の努力も必要

医療にかかるということは、リスクや副作用が伴うということでもあります。飼育者による投薬や家庭での看護も不可欠です。どんなに名だたる名医にかかろうとも飼育者の理解と協力なしには治療を成功させることは難しいものです。

最善の治療を受けるためには、飼育者として獣医師に対し、歩み寄りの気持ちを持って信頼関係を構築してゆくことが欠かせません。

獣医師を信頼することができない飼育者は、獣医師から信頼されることも当然、難しいものです。

動物病院の探しかたとしては、小鳥を近所で飼っている人に実際に聞いてみるのも良いでしょ

▶鳥類臨床研究会

ホームページ　https://jacam.ne.jp/

うし、鳥類医学について獣医師らが症例研修会などを定期的に開催している鳥類臨床研究会認定の獣医師の中から、近隣で通いやすい動物病院を選ぶというのもおすすめです。

飼育者自身の責任において、納得のできる動物病院選びをしてください。

動物病院に通うにあたり確認しておきたいこと

診療の対象としている鳥の種類

ひと言にコンパニオンバードといっても、ジュ

ペット保険について

ヒトの健康保険制度は病院に保険証を提示すると3～1割の自己負担分のみで診療を受けることができるようになっています（国民皆保険制度）。

しかし飼い鳥の場合は健康保険制度がないため、医療費の全額が自費負担となります。病気やけがの種類によっては治療期間が長期化することや、治療費が高額になることも考えられます。

ペットの医療保険は近年、普及してきていますが、多くの場合、ペットといっても犬や猫を主に対象としています。コンパニオンバードの場合、一部のペット保険においては鳥類を対象にしている商品もあります。

ペット保険に加入する際には、保険料だけでなく、補償内容とともに新規加入できる年齢についても確認しておきましょう。新規で加入できる年齢は商品によって異なります。

また、コンパニオンバードが対象となっていたとしても、保険に加入できる鳥の種類が限定されていることも多いようです。

補償内容は主に、通院、入院、手術を対象としていて、健康診断や爪切りなど健康な時に施した処置は基本的に対象外となります。

仮に月々の支払いが2千5百円、自己負担50%の保険に加入したとしましょう。

一年間の支払いが3万円として、愛鳥が十歳まで生きるとしたら支払いは総額30万円となります。この金額は医療にかかろうが、かかるまいが支払う金額になります。また、これに加え、自己負担金の50%がありますから、生涯にかかる鳥の医療費の総額は「30万円プラス自己負担金の50%」となります。この金額を高いとみるか、そうでないとみるかは人それぞれです。

また、ペット保険に加入する際に注意したいのは、契約更新についてです。ヒトの医療保険の場合、補償は払い込み終了後、生きている限り続くものや、支払いを続けている限り続くものが多いのですが、ペット保険は毎年の契約更新があるものが一般的です。

その際、鳥の健康状態や保険の利用状況によっては、契約の更新を断られるケースや、翌年度以降の保険料が割り増しになるケースもあります。

ペット保険は補償の内容や支払いについて納得のいくまでよく調べた上で加入を検討しましょう。

ウシマツのように片手にすっぽりと収まってしまうような小鳥から、コンゴウインコのように翼を広げると女性の平均身長ほどもある超大型鳥までさまざまです。

特に中型～大型インコ・オウムなどの場合、診療の予約が必要になることや、診療を受けつけていないという動物病院も少なくありません。事前に動物病院のホームページや電話で診療の可否について確認してから愛鳥を連れていきましょう。

診療時間や休診日

診察を受けるにあたって予約制かどうか、また休診日や診療時間の確認をとっておきましょう。ほかにも休診日や深夜など診療時間外に愛鳥の具合が悪くなるなど、緊急の際はどうしたらよいかを確認しておくと安心です。

地域によっては休日や祭日の緊急対応は当番制になっているケースや、夜間や休日など専門の動物病院もあります。

基本的にはかかりつけ医を決めたなら、その獣医師のもとですべての診察を受けるべきです。しかしながら、かかりつけの動物病院が自宅から遠く、急を要する場合、怪我ややけどなど一刻を争う処置が必要な時には、遠くのかかりつけ医まで連れて行くよりも、近隣の動物病院で救急の処置をしてもらったほうがいいケースも時にはあるかもしれません。

あらゆるケースを想定して、万が一に備えましょう。

CHAPTER 6

知っておきたい検査の種類

検査と診断について

小型の鳥においては症状の原因が明らかでない場合、獣医師が鳥の容態や症状、排泄物の状態などを元に、特定の疾患を想定したうえで治療を行います。

そして、鳥の状態から治療の効果を確認しながら診断をくだします（治療的診断）。鳥の病状が重度の場合や、すでに慢性化している場合、または検査の負担が小型の鳥に比べると比較的少なくて済む大型鳥などでは、はじめから検査が行われることもあります。

検査から得る利益とリスク

あらゆる検査においていえることですが、検査によって病気の原因など、全てがわかるわけではありません。検査の結果については、獣医師は自らの経験や知識をもとに推測し、治療方針を固めてゆきます。

鳥の体調が思わしくないときには、健康な状態で検査を受けるときに比べ、当然リスクは高まることになります。検査によって疾病を未然に防ぐこともできることを考えると、愛鳥がベストコンディションのときに検査を受けることが望ましいといえますが、病気になって検査の必要に迫られることもあるでしょう。愛鳥の状態によっては受けるべきではない検査もあるかもしれません。獣医師とよく相談してから検査を受けましょう。

鳥の触診・視診で行っていること

- 体型（肥満、痩せ、筋肉の量など）
- 発情（腹囲の変化、卵詰まりなど）
- そ嚢（そ嚢内のエサの量、異物など）
- 腹部（腹部ヘルニア、腹水、腫瘍の有無など）
- 尾脂線（腫瘤の有無など）
- 四肢（骨折、関節障害、麻痺など）
- 頭部～頸部（腫瘤の有無など）

検査の種類

◉そ嚢検査

注射器の先に取り付けた金属製のゾンデ（細い棒状の医療器具）を鳥の口腔内に挿入します。次にそ嚢に生理食塩水を注入し、そ嚢液を採取します。そ嚢検査は高い保定技術を必要とするため、鳥類の診療ができる動物病院であるかどうかを知る1つの目安にされる検査です。

そ嚢検査によって採取されたそ嚢液の色や粘り気、匂いなどの性状を獣医師はチェックし、さらに顕微鏡検査を行い、以下の診断に役立てます。

角化亢進：ビタミンAの欠乏

トリコモナス：トリコモナス原虫（110ページ）による感染症

カンジダ（117ページ）：常在菌で健康な鳥にも見られるが、免疫力低

保触診による肥満度確認：正常

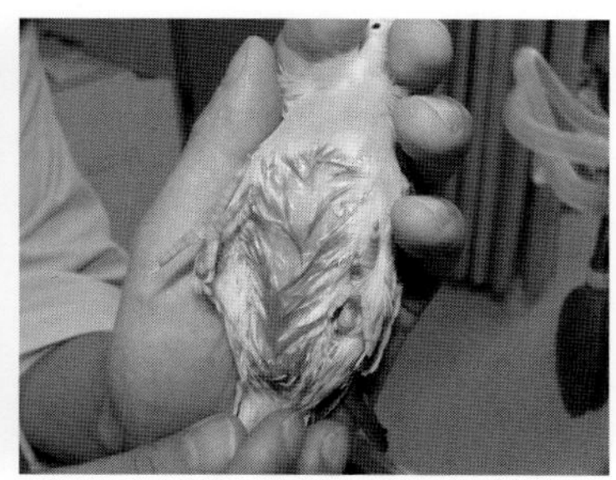

肥満

下や糖分の与え過ぎ、抗生剤による菌交代症によって増殖すると病原性を発揮する

細菌：そ嚢内には細菌が常在しているが、悪玉かどうかを判断するには、さらにグラム染色検査や培養検査を行う必要がある

◉血液検査

血液は全身の細胞に栄養分を運ぶと同時に老廃物を受け取ります。臓器の異常があれば、それによって生じた成分が血液中に流れます。からだのどこかに異常が起こると、それがすぐに健康状態として血液に反映されるともいえるでしょう。

健康な鳥の血液量は体重の約10%です。安全と考えられる出血量は、その全血液の10%程度と考えられています（ちなみに鳥の骨の重さは全体重の5%程度です）。

からだの小さな小鳥から血液を採取して検査を行うことにためらいがある飼い主も少なくないと思いますが、鳥類における採血のリスクは決して高いものではありません。

鳥類は哺乳類に比べ、失血には強いので、もし採血により鳥がショックを起こすことがあったとしたら、それは乏血性（局所的な貧血）ショックによるものというよりは、保定による過剰な興奮など精神的なショックによるものと考えられます。

近年の医療の発達により、血液検査では、ごく微量の血液から多くの情報を得られるようになってきました。血液検査によってより確実な診断が行われ、鳥の助かる見込みも高くなると考えられることから獣医師も勧めるわけです。そのことを念頭に置いた上で、よく相談して決めましょう。

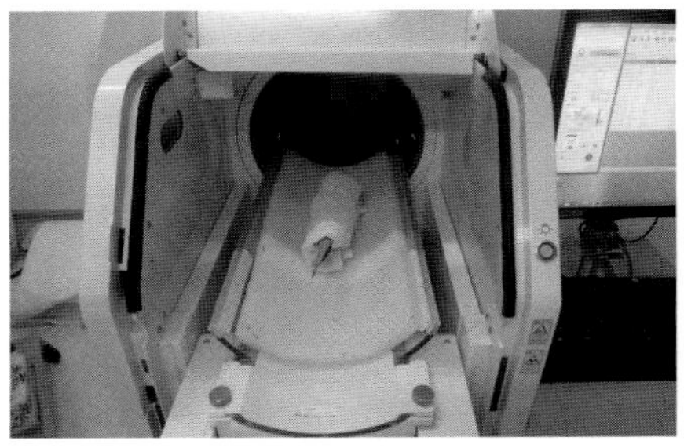

CT 撮影の様子。タオルで巻いて撮影している

▶血液検査から得られるデータの有効性

血液検査の結果からは、症状が現れる前に疾病にかかっていることが判明することがあります。それによって病気の発症を未然に防ぐことも可能です。

また、血液検査の結果をもとに鳥の病気の予後をより正確に予測することできるようになりました。血液検査を行うと鳥を外側から視たり触ったりする視診や触診よりも、治療に必要なより多くの有益な情報を得ることが可能です。

【血液検査の種類】

PCV 検査（packed cell volume　血沈検査）

血液全体に占める赤血球成分の容積の割合を調べます。赤血球の血液全体に占める値が下がると貧血、上がると脱水などによる血液濃縮や赤血球増加などが考えられます。

CBC（血球数算定）検査

赤血球沈層容積や血漿蛋白濃度、白血球数、血球形態や比率の検査、さまざまな種類の細胞の算定などが含まれます。感染症や炎症、貧血、寄生虫などの有無の診断に役立ちます。

血液生化学検査

血液を遠心分離器にかけて、有形成分（赤血球、白血球など）と無形成分（血漿）に分け、血漿中の物質を分析し、病気の診断や治療、病状の経過観察を行います。血液生化学検査は内臓の機能不全の可能性や特定の血液成分のアンバランスを探る目的などで行われます。

【その他の検査の種類】

◉病原体検査（微生物検査）

病原体とは病気を引き起こすウィルスや細菌、真菌、寄生虫などの微生物を指します。病原検査では、感染症の疑われる鳥から検体（血液や尿、組織の一部など）を採取し、病原体を検出します。

そ嚢検査

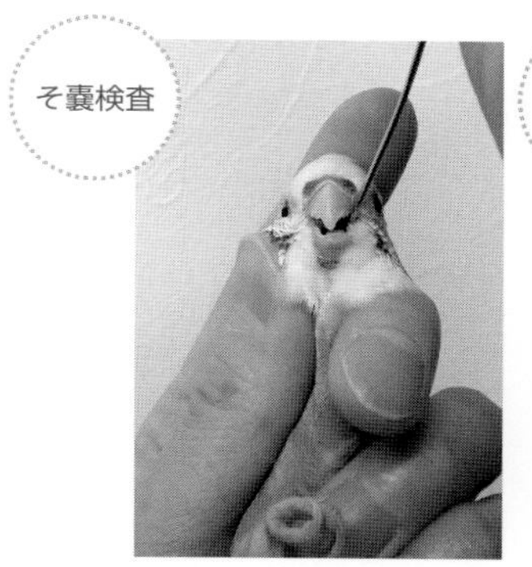

注射器の先に取り付けた細い管を口腔内に挿入し、そ嚢液を採取します。

血液検査

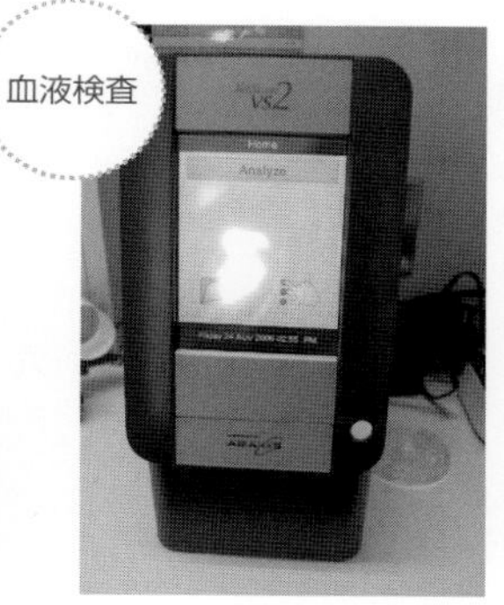

少量の血液から溶血、脂肪血症、黄疸などを測定します。

顕微鏡検査

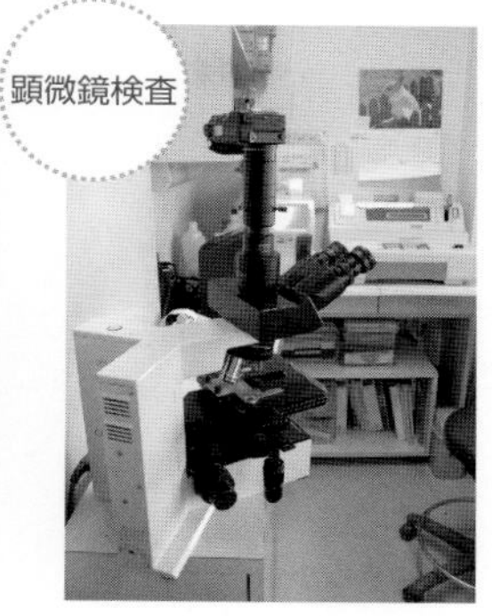

顕微鏡を用いて排泄物やそのう液の中から寄生虫や細菌を確認します。

CT検査
Computed Tomography
コンピューター断層撮影法

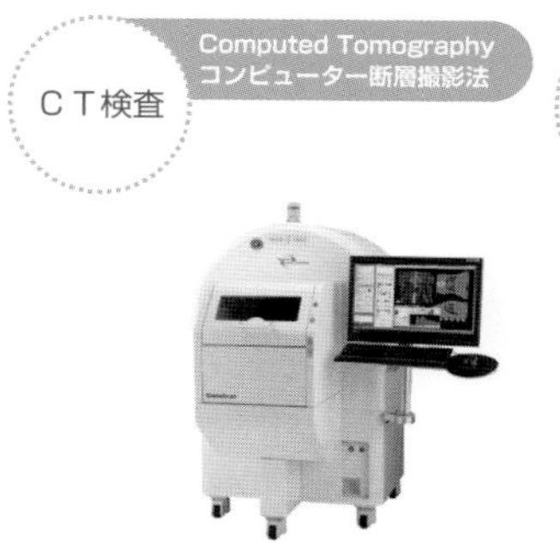

X線を使ってからだの断面を多角的に撮影し、腫瘍や出血、炎症、骨折などを診断します。

超音波検査
ultrasonography
エコー検査

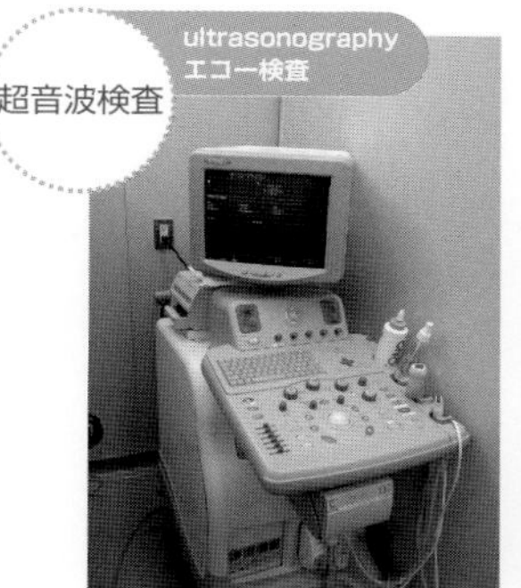

端子を鳥のからだに当ててその反響を映像化し、病気の有無を調べます。

内視鏡検査

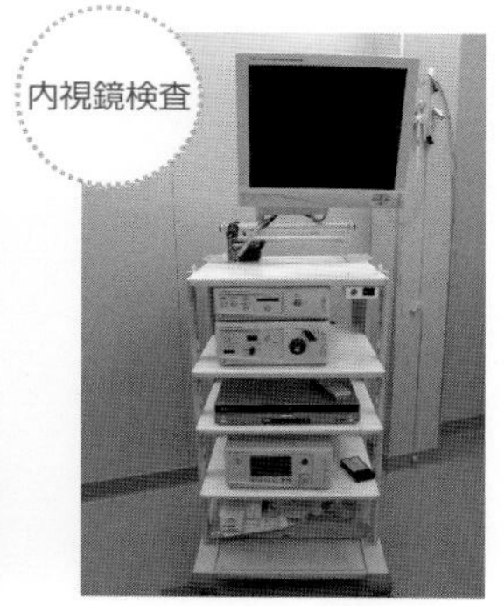

柔らかい管の先端に組み込まれた小型カメラで消化器官の状態や病変、異物の閉塞などを確認します。

◉PCR（polymerase chain reaction／ポリメラーゼ連鎖反応）検査

PCR検査では、特定の塩基配列をもつDNA断片を、耐熱性DNAポリメラーゼを用いて迅速に増幅させます。顕微鏡では見ることのできない病原体のDNAを増幅させることにより、病原体の有無を確認できます。感度が高くきわめて微量のウイルスでも検出します。鳥類では特にPBFD（オウム類嘴羽毛病：104ページ）の診断に役立ちます。

◉培養検査

口腔内や総排泄孔、目、鼻、皮膚、などから綿棒などを使って検体を採取し、細菌や真菌を検査します。

寄生虫は検査材料を顕微鏡で検査して直接、虫体や虫卵を見つける必要があります。感染症の有無や菌の同定、治療の選定に用いられます。アスペルギルス症（117ページ）や鉛や亜鉛の中毒、クラミジア症（149ページ）など、さまざまな病気の診断に役立ちます。

◉排泄物検査

排泄物の中の便や尿酸の状態、および便の中の寄生虫や真菌、細菌などの有無について、顕微鏡を用いて検査します。

◉直接観察

麻酔を使用し、気管内視鏡によって直接、気管内を観察します。その流れで検査材料を採取することも可能です。直接観察は鳴管アスペルギルス症や異物による閉塞の診断時に特に役立ちます。

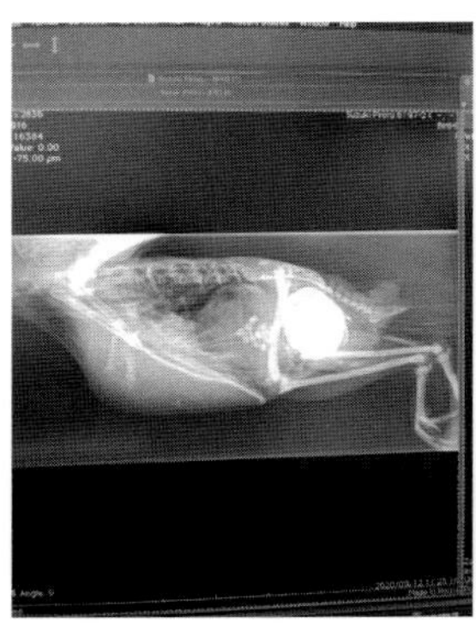

腹部のレントゲン画像

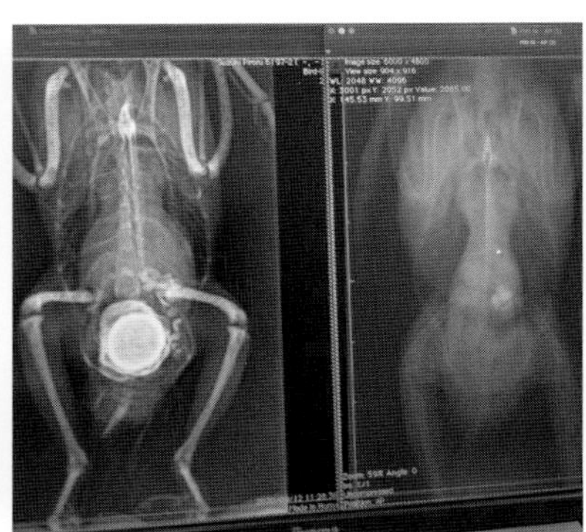

卵が詰まっている様子がわかります

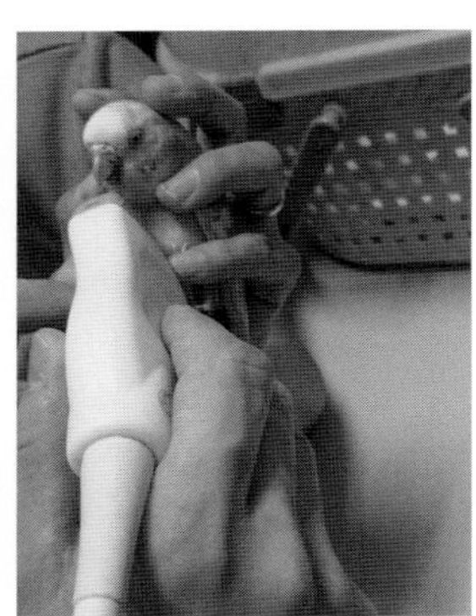

腹部にエコー用のプローブを当てているところ

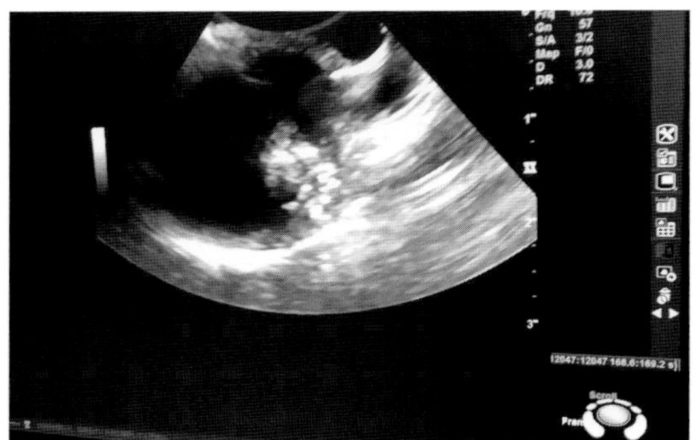

撮影したエコー画像（卵と卵材が白く写っています）

画像診断の種類

◉レントゲン検査

単純X線撮影では、体内を通過したX線から疾患や骨折の有無を調べます。X線撮影ではフィルムはネガの状態になります。骨などは白く、肺などは黒く写ります。気管の異常を確認できることがあります。また、心臓の形や大きさの異常などもレントゲン写真から推測できます。ほかにも骨の異常や胃内異物、腫瘍、内臓の大きさや状態などさまざまな事柄を調べることができます。ただし、呼吸困難を起こしている個体に対してX線検査を行うことはリスクを伴うため、慎重に判断します。

◉ CT検査（Computed Tomography／コンピューター断層撮影法）

からだにX線を照射し、通過したX線量の差をデータとして集め、コンピューターで処理することによって、身体の内部を画像化します。

◉超音波検査（Ultrasonography／エコー検査）

超音波をあてて反射を受信し内臓の状態を画像として確認できる検査です。X線検査が内臓の大きさや形のみの確認であるのに対し、超音波検査は、大きさや形に加え、臓器の内部の状態やX線検査ではわからない小さな腫瘍や腹水などの診断に役立ちます。

◉内視鏡検査

スコープが内臓されたチューブを鳥の体内に挿入することによって、内部の映像を手元で確認します。内視鏡には軟性鏡と硬性鏡の2種類がありますが、ファイバースコープに代表される軟性鏡に対し、光を体外に届ける部分が曲がらない内視鏡を硬性鏡と呼びます。高画質の画像による診断が可能で、異物の摘出などに用いられることがあります。

◉ MRI検査（Magnetic Resonance Imaging／磁気共鳴画像法）

磁力線を使って生体の内部の情報を画像にし、病変をコントラストとして描出します。現在、鳥の医療でMRIが用いられることは一般的ではありません。

CHAPTER 6

保定と麻酔について

手術や検査時の鳥の保定には、手で抑える方法、テープ等で固定する方法、全身麻酔などがあります。

麻酔による鎮静

わたしたちヒトの場合は、検診や検査の主旨を理解し、むやみに怖がることもなく検査を受けることができますが、鳥の場合、自らが施される検査の意味を理解することはできません。今まで見たことのない部屋に見たことのない人々、まぶしい照明、大きな器械、聞きなれない音などの刺激に対し、落ち着いてじっとして我慢することができるでしょうか。恐怖による過剰な興奮状態が続き、暴れてケガを負うリスクも高まります。

そんなときに短時間で鳥を動かなくすることができるのが麻酔です。麻酔をかけることで、ほぼ痛みや恐怖を感じず、鳥が眠った状態で検査や処置を受けることが可能となります。

全身麻酔

全身麻酔による保定は鳥が暴れてケガをすることはありませんが、鳥の場合も麻酔で吐き気を催すことがあり、吐しゃ物が気道を閉塞するおそれがあるので、麻酔をかける前に一定の時間、絶食や絶水をすることがあります。

通常、セキセイインコなどの小型の鳥は、鳥の頭部を覆うマスクを用いた吸入麻酔を用います。中型から大型の鳥には医療用の柔らかいチューブを鳥の気管内に挿管し、麻酔を送り、量を調整します。挿管や吸入による麻酔が難しい場合には稀に注射麻酔を行う場合もあります。

局所麻酔

局部麻酔は全身麻酔に比べ、鳥のからだにかかる負担は少なくて済みます。また手術の際に感じる局所的な痛みはとり除くことができます。しかし、局所麻酔だけでは、鳥が治療中に感じるであろう、強烈な恐怖心までもを取り除くことは不可能といえます。

手で保定する方法

麻酔を使わず手で押さえる方法は、鳥の全身の状態を確認しながら進めることができるため、負担は少なめですが、個体によって差があります。

鳥の場合、ヒトの手によって押さえつけられることを極端に怖がって暴れてしまい、その際に鳥がケガを負うリスクもあります。

また、手で保定する際の安全性は、鳥を押さえる側の知識や技術によって差があるのも事実です。保定の際に鳥に無理な力を加えてしまうと、致命的なケガを負うこともあります。鳥の扱いによく慣れた動物病院で処置を受けましょう。

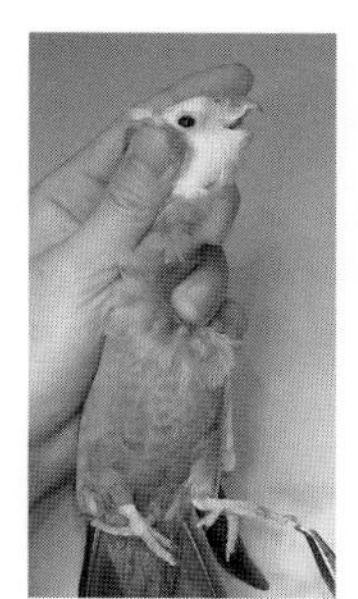

保定は鳥口骨を押さえ、首を伸ばした状態で行います

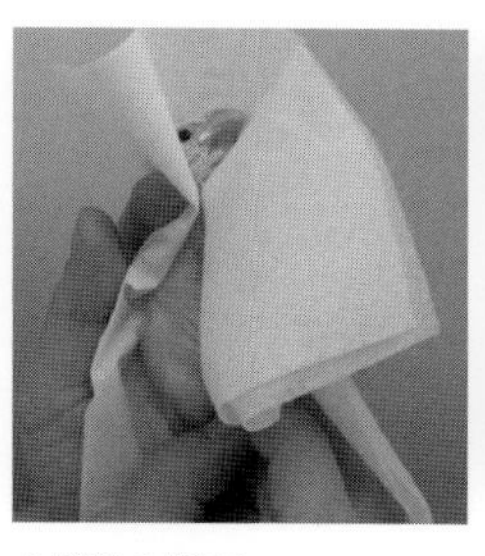

小型鳥の保定

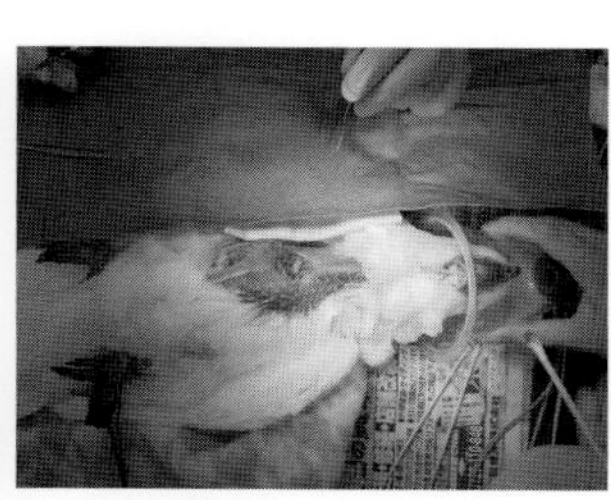

吸入麻酔を行いそ嚢の裂傷を縫合（タイハクオウム）

CHAPTER 6

薬についての基礎知識

医薬品とは

医薬品とは、ヒトや動物の疾病の診断・治療・予防を行うための薬品のことです。

鳥も「自然治癒力」を備えていますが、時にはその力がなんらかの事情で、充分に働かないことがあります。そんなときに、獣医師がその鳥の症状にあった医薬品を用いて、回復をサポートしたり、不調の原因を取り除いたりします。

薬の種類

鳥に使用する薬の使用形態としては、飲むタイプ（内服薬）、塗るタイプ（外用薬）、注射するタイプ（注射剤）のものなどがあります。

◉内服薬

口から飲ませる経口投与薬のことです。 錠剤やカプセル剤、粉薬やシロップ剤などがありますが、鳥の場合は主に2種類で、飲み水に粉末状の薬を溶かして与える飲水投与か、点眼ボトルから直接、液状タイプの薬を口から飲ませる経口投与のいずれかになります。獣医師の指示に従い、容量や用法をよく守って与えましょう。

◉外用薬

患部に直接塗って使う軟膏や、点眼薬や点耳薬のように患部に垂らして用いるタイプのものです。鳥類の治療で用いられることは基本的には、多くはありません。

◉注射薬

注射器でからだに針を刺して体内に注入するための薬剤です。静脈注射や筋肉注射などがありますが、鳥の医療に用いられる注射は、そのほとんどが皮下注射となります。

鳥の場合、ヒトのインスリン注射で用いられるような、たいへん細い針を使用するため、針を刺すことによる痛みはほとんどないものと考えられます。

鳥に用いられる薬の種類

◉抗生剤

抗生剤にはたいへん多くの種類があり、細菌を防ぐ効果があります。ウイルス感染が起こった場合は、細菌感染の併発を予防する目的で抗生剤が使用されることがあります。

◉抗真菌薬

真菌の生育を阻害する働きがあります。抗生剤とは異なり、種類は少なめです。

◉駆虫薬

寄生虫の駆除に用いられます。

◉その他

ホルモンの薬や抗癌のための薬、解毒、嘔吐、下痢などに対応した、たくさんの種類の薬があり、鳥類の医療にもさまざまな薬が用いられています。

痛みの管理と薬

鳥が痛みを感じているかどうかを正確に判断するのは難しいものです。獣医師は鳥の落ちつきなさや行動の変化（羽繕いしなくなる、止まり木から降りてうずくまる、ふらつく等）や、食欲低下、便秘、呼吸困難、傷口を噛む、といった状態を総合的にみて、生活に支障をきたすと考えられる場合に、鎮痛剤などを投与します。

痛み止めを与えられ、疼痛のコントロールが的確に行われた場合は、疼痛コントロールが行われなかった場合よりも早く回復する傾向があります。

痛み止めに用いられる薬

◉ NSAIDs

正式名称はNon-Steroidal Anti-Inflammatory Drugsで、直訳すると「ステロイドではない抗炎症薬」(非ステロイド性抗炎症薬)です。抗炎症作用、鎮痛作用、解熱作用のある薬剤で、麻酔前や処置の前に痛み止めとして用いられます。ステロイドよりは作用は弱いものの、副作用も少ないのが特徴です。ただし、この薬だけで痛みが完全にコントロールできるというものではありません。

◉局所麻酔

局所麻酔は、意識がある状態で痛みを感じなくする麻酔法です。鳥では痛みを伴う手術等の処置の前に、注射による局所麻酔を行うことがあります。

◉オピオイド

一部の医療系麻薬を含む鎮痛剤のことです。痛みのコントロールのほか、手術中の麻酔を最小限にとどめ、鳥を安定させるために用いられます。

◉抗炎症剤

炎症を抑える医薬品の総称です。抗炎症剤には炎症を防ぎ、痛みを和らげる働きがあります。皮膚炎やアレルギー、癌などに使用されます。

薬の副作用について

薬には治療の目的とした効果のほかに、別の作用が現れることがあります。このような作用のことをまとめて副作用と呼びます。

鳥の場合は、副作用がほぼない薬が選ばれていることが多く、あまり神経質になる必要はないでしょう。副作用の現れかたには、鳥の種類や年齢、からだの状態や体質、別の薬との飲み合わせなどが関係します。

鳥に関しては、同じ薬でもヒトの副作用とはまったく異なる症状がみられることがあるため、気になる症状が鳥に見られた場合は、すぐに獣医師に確認をとりましょう。

薬の量を勝手に減らしたり 増やしたりしない

今日は調子が良さそうだから、あるいは具合が悪そうだからといって、獣医師に相談もなく鳥に投薬する薬の量を調整することはNGです。副作用が気になるからといって薬を勝手にやめたり減らしたりしてしまうことは、かえって危険です。

副作用は薬の量だけが問題というわけではありません。 獣医師に指示された用法を守り、容量として記載された適切な量と回数を守ることで副作

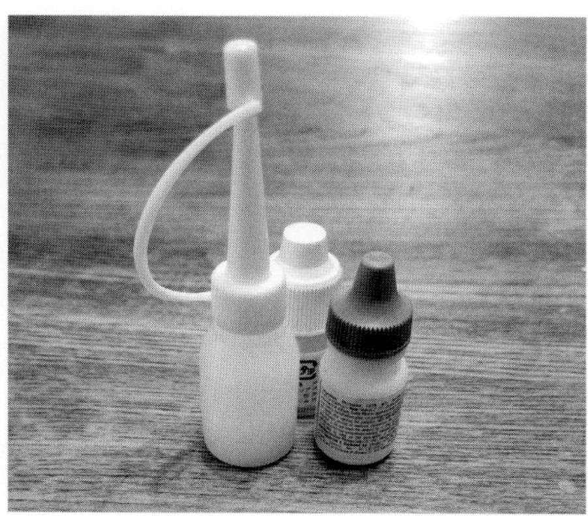

シロップの薬は沈殿しやすいので、よく振ってから投薬する

用を減らし、適切な効果が得られるものです。

愛鳥に気になる症状などが現れた場合は、減薬・断薬を自己判断してしまうのではなく、まずは獣医師に相談しましょう。

安全な投薬のしかた（保定）

保定とは、健康を管理する上で、爪切りや投薬など鳥が動いたり暴れたりしないようにすることをいいます。

保定は安全に行う

飲み水に薬を溶かして服用させる飲水投与の場合、鳥への保定は必要ありませんが、経口投与や強制給餌が必要な場合は保定が必要となります。

保定が不完全な状態で行われ、鳥が怖がって暴れてしまうと、鳥だけでなく人もケガをする恐れがあります。必要以上に強く握りすぎてしまうことのないよう、力加減をコントロールしつつ、しっかりとおさえて鳥の動きを封じ込めます。

気を付けるべき点として、保定を行う際には鳥の腹部や胸部を強く押さえ過ぎないようにします。胸部を圧迫してしまうと、鳥は呼吸が出来なくなり、あっけなく死んでしまうことがあります。

また、弱っている鳥に無理やり保定を行うことも命にかかわることがあります。無理な保定によって鳥にケガをさせることは避けなくてはなりません。保定は手早く正確に行いましょう。

保定のポイント

保定によって愛鳥にかかる心身の負担をできるだけ軽くし、信頼関係を失わないためにも、なるべく短時間のうちに速やかに終えることが大切です。一時的に部屋を暗くすると鳥の視界を遮り、動きを抑制できます。鳥の頸部を伸ばし、顎がやや上がっているような体制になるように首を押さえると、鳥はからだに力を入れづらくなります。

タオルを用いて保定する際には、鳥が爪をひっかけて怪我をさせることのないよう、毛足の短い平織りのタオルを使用します。

セキセイインコやブンチョウなど、小型の鳥は数枚のティッシュを、コザクラインコやボタンインコのサイズならハンドタオルを、ウロコインコやオカメインコなどのサイズの鳥にはフェイスタオルを、大型のインコやオウムには厚手のバスタオルを、必要に応じて保定の際に用います。

保定を行う際には愛鳥に優しく声をかけ、決して今から危害を加えようとしているわけではないことを穏やかな表情や言葉かけで伝えましょう。

はじめのうちは、そっと、ふんわりと、それらのもので愛鳥を包むことからスタートし、速やかに開放しましょう。日頃から保定用のティッシュやタオルで一緒に遊んだり、タオルの上でおやつを与えたりしておくと、保定を行う際、愛鳥の恐怖心を若干ではありますが和らげることができるかもしれません。

▶小型の鳥の保定のポイント

小型の鳥の場合、ケージの中に片手を入れて素早く捕まえます。手乗り鳥の場合、ケージの外に出していったん手に乗せてから、もう片方の手で速やかに保定を行います。

基本的な保定のやり方としては、鳥の頭部を親指と中指でしっかりと挟み込むように固定し、ひとさし指で頭部を支えるように押さえます。

頭部は指で固定しても呼吸には差し支えはありません。空いている薬指と小指の位置は鳥のボディを包みこむようにして添えておきます。

頭部がきちんと固定できず可動域があると、抵抗して指に噛みついてくることがあります。首をやや伸ばすようにしながら頭部を固定します。

▶中・大型鳥の保定のポイント

中型鳥〜大型のインコ・オウムや九官鳥など大きな鳥の場合は、ケージの外に鳥をいったん出してから、部屋の隅などに追いやり、素早く大きめのタオルでくるみます。

鳥が掴みやすい止まり木や金網の上よりは、床の上で行うほうがスムーズです。

止まり木や網をがっしりと握って、鳥が離れようとしないときは、無理やり引き放そうとはせず、鳥

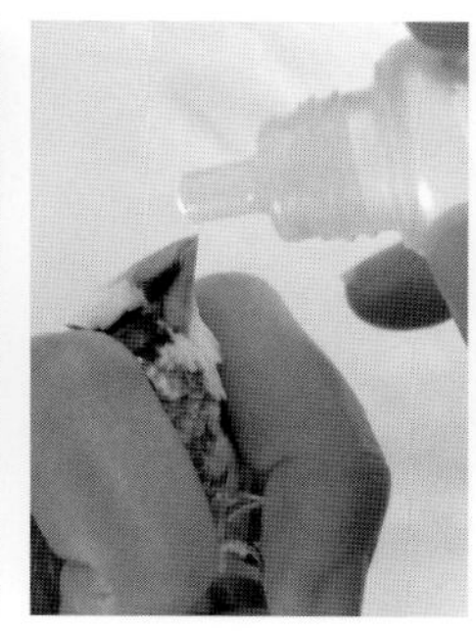

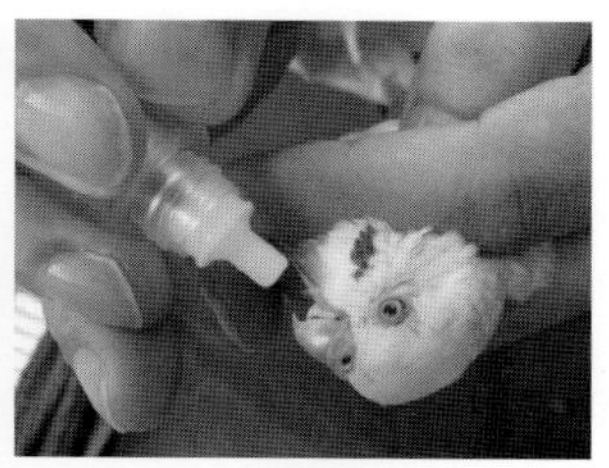

保定する際には胸部を圧迫しないように留意する

がふと力を抜いたときを見計らって、タオルを鳥の足元に回し入れ、ふんわりと救い上げます。

保定後、処置を行う際には、2人がかりで保定する係と投薬する係に分かれて行います。

タオルなどを鳥のからだに巻き付けるようにして鳥の動きを制限した上から、両手を用いて頭部および頸部を利き手、ボディをもう片方の手のひらで支えます。

さらに自分の腹部や胸部を用いて鳥のからだを点ではなく面で包みこむイメージで保定するとより安定します。

保定は鳥の状態を常に確認しながら行うこと

保定中は鳥の頭部が見えるようにし、呼吸が荒れていないか、目がうつろになってきてはいないか、弱ってきてはいないかなど必ず確認しながら行います。保定している間は包んだタオルの一部を鳥に噛ませておくと、鳥の意識がそちらに集中し、安全に処置を行うことができます。

鳥の骨は飛翔のために軽量化され折れやすくなっています。夢中になって力をかけ過ぎることのないよう注意しましょう。鳥の呼吸が止まらないよう、特に胸部を強く押すことのないように留意します。

薬の飲ませ方

飲水投与の場合：鳥の飲み水に混ぜて飲ませるタイプの薬が処方されたら、水の分量を正確に守りましょう。投薬期間中は、水分の多い青菜やフルーツなどは極力とらせないようにすることも大切です。

薬の入った水は変質しやすいので直射日光にはあてないようにし、ビタミンやサプリメントは獣医師の指示がない限り、薬の入った水には混ぜないようにします。

経口投与の場合：薬の入ったスポイトや点眼ボトルの先を鳥の嘴の横、口角のあたり近づけます。そして薬をそこから一滴ずつたらすイメージで鳥の口の中に入れて薬を飲ませます。

保定し、薬を投与する際には、鳥を完全に仰向けにするのではなく、少し鳥のからだを傾け、嘴の横から流し込むように飲ませると、気管への誤嚥のリスクを減らすことができます。投薬の際に顔などにかかってしまった薬は湿らせたガーゼなどで軽くふき取っておきましょう。

日ごろから清潔なスポイトや点眼ボトルから絞った果汁などをおやつがわりに飲ませておくと、鳥の投薬への抵抗感が薄れ、薬が飲ませやすくなります。

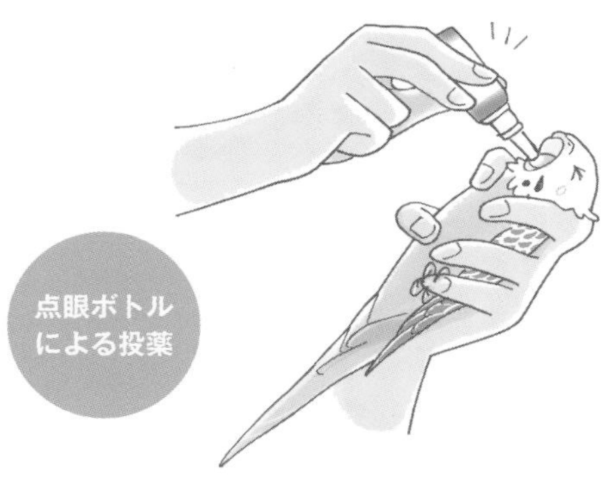

点眼ボトルによる投薬

CHAPTER 6

補完代替医療“ホリスティックケア”について

ここでは、西洋医学に含まれない治療法のことをホリスティック（代替）療法とします。

ホリスティック（Holistic）とは、ギリシア語の「holos」（全体、全体的、全体性）を語源とした言葉で、同じ語源から派生した言葉には、「whole」（全体）、「heal」（治癒）、「Health」（健康）、「holy」（聖なる）などがあります。

「ホリスティック」は「全体」、「関連」、「つながり」、「バランス」などの意味をすべてを含んだ言葉として解釈されており、ホリスティック療法では、肉体的な健康や心の癒し、調和や全体性といったものを重んじています。

補完代替医療とは、西洋医学に加え、補完的にペットの免疫力を高めることを目的に、ホリスティックケアを組み合わせることにより、生物の持つ自然治癒力を引き出す目的で行われます。

最近では、ホリスティック療法として、西洋ハーブや漢方、針治療、フラワーバッチレメディ、アロマテラピー、食餌療法などさまざまな種類のケアがおこなわれています。

これらの療法は、それぞれに詳しい獣医師のもとで治療を受けることが理想です。

例えば、使用される薬物がハーブの葉など天然由来のものであり、ヒトや犬猫への安全性が証明されているものであったとしても、それが鳥に与える際の安全性の高さを証明するものには全くならないからです。

また、時には強い毒性を含む草花が医療ハーブとして治療に用いられることもあります。

これらの代替療法は基本的には西洋医学同様、使いかたを誤ってしまうと、命に係わることがかもしれないということを念頭においておく必要があります。

鳥への効能や副作用が実際のところまだよくわかっていないようなものも市場にはたくさん出回っています。ヒトや犬猫で良さそうだからといって、鳥まで同じように考えるべきではありませんし、エビデンスの証明されていない療法を家の鳥で実験するようなことがあってはなりません。

愛鳥のこころとからだの健康を考え、ホリスティックな療法を取り入れたいと考えるなら、かかりつけの獣医師によく相談し、連携をとった上で、西洋医学同様、使用方法や用途、量を正しく守り、安全にホリスティックケアを行いましょう。

BIRDS Health & Medical care Column

やってはいけない民間療法

愛鳥家のあいだで昔からまことしやかに囁き続けられている民間療法があります。昭和の時代には鳥の獣医療はまだ過渡期にあり、鳥を診ることができる獣医師もほとんどいなかったことから、ケガや病気をしたときには街の鳥屋さんや愛鳥家仲間のところに相談に行き、アドバイスをもらったものです。それらの情報の中には、理にかなったものもあれば、かなり眉唾なものもありました。

そこで、いまだに巷にあふれている民間療法について検証してみることにしましょう。

◆卵づまり

●潤滑油としてオリーブオイルを総排泄腔に浣腸する

→産卵が進まない主な原因のひとつに、卵が通る産道が充分に緩んでいないことがあります。

排泄口に浣腸しても油は卵管に入らず下痢の原因になります。卵管内から卵が出てくることは期待できないといえるでしょう。

●トイレでアンモニアのにおいを嗅がせる

アンモニア臭が産卵を促すという学術的な根拠は見つけられませんでした。

●ワインなどのアルコールを飲ませる

からだを温めるという発想から来たものかもしれませんが、からだを温める以前に急性アルコール中毒に陥るという命に係わる危険があります。

●綿棒で掻き出す

●腹部を圧迫して押し出す

→知識のない素人が卵を強制的に外に出そうとすると、鳥のおなかの中で卵が割れてしまうこともあり、たいへん危険です。速やかに保温し、動物病院で処置を受けましょう。

◆骨　折

●骨折部に添え木をして包帯で巻く

●骨折部に絆創膏やテープで巻いて補強する

→足があらぬ方向に曲がったまま固定されてしまう恐れがあります。

ケガがさらに悪化しないよう小さなケースに入れて動きを制限し、すみやかに病院で処置を受けましょう。

◆咳やくしゃみ

●葛根湯を薄めて飲ませる

●たんぽぽの根をかじらせる

→葛根湯は第二医薬品、たんぽぽの根は第三医薬品に指定されています。

どちらも安易に与えることは愛鳥の命に関わります。また、鳥の呼吸器の異常はヒトの風邪とは異なり、症状としては重いものといえます。速やかに動物病院で診てもらいましょう。

●ヒナの食滞

ヒマシ油やぶどう酒を飲ませる

→人間の薬や酒、調味料を鳥に飲ませることは

言うまでもなくたいへん危険です。

●健康維持のため、土を食べさせる

コンゴウインコなど一部の鳥は食べた木の実の毒（アルカロイド）を解毒するために土を食べますが、飼育下にある鳥たちは、シードやペレットを食べており、毒性の強い木の実を食べることはありませんので、土をあえて食べさせる必要はありません。

●ボレー粉やカットルボーンのかわりに卵の殻を砕いて与える

卵殻はカルシウムの補給にはなりますが、ヨードやミネラルが含まれていないので、ボレー粉の代用にはならないと考えたほうがよいでしょう。

また、卵の殻にはまれにサルモネラ菌が付着していることがあります。与えるのであれば75℃以上で1分間以上の過熱処理が必要です。

●アサリやハマグリなどの貝殻をボレー粉のかわりに与える

ボレー粉とは異なり、これらの貝の殻は粉砕すると破片が鋭利なため、消化器官を傷つけてしまう恐れがあり、コンパニオンバードに与える食材としては不向きです。

●深爪したら、タバコや熱した鉄を当てて止血する

煙を吸いこむ恐れや、あらたに火傷を負う恐れがあり、取り返しのつかない二次災害を引き起こすことがあります。爪切りでは出血しやすいので、予め止血剤を用意しておくとよいでしょう。

●火傷したら軟膏を塗る

鳥の場合、軟膏などを塗ると、その箇所を気にして舐めとろうとしてしまいます。効果が半減するだけでなく、軟膏の成分（消毒薬など）を経口摂取することも危険です。動物病院で処置を受けましょう。

●異物を呑み込んだら食塩水やうすめた醤油を飲ませて吐かせる

塩の過剰摂取による食塩中毒になる恐れがありますので絶対にやめましょう。

●パンをミルクに浸してヒナに食べさせる

栄養が足りないのはもちろんのこと、鳥は哺乳類ではないので乳製品は消化不良による下痢になりやすく、パンは体内で腐敗しやすいのでNGです。

昭和の時代は30数年も前に終わったにもかかわらず、いまだに目を疑うような情報がインターネット上に流れていることがあります。

動物病院に行けない時間帯などに起こった愛鳥の急なケガや病気に慌てて、何かしなくては、と、はやる気持はわかりますが、まずは落ち着いて状況を確認し、しっかり保温を行った上で鳥に詳しい獣医師に診てもらいましょう。

漫画で楽しむ！鳥との生活と医療

『 ぽっちゃりさん① 』

漫画で楽しむ！鳥との生活と医療

『 ぽっちゃりさん② 』

漫画で楽しむ！鳥との生活と医療

『 省スペース？ 』

漫画で楽しむ！鳥との生活と医療

『 翼に注意 』

漫画で楽しむ！鳥との生活と医療

『 お湯はNG！ 』

漫画で楽しむ！鳥との生活と医療

『 仲間に入れて 』

漫画で楽しむ！ 鳥との生活と医療 『ボレー粉』

漫画で楽しむ！ 鳥との生活と医療 『おしゃべりな鳥』

漫画で楽しむ！ 鳥との生活と医療

『 いつも一緒 』

漫画で楽しむ！ 鳥との生活と医療

『 破壊魔に注意 』

漫画で楽しむ！鳥との生活と医療『巣、そのものなので』

漫画で楽しむ！鳥との生活と医療『手乗りの性』

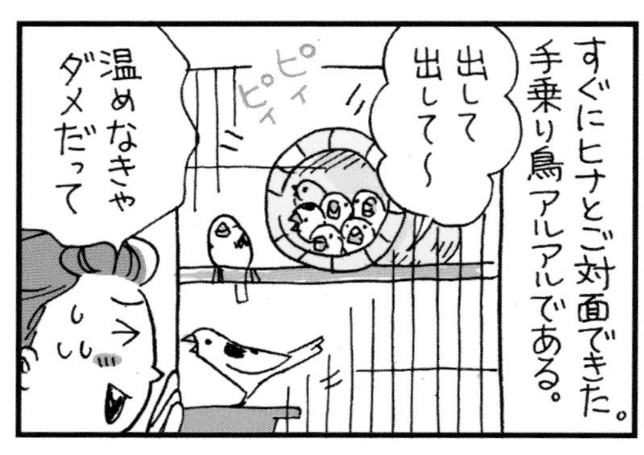

漫画で楽しむ！ 鳥との生活と医療
『 飼い主の心、鳥知らず 』

漫画で楽しむ！ 鳥との生活と医療
『 羽切りを考える 』

漫画で楽しむ！鳥との生活と医療

『 衛生管理の極意 』

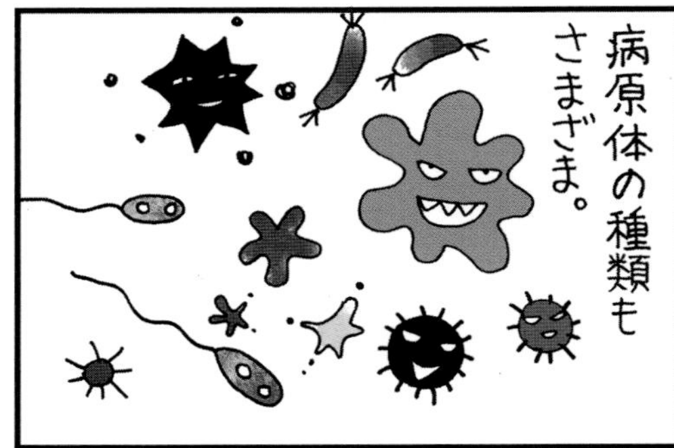

Chapter 7

飼い鳥のかかりやすい病気

獣医療監修
獣医師，獣医学博士　**三輪 恭嗣**
獣医師　**西村 政晃**

CHAPTER 7

ウイルスによる感染症

オウムの内臓乳頭腫症（IP）

ヘルペスウイルス科の*Psittacin Herpes Viruses*（PsHVs）が原因となり腫瘍を形成する病気です。

【原因】 ウイルスは糞便や呼吸器、目の分泌物の中に排泄されます。それらを別の鳥が摂取・吸入することで感染します。

【発生種】 すべてのインコ・オウムに発生しますが、コンゴウインコやボウシインコ、ヨウムなど大型インコ・オウムに感受性が高いと考えられます。

【症状】 主に口腔内や総排泄腔内の粘膜に乳頭の形状をした腫瘍が形成されます。結膜、鼻涙管、ファブリキウス嚢（排泄腔近くのリンパ組織）、食道、そ嚢、腺胃および砂嚢に広がることもあります。症状には血便や乳頭腫の突出などがあり、足に乳頭腫やプラークを形成することがあります。感染鳥は徐々に衰弱します。

【治療】 乳頭腫の切除や凍結、焼灼（病気の組織を焼いて治療）、抗ヘルペス薬などが治療に用いられます。

【予防】 新たに鳥を迎える際には清潔な環境で飼育されている鳥を選ぶこと、迎える前に検査を受けることなどが予防になります。

ボルナウイルス感染症（腺胃拡張症）

【原因】 ボルナウイルス科、トリボルナウイルス（ABV）属のウイルスが原因となります。

【発生種】 すべてのオウム目に感染すると考えられています。稀にカナリア、フィンチ類にも発生しています。

【感染】 糞便に間歇的（定期的に起こっては止む様子）に排出され、卵を介しても感染します。潜伏

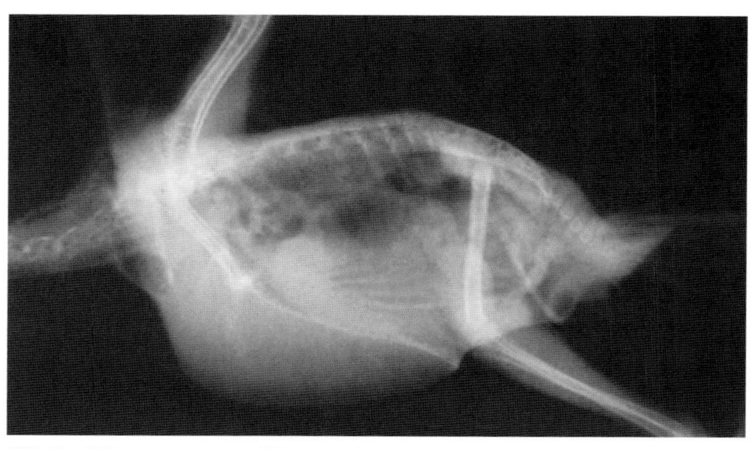

消化器の拡張がレントゲンで確認できる（オカメインコ）

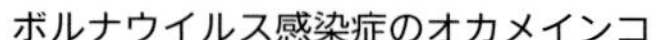

ボルナウイルス感染症のオカメインコ

そ嚢の下垂

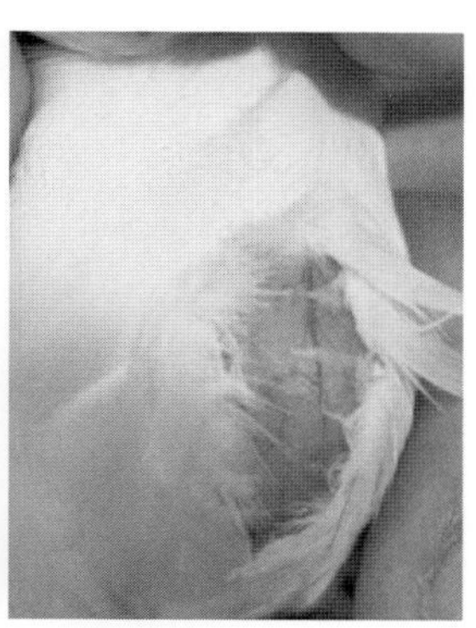

そ嚢が著しく拡張し腹部にまで至っている

期間は数日間と短いこともあれば、10年もの長きにわたることもあります。ABVは便やそ嚢液、卵などから検出されます。親鳥とヒナ、同居の鳥同士間での感染が確認されています。

【症状】 末梢神経から感染した後、逆行性に中枢神経に達してさまざまな神経障害を起こします。その結果、羽毛損傷行動や自咬などの自傷行動を起こすのではないかと近年いわれています。

症状としては多種多様ですが、そ嚢、食道、腺胃、筋胃、十二指腸の運動低下・拡張が起き、主に消化器症状（食欲不振、吐出、嘔吐、粒便、黒色便）などが多くみられます。

神経症状として、抑うつ、止まり木に止まれない、歩き方の異常など運動失調、平衡感覚の喪失、頭部の揺れ、失明、足を気にする、麻痺、激しい羽毛損傷行動や自咬、排泄腔脱、けいれん、強直性発作、後弓反張（頸部と背部を反り返らせ弓なりに なる神経症状）などがあります。

【治療】 完治のための治療はなく、延命、あるいはQOLを上げるための治療が主となります。ウイルスの複製を阻害するという報告があることから、抗ウイルス剤が試されることもあります。

【予防】 全身状態を健康的に保つこと、幼鳥など免

疫力の低い鳥には、未検査の鳥や陽性の鳥との接触を避けること、定期的に消毒薬や殺菌剤を用いて飼育環境を清潔に保つこと、紫外線（UVC）ライトや天日干しなどによるウイルス除去を飼育用品に行うことなどが予防となります。

オウム類の嘴羽毛病（PBFD）

PBFDはウイルス性疾患で、サーコウイルス（*Circovirus*）が原因となります。（*Psittacine Beak and Feather Disease Virus* ：PBFDV）。PCD（*Psittacine Circovirus Disease*）と呼ばれることもあります。

【原因】ウイルスは感染鳥の糞便、そ嚢液、抜け落ちた羽毛などから検出されます。感染経路としては同居鳥の羽毛・脂粉、糞便の摂食・吸引などによる水平感染が考えられます。通常、PBFDに感染した親鳥を繁殖に使うことはありませんが、親鳥からヒナへの給餌による感染もあります。ウイルスの感受性は鳥の種類により異なり、症状や症状の重篤度は発症した年齢によって異なります。

PBFDによる全身羽毛の萎縮が見られる（セキセイインコ）

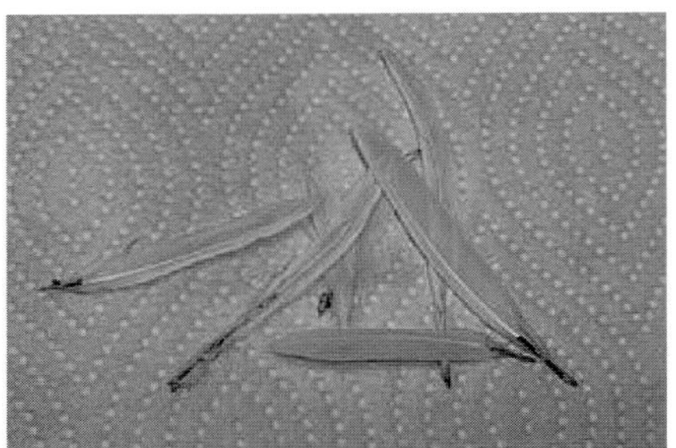
PBFDにより風切羽の羽軸内に血液が残存している

オーストラリアでもPBFDは野生のインコオウムの脅威的感染症となっている

左:PBFD　右：正常／左のセキセイインコは全身的に羽が粗暴で、尾羽が短い

PBFDに感受性が高いのは主に3歳以下の若鳥で、3歳以降は感染しにくくなります。

【発生種】 セキセイインコや白色系オウム、ヨウムに多くみられます。幼鳥など免疫力が低い鳥や海外からの輸入鳥にも多くみられます。

【進行】 多くの場合、予後は悪く、1年以内に死亡しますが、長期間の生存例もあり、陰性に転じることもあります。

孵化したばかりのヒナに多い甚急性型では突然死を引き起こし、幼鳥に多い急性型では羽毛異常、消化器症状、貧血などの症状がみられます。若鳥から成鳥に多くみられる慢性型では、羽毛異常と嘴の異常が進行し免疫不全により死亡します。ウイルスを体内に所持しているものの、症状を表さない不顕性感染も存在します。

【症状】 多くが幼鳥期の正羽が生えてくる時か換羽の時に発症します。

症状は鳥種や年齢によって異なりますが、以下のような症状がみられます。

羽毛の異常：羽軸の異常（くびれ、ねじれ、血斑）、羽軸の壊死

羽色の異常：羽枝の欠損、脱落、羽毛の脱色、羽鞘の脱落不全、脂粉の減少など

嘴の異常：初期には脂粉の減少によってふだんは灰色がかった黒い嘴が黒く光沢を帯びる（ヨウムや白色系オウム）、進行すると嘴の過長や脆弱化がみられる

羽毛の異常は換羽とともに進行します。やがて免疫能低下により細菌、真菌などによる二次感染を起こします（セキセイインコでは消化器症状として下痢や尿酸色異常、中型·大型鳥では口内炎など）。口内炎による疼痛や嘴形成不全から徐々に衰弱していきます。

【治療】 現在では治療法がまだ確立されていません。そのため免疫賦活療法（免疫機能を活性化させ，低下している防御力を増強させる薬物療法）を行います。早期発見から免疫賦活治療によって完治する症例も少なくありませんが、罹患から時間が経ってしまうと回復は困難です。

【予防】 新たに鳥を迎える際には他の鳥との接触を一定期間、避けることなどが考えられます。

セキセイインコの雛病
BFD（Budgerigar Fledgling Disease）

【原因】 *Polyomaviridae Polyomavirus*（ポリオーマウイルス科　ポリオーマウイルス）の感染によって起こります。

【発生種】 セキセイインコに多くみられますが、コザクラインコ、ボタンインコ、メキシコインコ、ワカケホンセイインコ、コンゴウインコ類、オオハナインコ、バタン類など多くのオウム目の鳥やフィンチ類に感染します。

【症状】 生後1か月未満のセキセイインコの幼鳥が発症すると、羽毛の異常、皮膚の変色、腹部膨満、腹水の貯留、肝壊死、出血を伴う肝腫大、頭振などがみられ予後不良です。生存した個体では、羽毛の発育障害がみられることがあります。ラブバードでは、およそ1歳まで感染の影響を受けます。成鳥での感染は多くの場合、無症状（不顕性感染）です。

【治療】 羽毛の異常はPBFDの治療に準じます。無症状の鳥から陽性が検出された場合は、一過性のウイルス血症であるため数か月後に再検査を行います。通常は陰転しますが、キャリアとなることもあります。

【予防】 新たに鳥を迎えたときには、体調が安定するまで他の鳥とは接触を避けて一定期間、隔離を行うこと、適切な飼育環境や食餌を与え、日ごろから免疫力を高めるといったことが予防として考えられます。

細菌による感染症

細菌にはグラム陽性菌とグラム陰性菌があります。

グラム陰性菌感染症

鳥類ではグラム陽性菌が主体で、盲腸を持たないオウム・インコ類やフィンチ類の体内には常在しないグラム陰性菌が多い場合は病気の原因となります。

【原因】 グラム陰性菌の中には、大腸菌のように環境の中に存在する菌や、水やフルーツ、野菜などを腐敗させるシュードモナス菌（緑膿菌など）、犬や猫による咬傷が原因になりやすいパスツレラ菌、卵やナッツ、ゴキブリやネズミの糞が混じった不衛生な穀物種子飼料や加工餌などが原因となりやすいサルモネラ菌などがあります。
※パスツレラ菌とサルモネラ菌は人と動物の共通感染症ですので注意が必要です。

【発生種】 すべての鳥に発生します。

【症状】 元気消失、呼吸器困難、嗜眠（睡眠状態になる意識障害）、食欲不振、膨羽、下痢、多尿、体重減少、呼吸困難、結膜炎などの症状がみられることがあります。

【治療】 主に抗生剤が用いられます。

【予防】 咬傷事故を防ぐために鳥に犬や猫を近づけないこと、鳥を触る前によく手を洗うこと、不衛生な環境下にあったエサやナッツを与えないこと、野菜やフルーツはよく水で洗い流してから与え、食べ残しは傷む前に取り除くこと、飼育環境や飼育器具（特にエサ入れ、水入れ、菜差しなどの食器類）は定期的に消毒し、こまめに飼育環境の換気を行うこと、ネズミや野鳥、昆虫（ハエやゴキブリなど）の侵入経路を絶つといったことが予防となります。また、ストレスや栄養状態の悪化により、からだの防御機能が弱くなっていると感染しやすくなるので、飼育環境を適切に整えることも大切です。

グラム陽性菌感染症

グラム陽性菌感染症の主な原因として、ブドウ球菌とリステリア菌があげられます。

【原因】 鳥の主な感染性疾患の原因菌であるブドウ球菌は常在菌（日常的に身体に存在する細菌）です。リステリア菌は動植物や昆虫、土の中など、自然界に広く生息する環境常在菌の一種ですが、鳥の場合、汚染された青菜が主な感染源として考えられています。

【発生種】 すべての鳥に発生します。

【症状】 ブドウ球菌は皮膚病などの病変や上部呼吸器から検出されます。創傷、熱傷、褥瘡など皮膚の損傷部位に感染し、化膿性の炎症を起こします。膨羽、食欲や元気の低下、皮膚のびらん（粘膜のただれ）、滲出液の漏出、跛行（足を引きずるようにして歩くこと）、足の不全麻痺、成長板障害による骨の変形などがみられます。

免疫力の低下している鳥では、呼吸器感染、消化管感染、敗血症などもみられます。組織の壊死や膿瘍がある場合は、外科的な手術が必要になることもあります。リステリア菌によるリステリア症では、失明、斜頸（常に顔を左右どちらかに向けて首をかしげた状態）、振戦、昏迷、麻痺、嘔吐、下痢、跛行や足の不全麻痺などの症状が現れます。

【治療】 主に抗生剤が用いられます。

【予防】 日ごろから鳥の健康管理を怠らず、免疫力を維持することが予防となります。 飼い鳥からヒトへの感染の確率は低いと考えられていますが、妊婦や新生児、基礎疾患がある人は、感染鳥との接触には注意が必要です。

そのほかの細菌による感染症

鳥の抗酸菌症（鳥結核症）［人と動物の共通感染症］［届出伝染病］

【原因】 抗酸菌はマイコバクテリウム科、マイコバクテリウム属のグラム陽性菌で、沼や湖、川、湿地帯などに多く存在しています。人獣共通感染症で、ヒト後天性免疫不全症候群（AIDS）患者では、播種性結核を引き起こします。また、伝染病予防法※による届出伝染病でもあります。

【原因】 抗酸菌症の鳥の排泄物によって汚染された水域や土壌からの経口的摂取、感染鳥からの飛沫、創傷（体表組織の損傷）からの皮膚感染などが感染源となります。

【発生種】 鳥の抗酸菌症は世界的な風土病で、すべての鳥が感染する可能性がありますが、飼い鳥でも多くの鳥種で発生しており、セキセイインコやオカメインコでも報告があります。

【症状】 鳥の抗酸菌症は慢性消耗性疾患であり、典型的な症状は無いまま突然死することがあります。特に典型的な症状はありませんが、元気の喪失、膨羽、嗜眠、下痢、軟便、多尿、尿酸の黄色化、腹部膨大、軽度の呼吸促迫などの症状がみられることがあります。

【治療】 抗酸菌は薬剤に対して高い抵抗性があるため、抗結核薬をはじめとした多剤併用による治療が行われます。

【予防】 新たに鳥を迎える際には検査を行う、飼育用品は日光消毒やアルコール消毒、煮沸消毒（80℃で10分間）などを行うといったことが予防として考えられます。

マイコプラズマ症

マイコプラズマ属に属する微生物による感染症です。

【原因】 マイコプラズマ単独では発症することは少ないですが、細菌による混合感染により発症します。病原体は、呼吸器や眼の分泌物内に排泄され、これを経口的に摂取または吸入することにより感染します。また介卵感染（病原体が卵を介して、ヒナに伝搬される感染様式）による垂直感染も起こります。

【発生種】 飼い鳥の中では、オカメインコ、セキセイインコ、ラブバード、ブンチョウにたいへん多く見られます。ボウシインコ、コンゴウインコ、白色系オウムのなかまに発生が報告されています。

ヘキサミタ・アスペルギルス・マイコプラズマの混合感染で治療中のオカメインコ

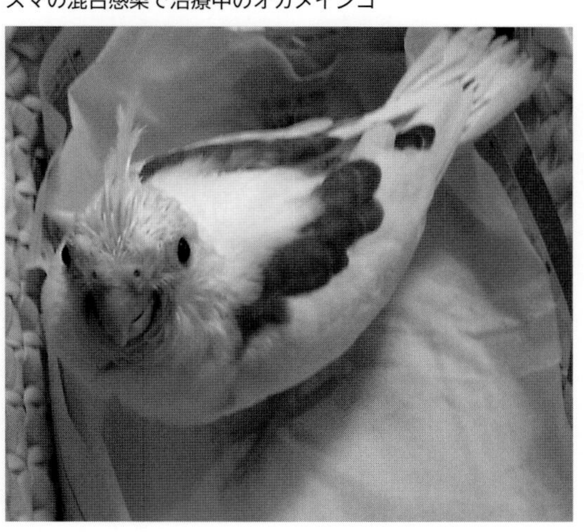

※ ニワトリ、アヒル、ウズラ、七面鳥のみが対象。

膨羽（キンカチョウ）

【症状】 結膜炎、鼻炎、副鼻腔炎がみられます。進行すると肺炎、気嚢炎、関節炎を起こすこともあります。ほかに呼吸困難、変声、元気、食欲の低下、膨羽などがみられます。

【治療】 PCR検査による鑑別を行い、治療にはマイコプラズマに感受性のある抗生剤を投与します。

【予防】 適切な栄養の摂取（特にビタミンAなど）、ストレスの軽減、こまめに換気を行い清浄な空気を保持するといったことが予防となります。

鳥のオウム病（人と動物の共通感染症）

オウム病はオウム病クラミジア（*Chlamydia psittaci*）による人と動物の共通感染症です。

【原因】 主な感染は糞尿、鼻汁、涙液、唾液、呼吸器分泌物など空気感染または接触感染で、呼吸器から侵入し、定期的あるいは断続的に排泄されます。

糞や分泌物が乾燥して粉になったものを鳥やヒトが吸引することで伝播します。感染鳥と同室の鳥の感染は著しく多いため、同居の鳥がいる場合はすべて検査が必要です。糞尿に汚染された飲水や飼料の摂取、親からヒナへの育雛給餌による垂直感染もみられます。若鳥は成鳥より感受性が高く、容易に感染します。

【発生種】 国内の飼い鳥としてはオカメインコとセキセイインコ、ハトに多く報告されています。中でも幼鳥の保菌率は高いと思われます。

【症状】 膨羽、沈うつ、食欲不振、体重減少、くしゃみ、鼻汁、あくび、結膜炎、流涙、閉眼などがみられます。咳や喘鳴、呼吸困難、開口、テイルボビング（尾羽を上下させて呼吸を補助している状態）、全身呼吸、スターゲイジング（上見姿勢）、チアノーゼ（血液中の酸素不足による変色）、黄～緑色の尿酸、下痢、多飲多尿、浮腫、腹水、けいれん、後弓反張、振戦、斜頸、麻痺などの中枢神経症状などがみられます。

【治療】 抗生剤を用いた治療が行われます。

【予防】 定期的に健康診断を受け、早期発見、早期治療を行うことが肝要です。新たに鳥を迎える場合は検査を依頼し、陽性であった場合は、治療により陰転してから家に迎えましょう。

飼育用品は熱湯や日光消毒を行い、消毒剤を用いるときにはアルコール、次亜塩素酸ナトリウムを使用し、感染を防ぎましょう。

ヒトのオウム病

鳥のオウム病は100種類以上の鳥種で報告されています。感染した鳥の排泄物からの *Chlamydia psittaci* の吸入が主な感染源となります。ヒトの性感染症であるトラコーマクラミジアや肺炎クラミジアとは別種です。

オウム病の潜伏期間はおよそ1～2週間で、急激な高熱と咳によって発症します。症状としては高熱、悪寒、頭痛、倦怠感、筋肉痛、関節痛、咳などインフルエンザのような症状が突然、発症します。市中肺炎（病院や介護施設など以外の場所で感染した肺炎）における発生頻度は高くありません。

口移しやキス、頬ずりなど、鳥との過度なスキンシップは厳禁です。鳥との濃厚接触はオウム病に感染する恐れがあることを念頭において、節度ある飼育を心がけましょう。また稀にですが、飼い鳥に咬まれて感染することもあります。飼育している鳥から家族など複数の人が同時に感染することもあります。 オウム病は本来、鳥類の感染症です。不顕性感染のように、鳥がすでに保菌していても健常に見える可能性もあります。鳥が弱っているときや、ヒナを育てる期間に排菌（病原菌を体外に排出）しやすいとされています。糞尿、鼻汁、涙液、唾液、呼吸器分泌物などから感染します。

換気の悪い密閉した環境の中で、乾燥して粉塵化されたクラミジア菌を含む糞便が舞い上がり、それを吸い込んで感染することが多いようです。健康に問題のない人が一般的な飼育環境で鳥を飼育している中で感染することは稀ですが、ヒト側の免疫が低下しているケースでは、発症が容易に生じる恐れがあります。特に抵抗力の弱い高齢者や妊婦、基礎疾患のある人などは鳥との不必要な接触は避けたほうがよいでしょう。

CHAPTER 7

寄生虫による感染症

消化管内寄生虫
原虫

トリコモナス症（原虫）

トリコモナス目トリコモナス科トリコモナス属に属するハトトリコモナス（*Trichomonas gallinae*）によって起きる鳥類の感染症です。人の性感染症であるトリコモナス（*T. vaginalis*）とは別種の原虫です。

【原因】 おもに口腔内や食道、そ嚢に寄生して増殖します。乾燥した環境では短時間しか生存できませんが、飲水や菜差しの水など水がある環境の中では長期間の生存が可能です。

【発生種】 国内の飼い鳥ではブンチョウが最も多く、最近ではそ嚢検査でセキセイインコにもトリコモナスが検出されるケースが増えてきています。

【感染】 求愛行動や親鳥がヒナを育てる際に行われる吐き戻しや、挿し餌で用いられる器具の使いまわしによって感染することがあります。
【発症】 免疫力の低いヒナで発症しやすく、成鳥になってからの発症は多くありません。一生を通じて発症しない不顕性感染もあり、その場合はほかの鳥への感染源になることがあります。

【症状】 軽度では食欲不振や口腔内の違和感や口腔内粘液の増加からしきりに舌を動かす様子や、あくび、粘液の吐出、首振りなどがみられます。二次感染を起こし、膿瘍が形成されると、食餌の通過阻害や下顎部や頸部の突出も見られるようになります。副鼻腔へ感染が広がると、くしゃみや鼻汁、結膜炎が見られます。ブンチョウでは、外耳孔から空胞の突出が見られることがあります。

【治療】 抗原虫薬によって駆除します。トリコモナスが消失した後も全身状態の悪化から落鳥することもあるため、鳥の状態により抗生物質や抗真菌剤の投与などを行うこともあります。

【予防】 トリコモナスはケージや飼育器具の充分な乾燥で殺滅が可能です。熱湯消毒や塩素消毒、アルコール消毒も有効です。トリコモナスを保有しているヒナは環境変化をきっかけに発症しやすいため、動物病院で速やかに健康診断を受け、発症を未然に防ぎましょう。

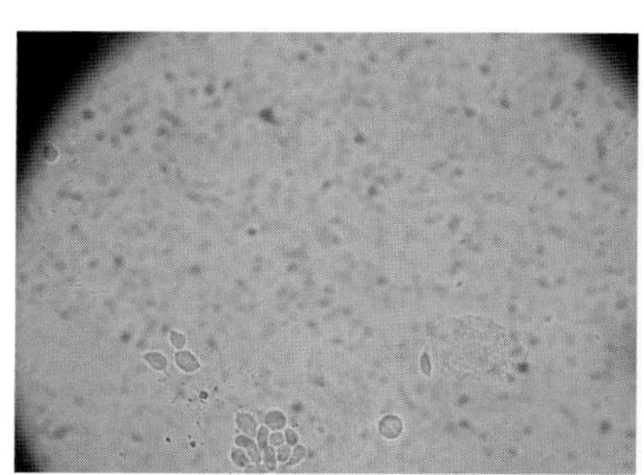

トリコモナス原虫

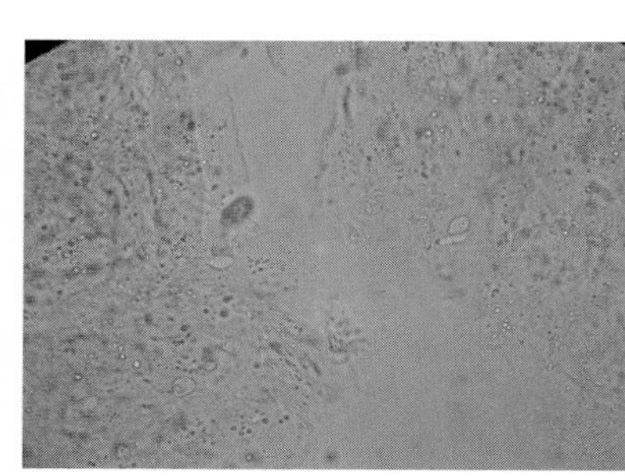

ヘキサミタ科原虫

ジアルジア症（原虫）

ディプロモナス目ヘキサミタ科ジアルジア亜科 ジアルジア属の*Giardia psittaci*によって起きる鳥類の感染症です。哺乳類やヒトで問題となるランブル鞭毛虫*G. intestinalis*とは別種です。

【原因】 ジアルジアは栄養型と嚢子型（膜を被り休眠状態にある）の2つの形態があります。小腸に生息し、上部では栄養を摂取し増殖する栄養型で、下部では嚢子を形成し、便中に排泄されます。

【発生種】 セキセイインコやブンチョウの幼鳥に稀にみられます。

【感染】 嚢子型が付着したエサや排泄物を摂食することで感染します。成鳥の場合は感染していても発病しないことが多いのですが、感染源となる可能性があるので、見つけ次第、駆虫します。発症は鳥の免疫力により左右され、一生を通じて発症しない不顕性型はほかの鳥への感染源となります。

【症状】 多くは不顕性感染で発症しませんが、発症すると下痢がみられ、体重が減少します。

【治療】 抗原虫薬によって駆虫が行われます。

【予防】 健康診断を受け、感染していた場合、発症前に駆虫を行います。ケージや飼育器具は熱湯消毒やフェノール液やクレゾール溶液などで定期的に消毒を行うことが効果的です。排泄物を口にしないよう、床は糞きり網を使用しましょう。

ヘキサミタ症（原虫）

ヘキサミタはジアルジア同様、栄養型と嚢子型の2つの形態があります。

【原因】 ヘキサミタは原虫で腸に寄生して、下痢や体重減少を起こすことがあります。

【発生種】 飼い鳥のヘキサミタ症はオカメインコに最も多くみられます。

【感染】 主に、嚢子が付着したエサや排泄物を摂食することで感染すると考えられます。 その多くが一生を通じて発症しない不顕性型ですが、幼鳥や若鳥、あるいはほかの疾患等により免疫が低下した状態で発症しやすくなります。

【症状】 発症すると嗜眠や食欲不振、黄緑色の軟便や下痢、体重の減少がみられます。

【治療】 糞便検査でヘキサミタが見つかったら抗原虫薬を投与します。

【予防】 予防はジアルジア同様です。ヘキサミタは薬剤に対する抵抗性が高く、完全な駆虫が困難です。

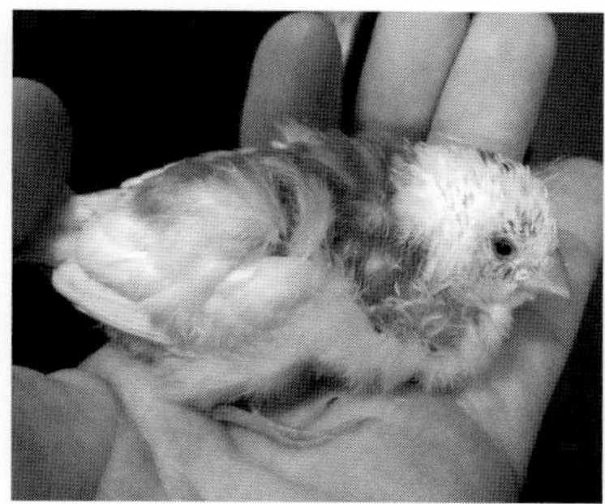

トリコモナス症のキンカチョウ

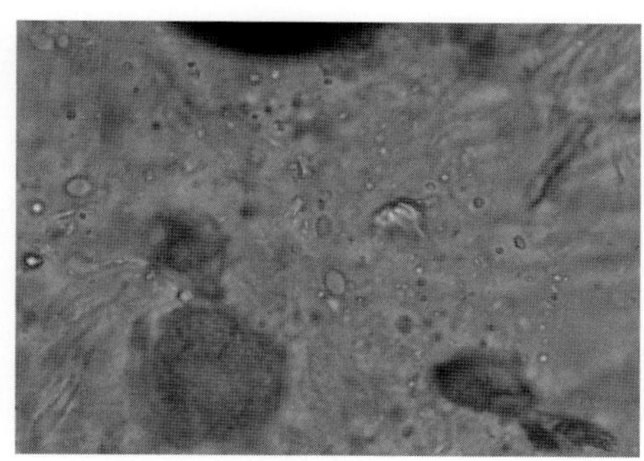

ジアルジア（嚢子型）／嚢子型は楕円形の殻に包まれ動かない

コクシジウム症（原虫）

真コクシジウム目アイメリア亜目アイメリア科アイメリア（*Eimeria*）属、あるいはイソスポーラ（*Isospora*）属の原生動物によって起きます。哺乳類のコクシジウム症とは異なります。検出されるコクシジウムの種類は鳥種によって異なります。

【原因】 感染鳥の糞便に排泄されたコクシジウムのオーシスト（原虫の生活環における、接合子が皮膜などに覆われた状態）を口にすることで感染します。鳥の体内に入ったオーシストは形態をかえながら腸の粘膜に侵入します。免疫力の低い幼鳥やヒナで多く発症します。一生を通じて発症しない不顕性型はほかの鳥への汚染源となります。

【発生種】 飼い鳥ではブンチョウに多くみられます。

【症状】 食欲不振や下痢を起こし、重篤な場合には衰弱して死亡することもあります。コクシジウムが腸に寄生しコクシジウムが分裂増殖するときに腸の粘膜を傷つけることから二次感染が起きやすくなります。体内のコクシジウムが増殖すると、粘液を含む淡褐色から赤褐色の軟便や、腸炎に伴う腹部の膨らみがみられるようになります。稀に急性の血便を起こすこともあります。 血便のほかの症状としては、元気消失、食欲不振、体重の減少などがあります。

【治療】 治療には抗コクシジウム薬が用いられます。強い薬剤耐性を持つこともあり、完全な駆除が難しいこともあります。下痢などの症状への対症療法も行います。

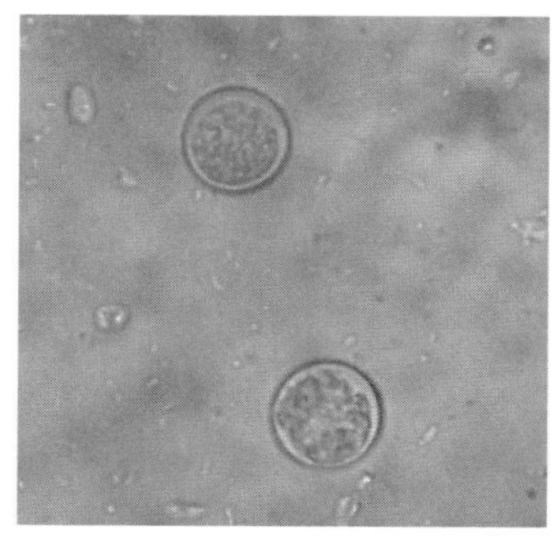

コクシジウムのオーシスト

【予防】 発症前に糞便検査を受け、見つかり次第コクシジウムを駆虫すること、未検査の鳥との接触をさせないことが予防となります。

薬剤に対する抵抗性は高く、家庭ではケージや飼育器具は熱湯を用いて消毒を行います。熱湯消毒できないものに関しては、その都度捨てるか、2つずつ用意してよく洗浄し、天日乾燥を行うとよいでしょう。

クリプトスポリジウム症（原虫）［共通感染症］

クリプトスポリジウム症は、アピコンプレックス門コクシジウム目クリプトスポリジウム科に属する病原性を有する原生動物によって生じる感染症です。

【原因】 クリプトスポリジウムに感染している鳥の糞便に汚染された食物、水を口にすることで感染します。また、自家感染も起きます。

【発生種】 飼い鳥では、コザクラインコやボタンインコにおいてよく検出されます。オカメインコやフィンチにみられることがあります。

【症状】 胃に寄生すると泡状の粘液やエサの吐出や嘔吐、体重の減少がみられます。腸に寄生した場合は主に免疫の低下した鳥に難治性の軟便や下痢が生じることがあります。呼吸器に寄生した場合、鼻炎、結膜炎、副鼻腔炎、気管炎、気嚢炎に伴い、咳、くしゃみ、呼吸困難などの症状が見られます。ほかにもクリプトスポリジウムが尿管、肺に寄生することもあります。

【治療】 オーシストは非常に小さく、特殊な染色・顕微鏡検査で鑑別します。駆虫薬のほか、症状に応じた対処療法を行いますが、免疫力を回復させることも大切です。

【予防】 クリプトスポリジウムは完全な駆虫が困難です。同居鳥への感染を防ぐためには、新たに迎える際に動物病院で糞便検査を受けましょう。消毒についてはコクシジウムと同様で、定期的にケージや飼育器具を熱湯消毒や洗浄したあとの天日乾燥を行います。

【人への影響】 ヒトのクリプトスポリジウム症の原因原虫はヒト型とウシ型が主で、鳥類に寄生するクリプトスポリジウムは人への感染は稀です。

発症すると、腹痛、嘔吐のほか、37～38℃台の発熱を伴う場合があります。

飼育している鳥にクリプトスポリジウムが検出された場合は、ヒトへ感染しないよう、鳥の扱いと衛生面では充分、注意を払う必要があります。

鳥の回虫症（線虫）

回虫とは線虫の仲間の寄生虫で、白く細長い寄生虫です。主に消化器に寄生します。鳥の回虫は、回虫目、鶏回虫科、鶏回虫属（*Ascaridia*）に属する線虫です。オウム目からは、*Ascaridia hermaphrodita*、*A. platyceri* が 主に報告されています。

【原因】 衛生状態が悪い繁殖場で、回虫にかかった親鳥や同居鳥から感染すると考えられます。回虫の卵を飲み込むことから感染し、その多くは回虫に汚染されたエサが原因です。

【発生種】 ブンチョウやオカメインコに多く検出されます。オーストラリアや南米原産のインコから検出されることがあります。

【感染】 エサの汚染は、回虫の卵を含む便が混じった土に触れることでも起こります。糞中の虫卵は条件がそろうと２～３週間内に感染が可能な成熟卵に育ち、飲水や飼料などとともに経口的に摂取され、感染します。

少数の寄生では無症状のことがほとんどですが、下痢、消化吸収不良、体重減少、成長不良の症状が見られることもあります。大量に回虫が体内に寄生した場合、虫の体による栓塞が生じ、落鳥することがあります。

【治療】 糞便検査による特徴的な虫卵の観察により診断されます。線虫駆除剤を複数回投与し駆虫しますが、回虫の大量寄生が疑われる場合、虫体による栓塞が起こる可能性が高いことから、外科的な回虫の摘出を行うことがあります。

【予防】 親鳥の駆虫や繁殖場の環境消毒が重要です。回虫の卵は消毒剤に強い抵抗性を持ち、土の中では何年もの間、生息することができます。予防としては感染鳥の糞便に汚染された土壌との接触を避け、ケージや飼育用品を熱湯やスチーム等による消毒を行いましょう。

条虫症（条虫）

条虫はからだが長く、平らな白いひも状の寄生虫でサナダムシの仲間です。

【原因】 鳥の条虫は多くの場合、中間宿主（寄生虫が幼生時に寄生する宿主）を必要とします。鳥の体外に便とともに排泄された条虫の片節は動き回り、昆虫などの中間宿主に捕食されます。中間宿主の体内に入った片節は、宿主の消化管内で卵を放出します。卵はやがて孵化して嚢虫となります。この嚢虫を体内に保有した昆虫などの中間宿主を鳥が捕食することで感染が成立すると考えられます。鳥の体内に取り込まれた嚢虫は小腸の壁に付着し片節を作ります。 人への感染の報告はありません。

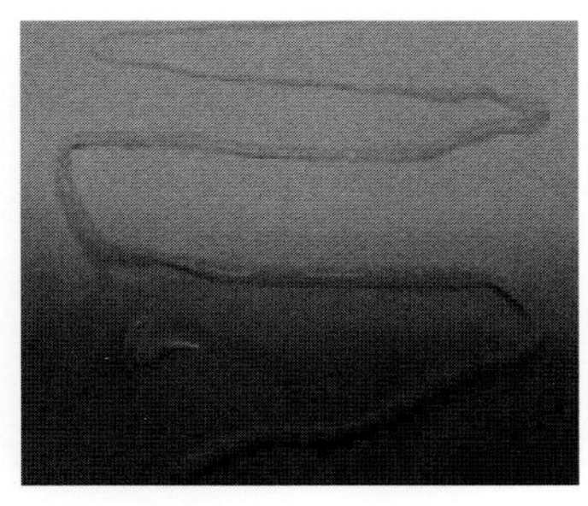

カラスの条虫

【発生種】ブンチョウにしばしば見られます。ブンチョウでみられる条虫の種類は明らかではありません。ほかのフィンチ類にみられることがあります。

【症状】ブンチョウの条虫もほかの条虫同様に、明らかな症状を引き起こすことはありません。稀に条虫の虫体栓塞による死亡が報告されています。

【治療】鳥の糞便検査で条虫の卵が検出されることは稀です。糞便とともに排泄される、動きまわる米粒やしらすのような白い片節の発見により診断されます。条虫駆除剤を間隔をあけて投与することで駆虫します。

【予防】親鳥の駆虫や飼育環境内に生息する昆虫の駆除を行います。条虫の卵は消毒剤に対して強い抵抗性があります。ケージや飼育器具の熱湯消毒や、希釈しない塩素系漂白剤への浸漬などが有効です。天日干しによる紫外線消毒を行う際には、日光の長時間の照射が必要です。

【人への影響】人に感染した報告はありません。

外部寄生虫

鳥の疥癬症（節足動物）

疥癬（かいせん）はダニ目、ヒゼンダニ（無気門）亜目、トリヒゼンダニ科、トリヒゼンダニ（*Knemidokoptes*）属の節足動物です。トリヒゼンダニは円いからだに短い足が特徴的のダニで、大きさは0.3～0.4mm程度であるため肉眼では観察できません。顕微鏡を用いて確認します。

【原因】トリヒゼンダニは、嘴の付け根やろう膜、目の周り、足などの少ない皮膚の部分にトンネルのような穴を開け、そこに寄生し、その中で産卵します。親鳥からの感染、または感染鳥と鳥が接触することで伝播すると考えられます。

【発生種】飼い鳥ではセキセイインコに最も多く見られます。ブンチョウやチャボにもみられることがあります。

【症状】トリヒゼンダニに感染していても発症せず無症状ということも少なくありません。

発症の初期症状としては嘴や足が白く粉を吹いたような状態になり、強い痒みを伴う場合は嘴をケージの網などにこすり付けるような仕草がみられるようになります。 足に感染した場合、止まり木で足踏みをするような仕草をします。

セキセイインコでは、口角や足に病変が現れ、次第に嘴、ろう膜、顎下、顔、足全体に広がり、嘴や爪が徐々に変形し過長します。重度になると排泄孔や全身の皮膚に広がり、衰弱死することもあります。

【治療】病変の表面を削るか粘着テープに付着させて、特殊な薬剤で溶解し、顕微鏡で検査します。検査でトリヒゼンダニやその卵が検出されなくても、特徴的な病変から治療が行われることもあります。完全にダニがいなくなるまで、複数回にわたり駆虫薬を経口または経皮投与して治療します。

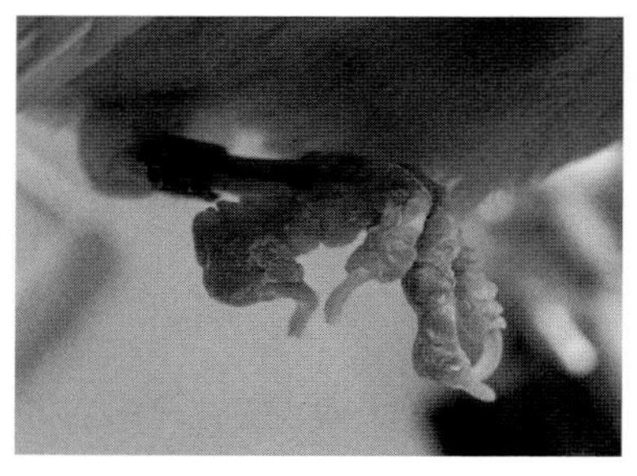

ハバキ（脚鱗の角亢進）はビタミンAの欠乏や老齢などが原因と考えられ、疥癬症とは異なる

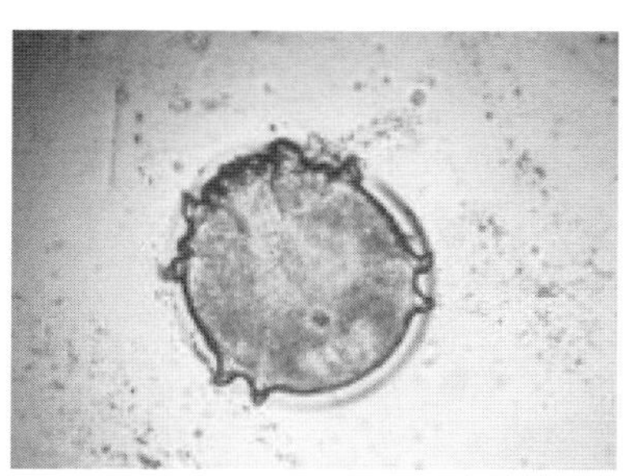

トリヒゼンダニは足が短く丸い体で、顕微鏡で確認できる

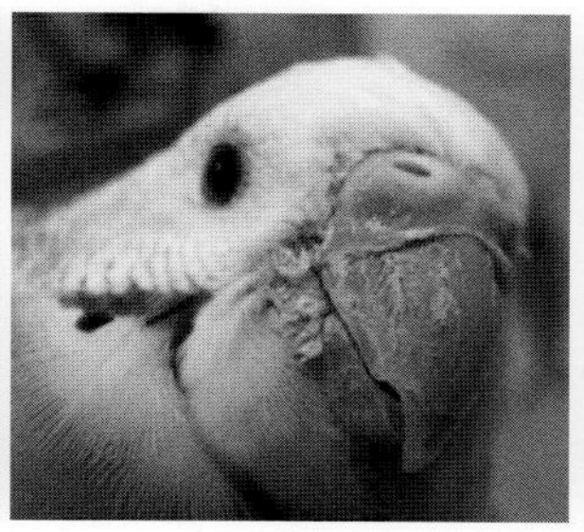

疥癬症による口角の病変

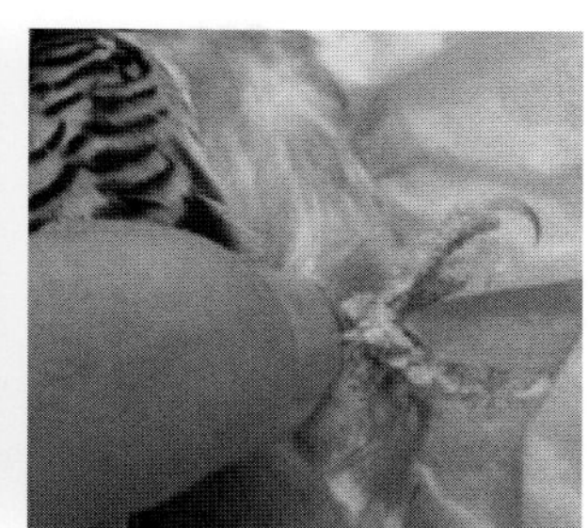

足の典型的な軽石様病変

【予防】 ケージや飼育器具を定期的に熱湯消毒します。感染した場合、放鳥している場所も念入りに消毒を行う必要があります。主に鳥の体表で生活するため環境衛生とともに感染鳥との接触を減らすことなどが大切です。

【人への影響】 人へ感染した報告はありません。

ワクモ・トリサシダニ（節足動物）

ワクモ（*Dermanyssus gallinae*）はダニ目、中気門亜目、ワクモ科、ワクモ属に属する節足動物です。体長は0.7～1.0mm、色は赤～黒、細長い卵のような形をしていて、足は長く、鳥のからだに寄生して素早く動き、吸血します。同属のスズメサシダニ（*D. hirundinis*）はワクモに比べやや小さめです。トリサシダニ（*Ornithonyssus sylviarum*）は、節足動物門、クモ綱、ダニ目、オオサシダニ科、イエダニ属に属しワクモに似ていますが、ワクモに比べるとやや小さめです。吸血していない時のからだは灰白色ですが、吸血すると赤色になります。

【原因】 ワクモは夏場に多くみられ、日中の間は鳥のからだから離れ、ケージや巣箱の隙間などに潜んでいます。夜になると鳥のからだに寄生し、吸血します。一方、トリサシダニは鳥のからだからは離れず、体表で生活、繁殖して吸血します。

【発生種】 ワクモの仲間はさまざまな鳥種で報告があります。

【症状】 多量に吸血されると貧血が生じ、元気や食欲が低下します。ワクモは夜間に吸血するため、鳥が夜になると暴れることがあります。主な症状は吸血によるかゆみ、皮膚の炎症などです。重度の場合、死に至ることもあります。

【治療】 体表あるいは環境に生息するダニを捕獲し、顕微鏡検査します。治療には駆虫薬が使用されます。

【予防】 屋外の禽舎で飼育していたり、野鳥が家に巣を作っていたりする場合、ワクモが家の中に侵入して飼い鳥に寄生することがあります。ケージや飼育器具を定期的に熱湯消毒すること、飼育環境を清潔に保ち、高温多湿を防ぐことが大切です。トリサシダニは、鳥のからだにのみ寄生し、環境に生息しないため、消毒は重要ではありません。

【人への影響】 鳥から人体へ移行して皮膚炎を起こすことがあります。大量に寄生した場合、アレルギーを起こすこともあります（特にトリサシダニやスズメサシダニ）。

ウモウダニ（節足動物）

ウモウダニ類は、ダニ目、無気門亜目クモ形綱ダニ目ウモウダニ上科の総称です。

【原因】 人の家屋でツバメやスズメなどの野鳥が繁殖した場合、巣からダニが家屋内へ移動し、飼い鳥へ寄生することがあります。

【症状】 ウモウダニは鳥の羽に共生し、羽毛につく古い油やカビなどの余分なものを栄養としていると考えられています。大量発生しても鳥に害を及ぼすことはほとんどありません。

【治療】 肉眼で見つけることができます。駆虫剤を塗布して駆虫することもできますが、ウモウダニは鳥のからだを傷つけないため、治療の是非は分かれます。

【予防】 ウモウダニは鳥自身が羽繕いで取り除くことができます。鳥のからだに寄生し、環境には生息しないため環境の消毒は重要ではありませんが、抜け落ちた羽毛の処理など衛生面の管理を行います。

【人への影響】 ダニアレルギーの原因になることがあります。

キノウダニ（コトリハナダニ）（節足動物）

飼い鳥に見られるキノウダニは、ダニ目、中気門亜目、ハナダニ科、*Sternostoma*属に属する*Sternostoma tracheacolum*で、コトリハダニとも呼ばれます。

【原因】 その名の通り気管・気嚢・肺など呼吸器官に寄生します。体長は0.6mm程、黒褐色、卵形で、やや足が長く、気管内を移動します。卵から成虫になるまで鳥の呼吸器内で成長します。

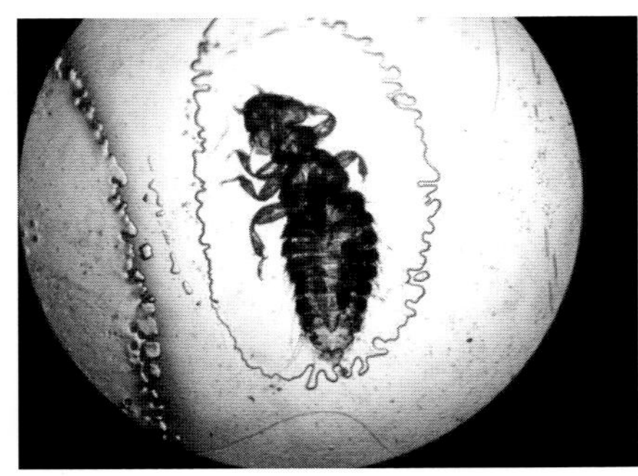

ハジラミ

【発生種】 カナリアやコキンチョウに多くみられます。他のフィンチ類にもみられますが、オウム・インコ類ではほとんどみられません。

【感染】 親鳥からヒナへと経口感染します。

【症状】 気管内などの呼吸器官で繁殖し、異常な呼吸音や変声、開口呼吸などの症状を示し、重篤な場合には呼吸困難を起こし死に至ることもあります。

【治療】 ライトの光を喉のあたりに当てると、キノウダニの有無を目視で確認できます。駆虫薬を複数回投与して駆除します。

【予防】 野鳥にもみられるダニです。ケージを長時間、外に放置しないようにしましょう。

ハジラミ（節足動物）

ハジラミは昆虫綱咀顎目（*Psocodea*）に属する 体液や血液を吸わずに羽毛を食べる寄生性の昆虫の総称です。

【原因】 ハジラミは卵、若虫、成虫の全てのライフステージを鳥のからだで過ごします。大きさは約1mmと他の寄生虫に比べて大きいため、目視が可能です。

【発生種】 ほとんどの鳥類で寄生が報告されています。

【感染】 鳥同士の接触によって伝播すると考えられていますが、通常は鳥自身の羽づくろいによって駆除されています。

【症状】 羽枝がハジラミに齧られ欠損している事で気付く場合があります。大量に寄生すると痒みやストレスにより皮膚炎や羽質の低下などがみられます。皮膚を刺激するため痒みから羽毛の損傷や自咬がみられることがあります。

【予防】 鳥自身で日ごろから羽の手入れを行うことが大切です。日光浴や水浴びも予防となります。

CHAPTER 7

真菌による感染症

アスペルギルス症

アスペルギルスという真菌（カビ）が増殖し、主に呼吸器を侵す病気です。

【発生種】 すべての鳥種がアスペルギルスに対して感受性を持っていますが、鳥種によって感受性が大きく異なります。

大型オウムやヨウム、ボウシインコの仲間に多くみられます。大型インコ・オウムほどではありませんが、セキセイインコなどの小型鳥にも感染がみられます。

【感染】 ケージ内では、排泄物などで汚染された敷き藁や巣材、湿ったエサなどの不衛生な環境が真菌の温床となります。25℃以上の高温多湿な状態になると真菌が増殖します。

換気不足や過密飼育によって胞子が増加し、それを大量に吸引すると感染が成立します。

大量の胞子にさらされていなかったとしても、鳥自身が極度に免疫の低下した状態にあると、わずかな量の胞子を吸引しただけで感染します。

【症状】 免疫が低下している鳥が大量の胞子を吸入することで発症します。初期では症状がみられないことも多数あります。症状としてはテイルボビング（呼吸が荒く尾羽が上下に揺れる症状）、頻呼吸、チアノーゼ（皮膚や粘膜、嘴が青紫色になる状態）、多飲多尿、嗜眠、食欲不振、嘔吐などがみられます。それらの症状が現れた後に突然死することもあります。

ほかに緑色尿酸、肝肥大、腎肥大、腹水、胃腸障害、発声の変化、無声、運動失調、（円滑な運動・動作ができない状態）、麻痺、振戦（ふるえ）、斜頸（片方への首の傾き）などがみられ、慢性型では肺炎や気嚢炎を発症します。

【治療】 アスペルギルスに効果が高い抗真菌剤を内服するか、ネブライザー療法によって治療します。

【予防】 日常的に環境中に存在するカビですので、カビが繁殖しやすい高温多湿な状況を防ぎ、こまめに飼育環境の換気を行うようにしましょう。また、免疫力が低下すると感染しやすくなりますので、適切な飼育環境と食餌を与え、鳥のストレスを軽減することも予防となります。

カンジダ症

真菌（カビ）の一種であるカンジダを原因とする感染症です。

【原因】 カンジダ属（*Candida*）の真菌の増殖によって発症します。多くの飼い鳥の消化管内にいる常在菌です。特に小型の鳥に多く、その中でもオカメインコのヒナは感受性が高いと考えられます。

【感染】 栄養の欠乏や病気などが原因でカンジダが体内で増殖すると日和見感染します。疾患や衰弱、抗生剤の長期投与、炭水化物の給餌、極端な寒さや暑さ、栄養失調、劣悪な環境などで免疫力が低下した鳥、幼鳥、若鳥で発症しやすくなります。

【症状】 食欲不振や消化器症状がみられるようになります。口腔内に白い塊の病変がみられるようになります。病変は痛みを伴うため、食べたものを呑み込めなくなったり、吐出（そ嚢の内容物の吐き出し）、嘔吐（胃の内容物の吐き出し）、うっ滞（そ嚢内に水分や食べたものが長時間滞留した状態）

を引き起こします。病巣はさらに拡がり、下痢、嗜眠、脱水などで衰弱した後、死に至ります。ケージの中や鳥のからだからはカンジダによる腐敗臭がするようになります。皮膚に増殖したカンジダは病変部が肥厚し、黄色みがかった色に変化します。血流にのってカンジダが全身のさまざまな臓器へと広がり病変が形成されます。

【治療】 患部が口腔内のみの場合、経口用のポビドンヨードによる消毒が行われます。抗真菌剤などが治療に用いられます。

【予防】 加熱炭水化物やブドウ糖や果糖を与えることは避け、野菜などからビタミンAを与えるなど、適切な環境と食餌、ストレスの軽減が予防に繋がります。

クリプトコッカス症［ヒトと鳥の共通感染症］

クリプトコッカス症とはクリプトコッカス属に属する真菌（カビ）の感染を原因とする人獣共通感染症で、鳥をはじめヒト、犬、猫などに感染します。

【原因】 担子菌に属する*Cryptococcus neoformans*によって起こる共通感染症です。

【ヒトへの影響】 正常な環境で飼育されている飼い鳥からヒトへ感染し発症することはほとんどありません。症状を呈さない不顕性感染が多く、免疫力の低下によって発症すると考えられています。

【治療】 顕微鏡検査や墨汁染色により診断します。抗真菌剤が用いられます。

【予防】 乾いた糞が堆積したり、空気中に舞い上がったりしないよう、こまめに飼育環境を掃除することが予防となります。

マクロラブダス（AGY）症

マクロラブダス症は以前はメガバクテリア症と呼ばれていたこともありますが、マクロラブダスは真菌であり、バクテリア（細菌）ではありません。

【原因】 真菌である*Macrorhabdus ornithogaster*によって引き起こされる感染症です。

【発生種】 感染は鳥の種類や免疫力の状態によって大きく変わってきます。かなり多くの種に感染することがわかっています。中でもセキセイインコ、マメルリハ、カナリア、キンカチョウなどに重篤な障害が多くみられます。ブンチョウやラブバードで問題が見られることは稀ですが、免疫が極端に低下している状態では多くの鳥種が問題を起こす恐れがあります。

【感染と進行】 主に親鳥からヒナへ経口感染します。劣悪な飼育環境など繁殖上のストレスが親鳥の免疫力を低下させ、感染を増大させている恐れもあります。同居している鳥の間で排泄物や吐物を摂食し、感染するケースもあります。

【症状】 発症は鳥の免疫力によって大きく異なり、発症しない不顕性感染もあります。症状としては元気で食欲があるにも関わらず、体重が減少し、痩せていくことがあります。吐き気、嘔吐、食欲不振などがあり、胃の痛みから膨羽、前傾姿勢、腹部を蹴るといった症状がみられることがあります。排泄物は胃からの出血による黒色便、出血が著しい場合には吐物に鮮血が混ざることがあります。やがて貧血状態から嘴や足が白っぽくなっていきます。胃出血や嘔吐にともなう脱水や誤嚥から突然死することもあります。

【治療】 糞便検査を行い、治療には抗真菌剤が用いられます。

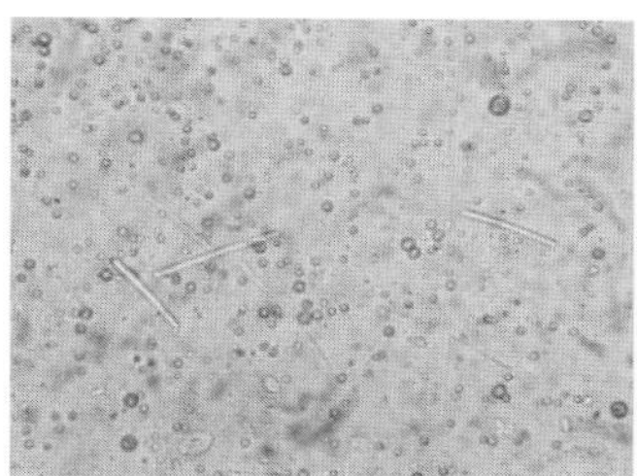
マクロラブダス

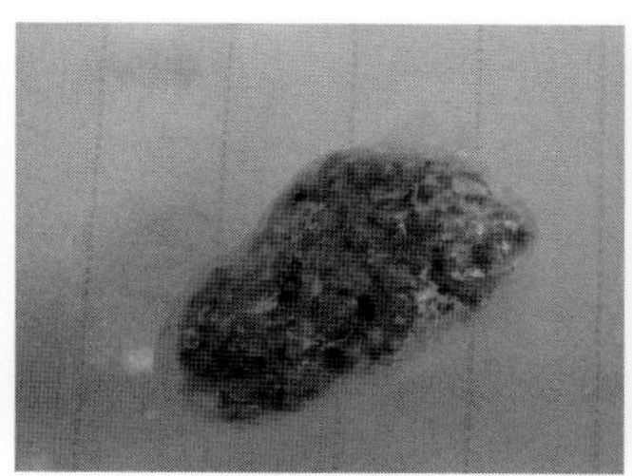
マクロラブダス症による
消化不良に伴う粒便

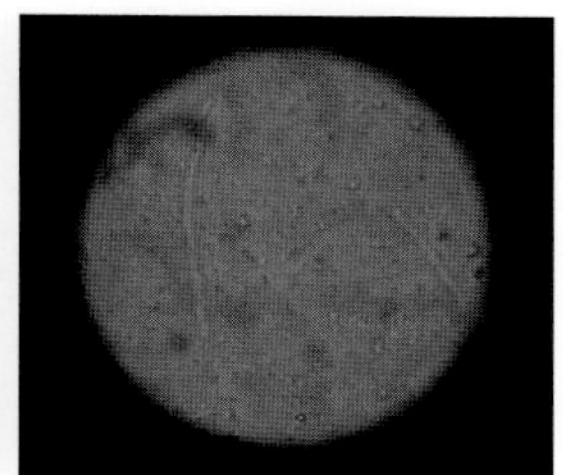
顕微鏡で見たマクロラブダス／
大型桿菌状の酵母

AGY で体重が
25g まで減少
したセキセイ
インコ

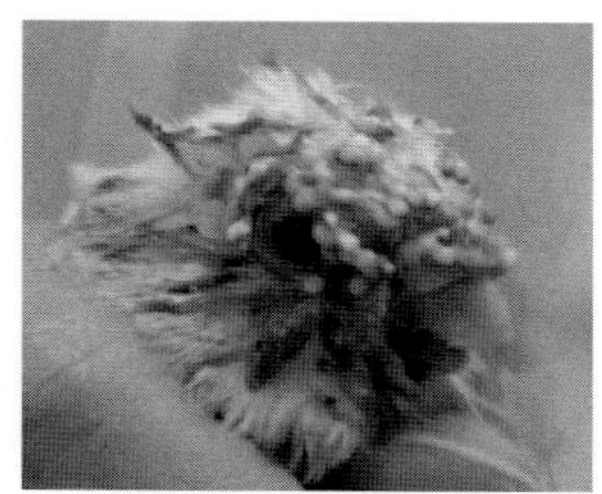
嘔吐による頭部の汚れ

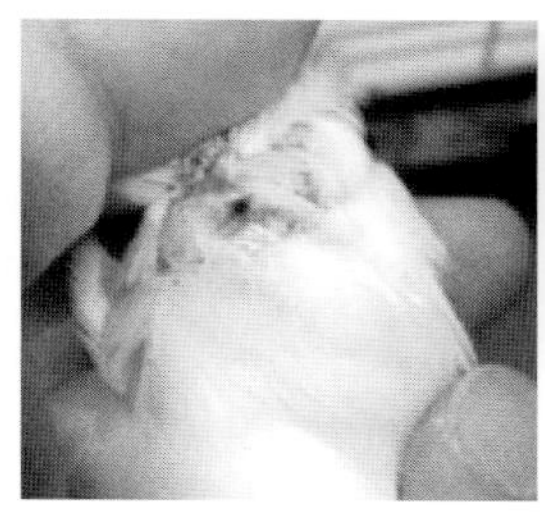
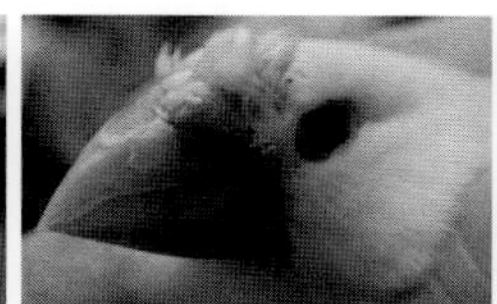
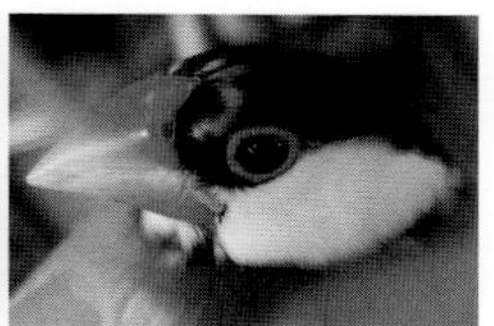
真菌性皮膚炎が見られるブンチョウ／白色から黄色の
痂皮が頭部や口角部に見られる

【予防】 鳥を迎えたら速やかに健康診断を受けて、発症前に駆除することが大切です。

皮膚真菌症

皮膚真菌症とは、真菌（カビ）が皮膚の感染を起こす病気のことをいいます。

【原因】 主な原因としては、*Microsporum* あるいは *Trichophyton* ですが、*Candida*, *Rhodotorula*, *Aspergillus*, *Rhizopus*, *Cladosporium*, *Malassezia*, *Mucor*, *Alternaria* なども皮膚真菌症の原因として報告されています。抗生剤やステロイド剤の乱用などが一因として考えられています。

【発生種】 飼い鳥ではフィンチ類に多く、オウムやインコの仲間にみられることは稀です。

【症状】 感染した鳥は頭部あるいは足の無毛の部位に、黄色の厚い痂皮（かさぶた）が形成されます。

【治療】 抗真菌剤が用いられます。

【予防】 バランスのよい栄養を心がけ、ビタミンAを積極的に与えること、鳥にストレスをかけないといったことが予防となります。

鳥類の獣医学と文鳥

日本エキゾチック動物医療センター
みわエキゾチック動物病院 院長
獣医師，獣医学博士 **三輪 恭嗣 先生**

最近ではマメルリハやサザナミインコ、ウロコインコなど様々な種類のインコが一般的にみられるようになってきて動物病院にも様々な鳥が来院します。そんな中でもセキセイインコやオカメインコ、ラブバードと呼ばれるボタンインコやコザクラインコ、文鳥やジュウシマツなど昔から飼われている鳥がやはり来院数の大半を占めています。

鳥の獣医学は日本に比べて欧米で進んでおり、獣医学的な情報だけではなく飼養管理や繁殖に関する様々な情報が日々発信されています。私自身、鳥の獣医学を学ぶため、アメリカの専門病院や獣医大学を何件か尋ねアメリカでの情報量の多さやレベルの高さに圧倒されました。その経験から、いくつかの点に気づきました。

よく知られているように日本では小型の鳥が人気ですが、欧米ではコンゴウインコやボウシインコ、バタン類など比較的大型の鳥の人気が高く、それらの情報は欧米の方が圧倒的に多く持っています。近年ではニワトリをペットとして飼うことも流行っているようです。一方、セキセイインコやオカメインコ、ラブバードは色々な国で安定した人気があるようで様々な国での情報が散見されます。

タイトルに挙げた文鳥は日本では昔から人気があり誰でも知っている愛玩鳥の代表的な一種です。しかし、欧米での飼育数は非常に限られているようで飼養管理や獣医学的情報はほとんどありません。以前、アメリカから招いた鳥類獣医療の権威の先生に文鳥でよくみられる麻酔時の反応やショック状態の相談をしたところ文鳥の診療経験がないのでわからないという回答でした。逆に、同席した日本の鳥の獣医師の話に興味を持って色々と質問されていました。

鳥の種類はさまざまであり、その違いは犬と猫の違いよりも大きく、種毎の情報も限られています。種毎の情報を蓄積していくことが重要なのは言うまでもありません。国や時代によって人気のある鳥種も異なりますが、ネットを通じた交流や情報収集も容易になって来ています。今後数年でこれまで以上に鳥類の獣医学の発展が期待されています。

CHAPTER 7

繁殖に関わる病気

野生下のフィンチやインコ・オウムは1年間に1回から2回程度の繁殖を行います。一方、ヒトと暮らしている飼い鳥たちの中には、季節を問わず発情する鳥が少なくありません。その中でもメスの慢性的な発情および産卵は、生殖器系疾患以外にも、肝疾患や腎疾患、関節疾患などの原因となることもあります。

メスの繁殖期にかかわる病気

過剰な産卵を繰り返すメスの鳥は、体内のカルシウムを産卵で消費してしまうため、カルシウムが欠乏しやすく、卵塞や骨粗しょう症、骨折などに陥りやすくなります。カルシウムの不足以外にも、発情や産卵のし過ぎによって卵管や卵巣の病気にも罹りやすくなります。

卵の異常

過剰産卵

小型の鳥は、もともと多産卵の傾向にありますが、飼育下では慢性的な発情が原因となり、過剰な産卵をすることが問題となります。

【原因】コンパニオンバードのように食餌を欠くことはなく、毎日、安定して餌が供給される環境にあり、室内飼育で暑さや寒さも穏やかな中での生活は、鳥にとっては産卵可能な環境といえます。特に人工的な光周期の延長は鳥を発情させるきっかけになることがあります。

特にセキセイインコ、ブンチョウ、ジュウシマツ、ラブバード、オカメインコなど、小型のコンパニオンバードの発情過多には要注意です。

【症状】通常、栄養状態に問題がなく、からだに異常がなければ、産卵で問題が起きることは稀です。産卵が過剰となりカルシウムなどの栄養が不足すると、卵の大きさや硬さ、形状などに異常がみられるようになり、卵塞や卵の材料が卵管内に蓄積するといった病気、卵管蓄卵材症に陥りやすくなります。

【治療】発情はエストロジェン（メスの性ホルモンの総称）により発現するため、発情の抑制にはエストロジェンの分泌を抑制するか、エストロジェンに拮抗（打ち消しあう）作用のある薬剤を選択します。

【予防】夜はケージにカバーなどをかけて暗くする、むやみなスキンシップで交尾刺激を与えない、巣箱や発情対象がある場合はそれらを除去するといった発情抑制をすること、また、過栄養にならないように食事の量を制限するといったことなども予防となります。

異常卵

卵は卵殻（固い殻）、卵殻膜（殻の内側の薄い膜）、卵白（白身）、卵黄（黄身）からできています。卵殻と卵殻膜は卵の中身を保護する役割を持っており、卵殻は主に炭酸カルシウム、卵殻膜はタンパク質からできています。卵黄は水分、タンパク質、脂肪などからできていて、からだになる部分です。卵白は、ほぼ水分とタンパク質からできており、卵黄を保持し微生物から守る役割などを持っています。

異常卵としては殻の表面が乱雑な卵、殻が薄い卵、形が卵型になっていない卵、殻のない中身だけの卵などがあります。

異常卵は主にカルシウムの摂取不足やカルシウ

異常卵／左：変形卵（球形になっている）　右：無形卵（卵殻がない）

ムの吸収を促進するビタミンD_3欠乏による吸収不良、カルシウムの吸収を阻害する高脂肪食や、古いコマツナやホウレンソウに含まれるシュウ酸物質の取りすぎなどが原因として考えられます。

これら以外にも、卵管内での卵の破損、卵材の異常分泌による無殻卵や小さな卵（小型卵）が生じることもあります。いずれも産卵が過剰に続く鳥や、栄養状態の悪い鳥に多くみられます。

【症状】異常卵になると、難産や卵塞（卵詰まり）、卵管蓄卵材症となる傾向がみられます。

【治療】カルシウム剤やビタミンD_3を投与することで卵殻の形成を促します。

【予防】過剰なスキンシップなどでむやみに発情させないこと、カルシウムやビタミンD_3の摂取、定期的な日光浴などで適切な栄養飼育管理を行います。卵が鳥のおなかにできていることを飼育者が見逃さないことも重要です。毎朝、鳥の体重を計測し、おなかの状態を見たり触ったりして確認しましょう。

卵塞症（卵秘、卵詰まり）

おなかの中に卵があるのに、産卵できない状態のことを卵塞症といい、卵詰まりや卵秘ともいわれます。

卵塞には二種類のタイプがあり、産卵に必要な時間を過ぎても卵管の中に卵が残り、産卵されない状態を「卵停滞」、卵の通過障害（機械的卵塞）を「難産」と呼び分けることがあります。一般的には排卵後24時間以内に産卵が行われます。腹部に卵の形が触知されてから24時間以内に産卵されない場合、卵塞と考えます。

【原因】さまざまな原因により卵塞は発生します。低カルシウム血症による卵管もしくは卵管子宮部の収縮不全、卵形成異常、環境ストレスによる産卵機構の急停止、何らかの原因による卵管口の閉鎖などです。これらの原因により、卵は卵管子宮部、あるいは膣部に停滞します。卵は総排泄腔内を通過しないため、総排泄腔内で卵が停滞することは通常はありません。

【発生】初産や発情による過産傾向の鳥に頻発します。穀類主体の食餌、カルシウムやビタミン剤、ミネラル剤が与えられていない、日光浴が充分でないといった場合に発生します。

【症状】床にうずくまるなどの元気消失、腹部の膨満、いきみ、食欲不振、呼吸の促迫などの症状がみられますが、卵塞が生じていても無症状のこともあります。

発情が終了し、腹囲が縮小することで卵塞が生じることもあります。無症状の鳥が突然、発症し落鳥するケースもあります。

【治療】腹部から塞卵を触診し、卵の硬度の確認を行います。充分な硬さがあり、卵が卵殻腺から膣部にあることが確認できた場合は鳥を保定し、指で卵を押して強制的に排出させる方法（卵圧排出処置）を行うことがあります。腹部に卵が確認されてから一日以上経過している場合、あるいはイキミなど卵塞症状が見られる場合は卵塞と診断し、腹部を圧迫しながら手で卵を取り出します。

卵管口が充分に開いていない場合や、卵管に卵殻が癒着してしまっている場合は、卵を体内で砕いてから摘出することもあります。摘出が困難な場

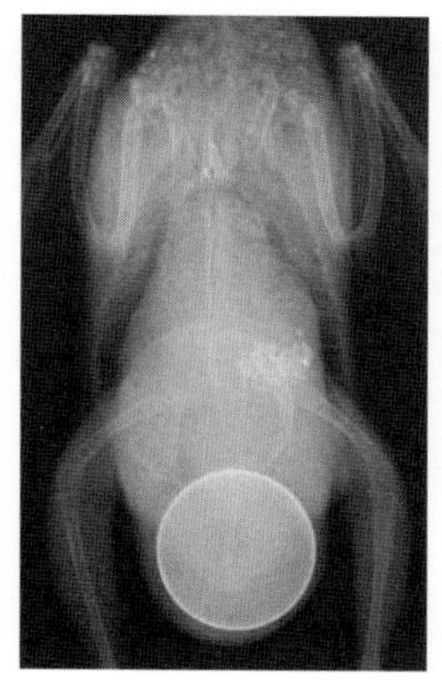

卵塞／頭側の卵は殻が薄い

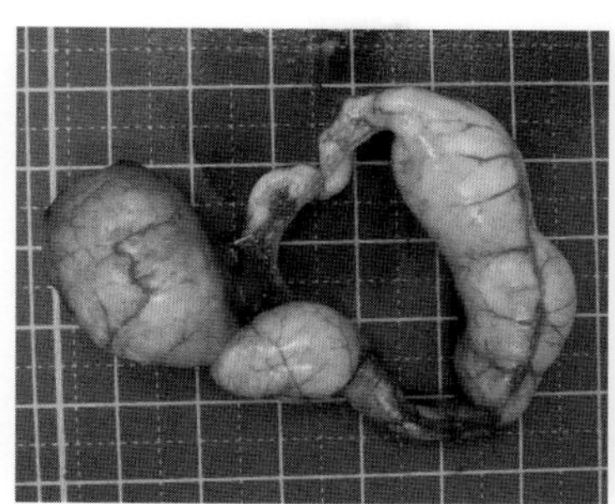

手術で摘出した卵管／中に卵が4つ入っている

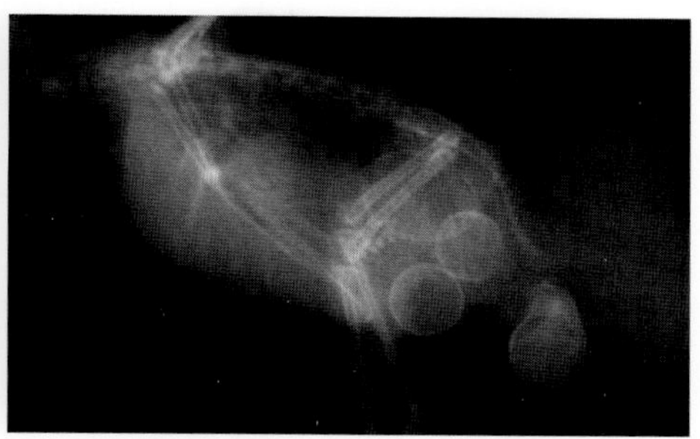

レントゲン検査で卵が4つ詰まっているのが分かる

合、自然に排出されることを待つこともあります。圧迫による卵の排出が難しい場合は、開腹手術を行うケースもあります。

卵を排出したあとは卵管脱や排泄腔脱になることが多いため、消炎剤を用いたり、卵管や排泄腔の損傷からの感染を防ぐため、抗生剤を用いた内科治療を行うこともあります。

それが難しい場合は、開腹手術により外科的に卵を取り出します。その際は再び卵塞を繰り返さないよう、卵管を摘出することが一般的です。

【治療】カルシウム剤やビタミンD_3を投与することで卵殻の形成を促します。

【予防】コンパニオンバードでは一年を通して発症がみられますが、寒暖の差が大きい晩秋から早春にかけて、特に多く発生します。卵が確認されたら速やかに約30℃での保温に努め、産卵に時間がかかるときは動物病院での受診が必要です。日ごろから発情を予防し、卵をむやみに産ませないようにしましょう。

異所性卵材症

卵や卵材（卵になる前のもの）の逆流などにより、卵材が卵管以外の場所に漏れ出てしまう病気で、腹膜炎を起こして急激に状態が悪化することがあります。

卵墜性異所性卵材症：卵巣から排卵された卵黄を卵管采が卵管に取り込めず、腹腔内に落ちてしまうことを卵墜性異所性卵材症といいます。腹膜に炎症を起こす原因となります。過剰な発情による過剰な排卵が原因と考えられます。

逆行性異所性卵材症：卵材が卵管を逆行して腹腔内に落ちてしまうことを逆行性異所性卵材症といいます。腹膜炎や臓器の癒着の原因となります。

破裂性異所性卵材症：外傷や炎症、腫瘍などが原因で卵管の破裂が起こり卵材が腹腔内に落ちてしまうことを破裂性異所性卵材症といいます。腹膜炎や臓器癒着の原因となります。

【症状】異所性卵材が生じてから多くの場合は無症状のまま経過します。病状が進行すると、食欲不振、膨羽、傾眠、多尿、下痢、違和感からおなかを蹴るなどの症状が見られます。突然、急激な腹膜炎が生じ、ショック状態になり突然死することもあります。

また、卵材の癒着により腸閉塞や肝炎が生じ、膵臓へ癒着して膵炎・糖尿病へと発展することもあります。

【治療】血液検査や画像診断の所見から予測することは可能ですが、開腹以外での確定診断は困難です。初期の異所性卵材症では経過観察となることも少なくありません。

外科的摘出では、開腹して卵の中身を吸引し、さらに卵をつぶし、殻などの固形物も癒着した部分を剥離しながら卵材を摘出します。

内科療法としては腹膜炎に対して消炎剤、発情抑制剤などが使用され、急性症状には抗ショック剤が使用されます。

【予防】 外傷を防ぐこと、カルシウムやビタミンD_3の欠乏の防ぐこと、発情を抑制することなどが予防となります。

卵巣・卵管の異常

卵管蓄卵材症（卵蓄）

何らかの原因で異常分泌された卵材が排泄されずに卵管内に蓄積されてしまう病気です。卵材は卵黄、卵白、卵殻膜、卵殻などを原材料として、半固形状のものから、液状、粘土状、砂状、結石状、卵状まで、さまざまな形態や量で卵管内に存在します。

【原因】 明らかな原因は不明ですが、過剰な発情や持続性の発情によるエストロゲン（女性ホルモンの総称）の過剰分泌や、分泌された卵材が卵塞や嚢胞性卵管、卵管腫瘍、卵管炎などにより引き起こされる蠕動運動の異常などによって排泄が障害されることが原因とも考えられています。過剰産卵傾向のある鳥で異常卵を産卵した後や卵塞後に産卵が停止して腹部が膨らんでいる鳥では、卵管蓄卵材

卵管蓄卵材症／開腹手術により摘出した卵材

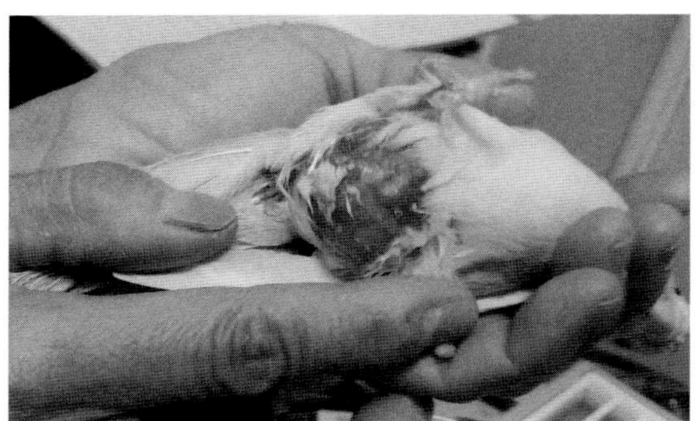

膨大した腹部（卵蓄）

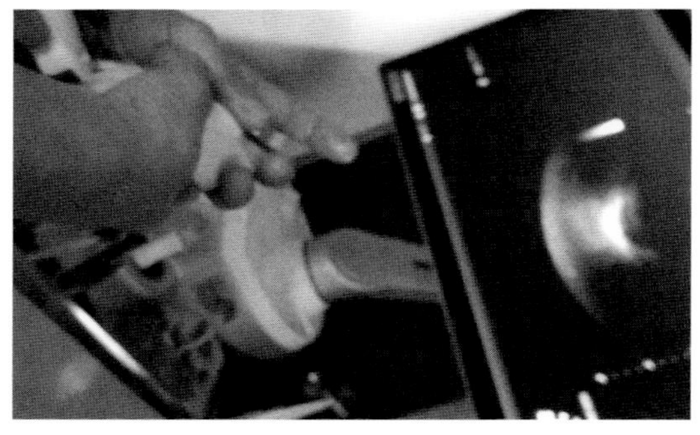

腹部超音波（エコー）検査

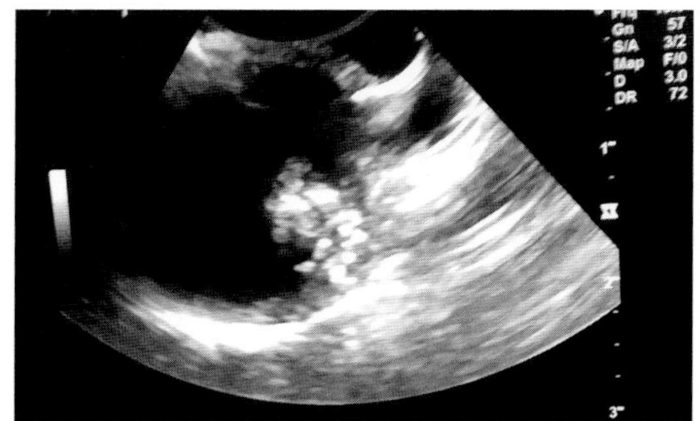

超音波断層映像に映る卵材の一部

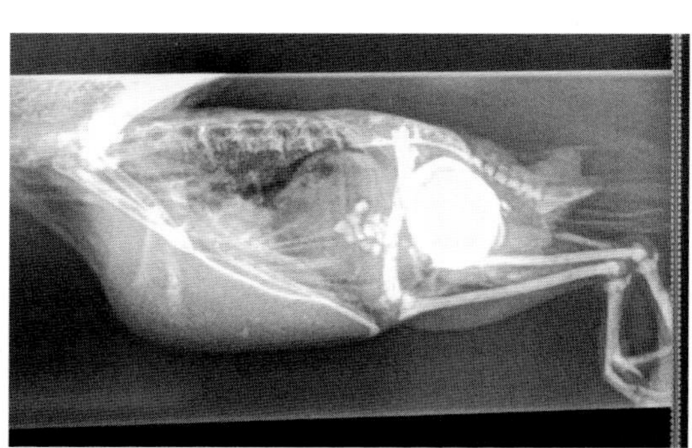

卵管内に卵材が停滞している

症が疑われます。

【症状】 多くは腹部の膨大によって気づかれます。腹腔内にある卵材の蓄積が少量の初期に気づかれることは稀です。異所性卵材や卵管炎が併発した場合、食欲不振、膨羽、傾眠、多尿、下痢などの症状が見られることもあります。 卵材の一部が自然に排泄される例もまれですがあります。

【治療】 卵材を満たした卵管が触知できることがあります。X線検査では固形になった卵材、超音波検査では液体状の卵材を確認します。多くの場合、卵管蓄卵材症の診断は開腹後となります。発情抑制や消炎剤の投与などで一時的に蓄積された卵材が減量されることもありますが、通常、卵管口からの排泄はなく、完治には卵管摘出手術が必要となります。

【予防】 予防は卵塞と同様です。

卵材性腹膜炎

異所性卵材により生じた腹膜炎を卵材性腹膜炎といいます。

【原因】 卵墜性異所性卵材症、逆行性異所性卵材症、破裂性異所性卵材症が原因となって、腹腔内に炎症が発生します。

【症状】 嘔吐や下痢、腹部の違和感から足でお腹を蹴る、腹水貯留による腹部膨大などの症状が見られることがあります。

【治療】 過発情のメス鳥での急性経過、血液検査や画像診断の所見などにより予測されますが、開腹以外での確定診断は困難です。

内科療法としては腹膜炎に対して消炎剤、発情抑制剤などが使用され、急性症状対しては抗ショック剤が使用されます。異所性卵材の外科的摘出や腹腔洗浄は、ほかの理由で開腹手術が行われた際に併せて行われることが多いようです。

【予防】 予防は卵塞と同様です。

総排泄腔脱・卵管脱

総排泄腔脱には２つのタイプがあり、総排泄腔が反転してしまい、排泄孔から脱出した状態のものと、卵管口が充分に開いていない状態で産卵しようとし、総排泄腔が反転、膣部が伸展して内部に卵がぶらさがったままの状態のものがあります。

いっぽう、卵管脱は卵管口が弛緩して卵管が反転し、排泄孔から卵管が脱出した状態のことをいいます。

からだの外に出てしまった患部（ここでは卵管や総排泄腔）が、乾燥や自咬によって腫脹すると、自然に正常な場所（体内）に戻ることが困難になる上、二次細菌感染を起こしやすくなり、広範囲に壊死しやすくなります。

【原因】 産卵後、卵管や総排泄腔に炎症や腫脹が残ると、イキミが持続して反転・脱出が生じることがあります。また、産卵時に卵管口が充分に開口せず、イキミが強い場合には、卵を体内に残したまま総排泄腔が外転し、脱出することがあります。その他にも生殖器の腫瘤や腫瘍による圧迫や、全身状態の悪化などから総排泄腔脱を起こすことがあります。

【症状】 卵塞後、特に卵質異常による卵塞時に発生しやすく、初産あるいは過産卵傾向の鳥に多くみられます。繰り返し発生することも少なくありません。鳥の肛門部から赤いものが出ていることにより気づかれます。通常、疼痛から元気消失、食欲不振、膨羽、沈うつなど、患部の自咬や出血が見られることもあります。

卵管脱や総排泄腔脱では、体腔内に戻す処置が遅れると、患部の壊死や乾燥が起こり、所定の位置に戻らなくなり、排泄障害が出るため予後不良となります。

【治療】 脱出した卵管や総排泄腔は、早急に体腔内に戻さなくてはいけません。

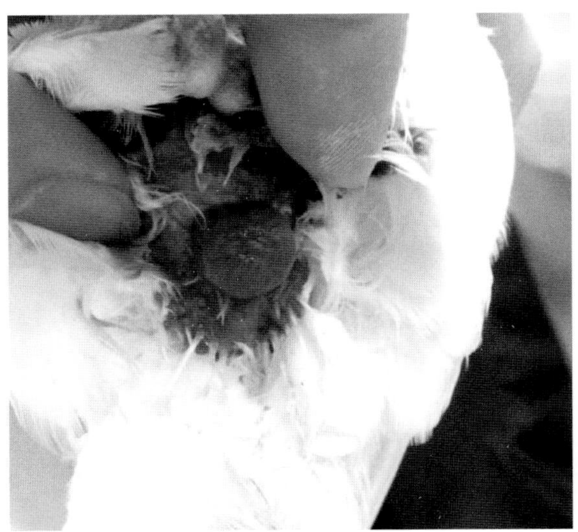

総排泄腔脱／総排泄腔粘膜が反転して脱出している

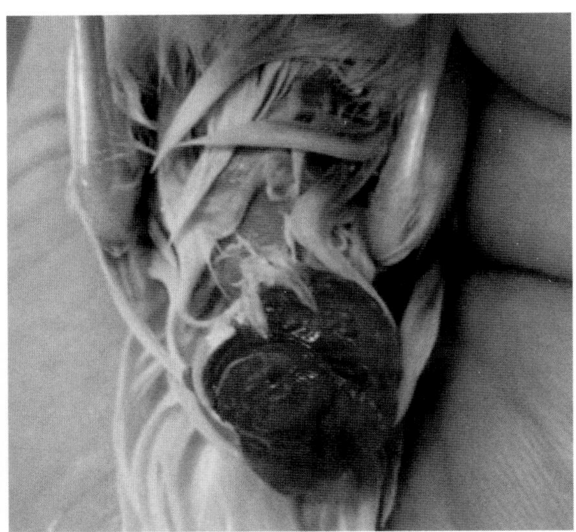

卵管脱／ラズベリー状の粘膜が脱出している

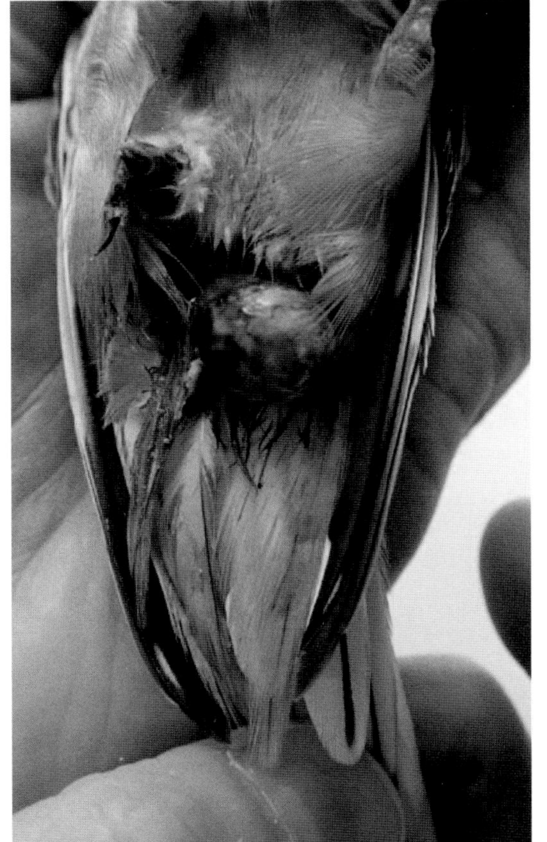

総排泄腔脱／卵管口が充分に開かないため、卵が総排泄腔粘膜を押し出している

抗生剤、消炎剤などを塗布して湿らせた綿棒を用いてからだの中へ患部を押し込みます。再び脱出してしまう場合は、排泄孔を縫合し、脱出を防止します。処置後に消炎剤、抗生剤、発情抑制剤などを用いることもあります。卵管脱では卵管摘出が必要となることも少なくありません。

【予防】 繁殖による卵管脱、排泄腔脱の場合、予防は卵塞に準じます。

卵管嚢胞性過形成

卵管嚢胞過形成は、卵管の粘膜に水分を多く含む腫瘤や嚢胞が形成される非腫瘍性の変化です。

【原因】 卵管粘膜上皮は、過度な発情によって生理的な過形成（細胞数の増加による臓器・組織の肥大）を起こすことがあります。嚢胞性過形成は、異常な過形成を起こし、管腔内への分泌液の排泄が困難になった状態のことで、過剰な発情が関与していると考えられています。繁殖関連疾患で開腹手術を行った際に発見されることが多く、セキセイインコに多発し、小型鳥によく見られます。

【症状】 卵管嚢胞性過形成では、水分を多く含む腫瘤と嚢胞の形成を伴うため、腹部が膨大します。卵管の過形成により、卵塞や卵管蓄卵材症を誘発することがあります。

【治療】 超音波検査を行いますが、嚢胞が小さい場合は、超音波検査のみでの発見は困難です。開腹手術で卵管に嚢胞や異常が発見された場合は嚢胞と卵管を摘出します。発情を抑制することで自然と消失するケースもあります。

【予防】 発情を抑制することが予防となります。

卵管腫瘍

鳥の卵管腫瘍には、卵管の腺腫（良性）や腺癌（悪性）があります。

【原因】 正確な原因は不明ですが持続的な発情が発生率を上げていると考えられます。卵管蓄卵材症や卵管炎との関係、遺伝、ウイルス感染などの関与も考えられます。中でもセキセイインコは卵管腫瘍に罹りやすく、悪性も多くみられます。

【症状】 初期では症状がみられることは稀ですが、腫瘍が増大すると、総排泄腔脱、通過障害や呼吸促迫など、臓器の圧迫による症状が起こります。悪性の場合は転移や体腔膜播種（癌細胞が臓器を超えて腹膜に転移した状態）が末期に多くみられます。

【治療】 治療は良性であれば卵管摘出により完治します。悪性であったとしても、初期であれば腫瘍を摘出して完治することが可能です。末期では腫瘍が体腔膜などに浸潤、あるいは卵管破裂による体腔膜播種、あるいは遠隔転移していることもあり、予後は不良となります。

【予防】 過剰な発情を抑制することが予防となると考えられています。

腹部に膨らみがみられたら動物病院で診療を

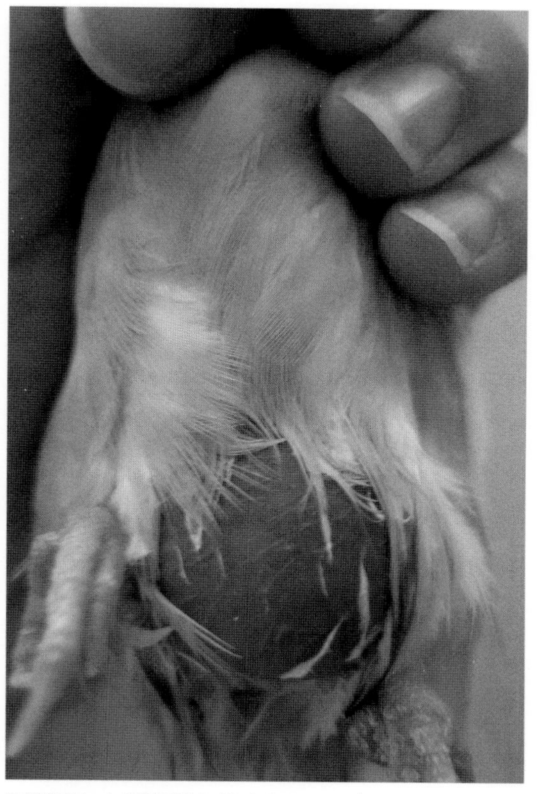

卵巣嚢胞による腹部膨大（セキセイインコ）

卵巣腫瘍

【原因】 卵巣腫瘍とは卵巣に発生する腫瘍の総称です。卵巣腫瘍では、腫瘤のみが形成される場合もありますが、多くの場合、嚢胞の形成を伴います。

【症状】 多くは無症状のまま経過します。腫瘍が大きくなると腹部が大きく膨らみ、圧迫による食欲低下、嘔吐、排便障害、左足の麻痺、呼吸器圧迫による呼吸困難を示し、徐々に衰弱します。

【治療】 X線検査や消化管造影検査で骨髄骨や卵巣の拡大を確認します。腹部の膨大が見られるときは、超音波検査で体腔内の腫瘤または嚢胞の確認、腹水の有無などの確認を行います。

完治のためには外科的に卵巣を摘出することが望ましいのですが、鳥の場合、手術に高いリスクを伴うため、黄体ホルモン製剤、抗エストロジェン剤、Gn-RH誘導体（性腺刺激ホルモン放出ホルモン）などを用いた発情抑制といった、内科的治療が選択されます。

【予防】 犬や猫であれば、発情による問題が起きた場合は、避妊・去勢手術といった外科的な対処が可能ですが、鳥の場合は、犬猫のような外科的なコントロールが難しいため、むやみに発情を繰り返したり、持続したりすることのないよう、鳥との関わり方や飼育環境を見直すことが肝要です。

過発情・過産卵とそれに伴う異常

多骨性過骨症

鳥は産卵する数週間前から、卵殻を体内で作る為にカルシウム分を骨に蓄えます。これには女性ホルモンのエストロゲンが深く関わっています。鳥の発情が持続してしまうと、エストロゲンも増加し続けることから、カルシウムが骨に沈着し続けます(骨髄硬化)。

【原因】 骨髄骨の形成はエストロゲンの影響と考えられ、過発情や発情が持続する鳥ではエストロゲンが分泌され続けるため、卵殻形成のためのカルシウムが沈着し続けることになります。卵管腫瘍、卵巣嚢腫などの生殖器疾患を持つメス、あるいは精巣腫瘍を持ったオスに見られます。カルシウムの沈着は特に高齢の鳥に多くみられます。

【症状】 カルシウムが骨に過剰に沈着しても多くの場合は無症状です。

【治療】 発情抑制のため、抗エストロゲン剤や黄体ホルモン製剤を使用することがあります。

【予防】 発情を抑制することが肝要です。

腹壁ヘルニア症

何らかの原因で腹筋が断裂してヘルニア輪を形成し、そこから腹腔内容物が皮下に脱出し、袋状のヘルニア嚢を形成した状態をいいます。主に腹部の中央にみられますが、総排泄孔付近や脇腹に形成されることもあります。

【原因】 ヘルニアは事故や、先天的な原因によって生じることもありますが、その多くは発情性のものと考えられます。卵がおなかの中にあるメスは、卵による内臓の圧迫を防ぐため、女性ホルモンの働きにより腹筋が大きく伸展する仕組みになっています。過発情・持続発情によって女性ホルモンの分泌が過剰になり、腹筋が伸びすぎてしまったり、脆くなってしまったりして、腹筋が裂けてヘルニアが生じると考えられます。さらに産卵によるイキミや腹腔内の腫瘤などもヘルニアが生じる原因のひとつと考えられます。

【発生】 メスのセキセイインコに多く発生します。ラブバードやオカメインコ、ブンチョウにもしばしば見られます。また、オスも精巣腫瘍により腹壁ヘルニアが起こることがあります。

【症状】 腹部の一部または全体が膨らみます。発情の強さ、脱出臓器、内容物により大きさは異なります。擦過傷や自咬による出血や外傷が生じることもあります。食欲消失、嘔吐、膨羽、嗜眠などが見られ、急死することもあります。排泄腔がヘルニア嚢に脱出した場合、便秘が生じることがあります。便は大きく臭いのあるものになります。自力での排泄が困難となることもあります。腸管が脱出した場合、ヘルニア輪の狭窄や捻転による壊死やヘルニア嚢内での癒着により腸閉塞が起きることもあります。

【治療】 触診、視診、あるいはX線検査により診断されます。初期の場合は発情抑制剤を用いてヘルニア嚢やヘルニア輪を縮小させますが、多くの場

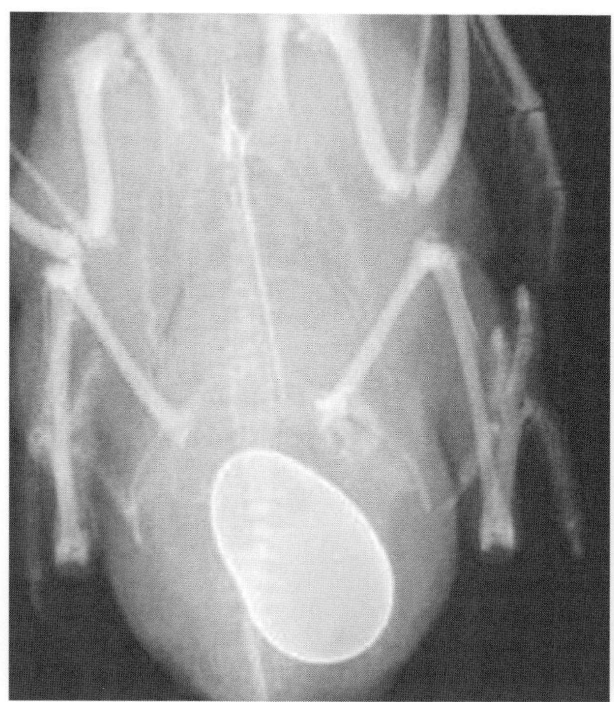

多骨性過骨症と変形卵

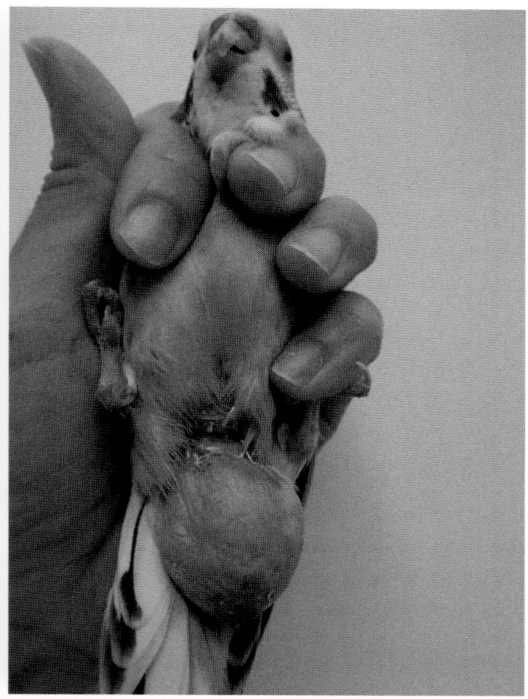

腹壁ヘルニア／黄色腫を伴っている

下腹部に発生した黄色腫

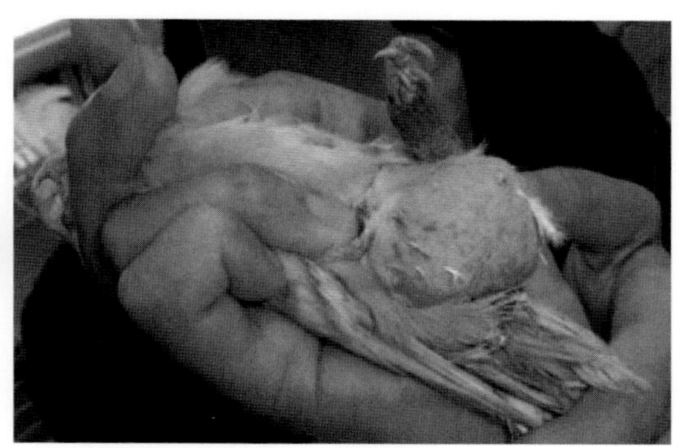

下腹部に発生した黄色腫

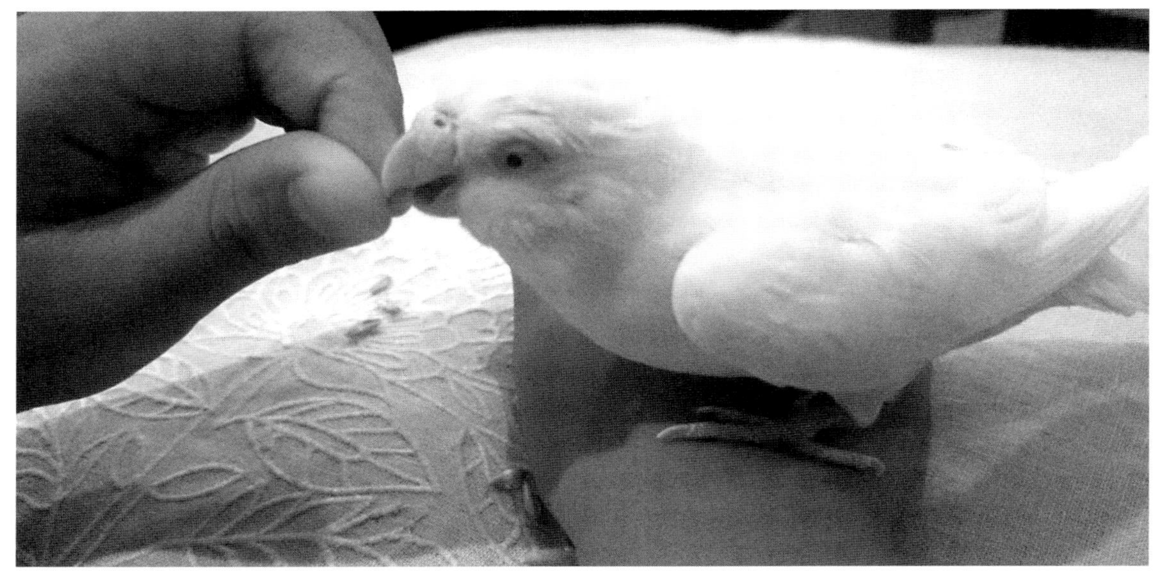

合、ヘルニア嚢に脱出した臓器をもとの位置に戻し、ヘルニア輪を閉鎖するために開腹手術が必要となります。ヘルニアの再発を予防するために卵管の摘出があわせて実施されます。術後に強い発情が生じると、ヘルニアが再発することがあります。

【予防】発情を抑制することが予防となります。

黄色腫（キサントーマ）

腹部黄色腫は持続的な高脂血症により、皮膚が黄色に変色して肥厚している状態のことをいいます。主に腹部にみられます。

【原因】黄色腫は血管外に漏出したリポタンパク質を貪食（体内の細胞が不必要なものを取り込み、消化し、分解）したマクロファージ（白血球の一種）が集合したものです。繁殖に関連した黄色腫は、エストロゲン過剰による高脂血症と過剰な抱卵斑形成、ヘルニアによる皮膚の過剰伸展などが関与すると考えられます。

【症状】皮膚は黄白色になり、徐々に肥厚します。血中のコレステロール値や中性脂肪値を測定すると、正常の上限を大きく超えていることがほとんどです。発情が治まると黄色腫の多くは消失します。痒みによる自咬や出血がみられることもあります。

【治療】黄色腫が問題を起こすことは少なく、軽度の場合は発情の終了とともに消失するため、積極的な治療は行いません。自咬がある場合はカラーを設置します。発情抑制、高脂血症を抑える薬、食事制限などを実施することがあります。

【予防】発情を抑制することが予防となります。

産褥テタニー・麻痺

テタニーとは主に筋肉の痺れのことをいいます。産褥性テタニーは産卵前〜産卵後に起こる筋肉のけいれんのことを指し、持続あるいは単発で起こる麻痺症状のことを産褥麻痺と言います。

【原因】産卵期に血漿中のカルシウム濃度が低い状態となって現れる症状であることから、低カルシウム血症が関与していると考えられます。低カルシウム血症は、産卵過多、カルシウムの供給不足、カルシウムの吸収を阻害する物質（脂質、シュウ酸）の摂りすぎ、ビタミンD_3不足（ビタミン剤投与不足、日光浴不足など）などが原因となります。過産卵の鳥と日光浴不足、適切なビタミンやミネラルが与えられていない鳥に多く発生します。

【症状】 足の不全麻痺から跛行（正常な歩行ができない状態）が起き、起立姿勢が困難となり床に座り込みます。呼吸促迫や精神異常、けいれんなどが生じて急死することも稀にあります。

【治療】 特徴的な症状と血液検査によって診断し、カルシウム剤などを投与します。

【予防】 栄養バランスのよい食事と日光浴、および発情抑制で予防します。

オスの繁殖期に関わる病気

精巣にかかわる病気

メスに比較すれば、オスの繁殖関連疾患は多くありません。発情が持続すると性行動への衝動が高まり、止まり木などに交尾行動を繰り返し、生殖器に擦過傷が生じて出血することがあります。その傷口を気にして、あるいは満たされない性的欲求の代償行為として自咬がはじまることもあります。

ディスプレイ（求愛）行動の一環として、発情対象に吐き戻しをするようになります。メスがいる場合は、オスの吐き戻しでメスの肥満の原因になりますし、対象が鳥ではなく、止まり木やおもちゃなどの場合、そこに吐き戻して時間が経ち、すでに腐敗したものを再び摂食してカンジダ症などで健康を害することもあります。

発情の持続による精巣の肥大で、坐骨神経を圧迫し、足の不完全麻痺を起こすことがあります。

また、セキセイインコでは、メスと同様に発情過多が原因となる重篤な疾患が存在します。

精巣腫瘍

精巣腫瘍では、セルトリ細胞腫、精上皮腫、間細胞腫、リンパ肉腫、あるいはこれらが混合した腫瘍などが見られます。

【原因】 精巣は熱に弱いため、哺乳類では体腔内ではない陰嚢に存在します。鳥の場合は飛翔に有利なように精巣は体腔内にあり、気嚢と隣接した位置で常に呼吸で冷やされています。しかし、発情期には何倍にも大きくなって各臓器と密着するため、持続的な発情下にあると、精巣は高温に長い時間晒されることになります。高温に長期暴露された精巣は腫瘍化しやすくなります。精巣腫瘍の多いセキセイインコでは、3歳頃より発生し、高齢期に入った5〜8歳の罹患率は高くなります。

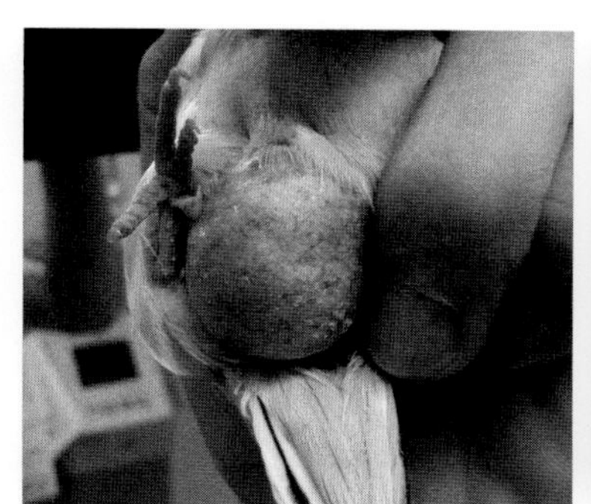
腹壁ヘルニアとキサントーマ（セキセイインコ）

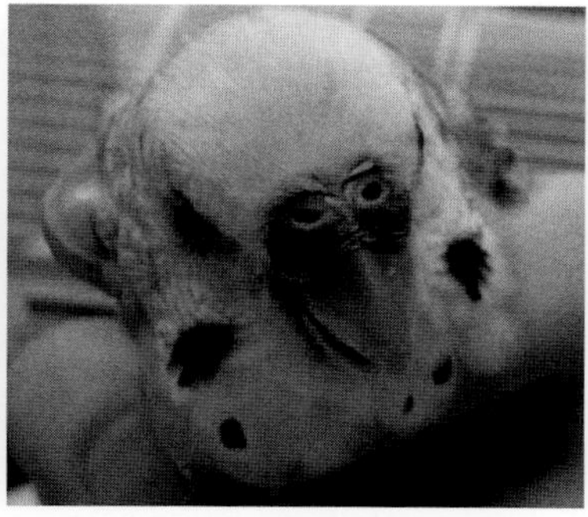
精巣腫瘍によりろう膜が変色、角質化している（オスのセキセイインコ）

正常時のろう膜（オスのセキセイインコ）

【症状】エストロゲンを分泌する細胞が腫瘍化、増殖した場合、メス化が起きます。

セキセイインコのオスでろう膜が褐色化した場合、精巣腫瘍が疑われます。X線ではエストロゲンによって生じた骨髄骨が確認できます。精巣腫瘍のなかにはメス化しないものもあり、まったく症状が現れないことがあります。

メス化行動：メスの発情期にみられる交尾受容姿勢をとることがあります。

ろう膜の褐色化：通常、セキセイインコのオスのろう膜は青色で、メラニン色素のない品種では薄紫〜ピンクです。それがメス化にすることによってオスのろう膜が白〜茶色へと変化します。ろう膜の角化亢進が生じると、発情期のメスと同様、茶褐色になります。

腹部膨大：エストロゲンの働きによるメス化で腹筋が弛緩し、腹部が膨大します。精巣の肥大や腫瘍の増大によって腹水が生じて、さらに腹部の膨大が顕著になります。

呼吸器症状：腫瘍によって気嚢や臓器が圧迫されることにより、呼吸が促迫します。腹水が呼吸器に流れ込むと咳や呼吸音の異常がみられるようになります。

体腔内出血（血腹）：体腔内で急性の出血が起こり、血液が貯留した状態になります。

足の麻痺：精巣が過剰な発情により腫大した状態が続くと、精巣が坐骨神経を圧迫することがあり、それによって足が不完全麻痺を起こすことがあります。

【治療】精巣の摘出手術によって完治する可能性はありますが、摘出術は高いリスクを伴う難しい手術です。内科的治療としては、発情抑制剤が用いられます。末期で腹水が溜まってきたら利尿剤の使用や穿刺による腹水の除去が行われます。

【予防】発情を抑制することが予防になると考えられています。

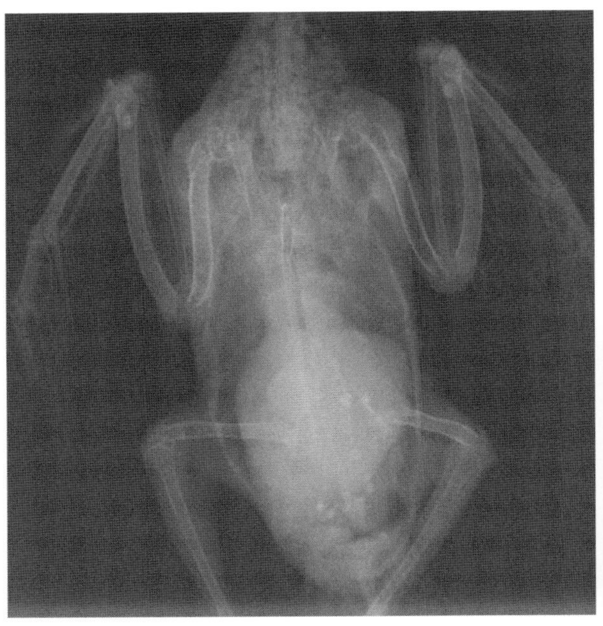

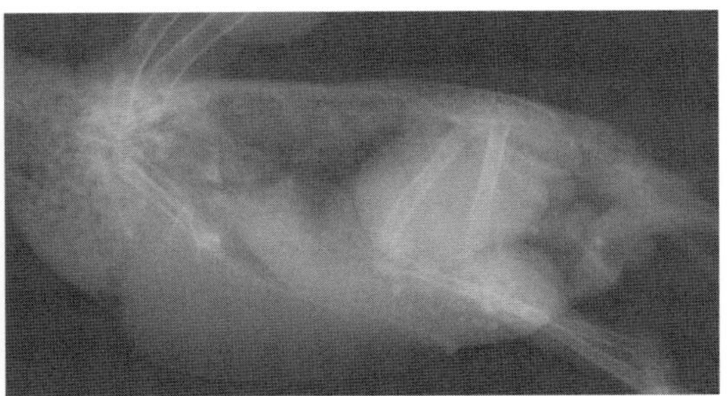

精巣腫瘍が疑われる（オカメインコ）

CHAPTER 7

過剰症

塩化ナトリウム（塩）

【原因】鳥が自由に新鮮な水を飲める状況であれば、過剰症はまず発生しません。塩土やナトリウムブロックを過食したり、塩分の含まれるヒトの食品を食べたりすることによって発症することがあります。

【症状】塩化ナトリウムの過剰摂取は多飲多尿を 招き、脳浮腫と出血から中枢神経症状（抑うつ、興奮、振戦、後弓反張（全身が弓のように反り返る状態）、運動失調、けいれん、死亡を引き起こすことがあります。

【予防】塩土やミネラルブロックをケージの中に入れっぱなしにして過食させないこと、（特に発情期）、塩分が添加されているヒトの食品を与えないことなどが予防になります。

タンパク質の過剰

【原因】幼少期は成鳥の約2倍のタンパク質が必要です。このため幼鳥用の飼料は高タンパク質の配合となっています。それが自立不全により挿し餌の時期が長くなると、幼鳥用の飼料を長期間に渡って与えることになるため、タンパク質が過剰になってしまいます。また、エッグフードや卵由来の鳥用クッキーなど、高タンパクな副食やおやつを日常的に与えてタンパク質の過剰が生じることもあります。

【症状】タンパクの過剰では成長阻害、削痩、血中 尿酸値の上昇が目立ち、高尿酸血症によって多飲多尿となります。これによって腎不全を起こす恐れがあります。肝臓では肝障害が認められることもあります。

【予防】愛鳥のライフステージにあった飼料（成鳥では10％前後、幼鳥では20％程度のタンパク量）を与えましょう。

塩土とボレー粉は少量を分けて与える

水中毒（水分過剰症）

【原因と発生】水分はからだに必要不可欠ですが、ほかの物質と同様に、大量に摂取すれば有害な作用を示すようになります。親鳥は幼鳥の発育段階に応じて餌の水分の量を少しずつ減らしてゆきますが、人工育ヒナの場合、飼育者が幼鳥の発育段階を意識せず、いつまでも水分量の多い挿し餌を与え続けてしまうと、水中毒を発症することがあります。過度に水分の多い挿し餌によって、低栄養状態になるだけでなく、血液は希釈されてしまい、低ナトリウム血症、水中毒を発症して衰弱します。また、成鳥でも過剰に水分を摂取すると、血液が水で希釈されて低ナトリウム血症や水中毒を引き起こす恐れがあります。

【症状】特にオカメインコにおいて衰弱、嗜眠、死亡が観察されています。深刻な電解質異常では、脳障害、消化 器障害、腎不全などから死を招きます。

【予防】そ嚢に溜まった水っぽいエサ、多尿、便の色の変化などで疑われます。育雛用の飼料（パウダーフード）の水分量を適正に調整することで症状は改善します。多飲症の鳥では水分を摂りすぎないように飲水量を減らします。人工育雛を行う際には、挿し餌を幼鳥が食べられる硬さで与え、それでは食べないということであれば、湯を足し、若干、軟らかめに調整して与えることで、過剰な水分摂取を予防することができます。

シードジャンキー

【原因】 脂質は栄養素の中でもっとも高カロリーで、ヒマワリやアサノミなどの脂肪分の多い種子を主食として長期に渡り与え続けられると、脂質過剰となり、肥満を起こし、脂肪肝や心疾患の原因となります。

【発生】 古くから飼育されている大型インコ・オウムには、ヒマワリが主食として与えられていることもいまだに多くあるようです。また、ラブバード、オカメインコ、マメルリハなどの小型の鳥に、鳥種専用の種子混合餌としてヒマワリやサフラワーなど脂肪種子が配合されていることも少なくなく、これらの飼料を主食として与えることで脂質過剰になりがちです。

【症状】 脂肪分を摂りすぎると、カルシウムの吸収不良や脂肪肝、肥満、下痢、などがみられるようになります。コレステロール分が高い食餌によって、アテローム性動脈硬化が引き起こされます。 高脂血症には抗高脂血症薬、肥満がある場合は 食餌制限、脂肪肝がある個体では強肝剤などが治療に用いられます。

【予防】 肥満の原因にもなる高脂食を避け、愛鳥のライフステージにあった適切な飼料を与えましょう。

ビタミンの過剰

ビタミン過剰として問題となるのは、水溶性ビタミンではなく、主に体内に蓄積される脂溶性ビタミンです。ビタミン剤やサプリメントの過剰投与や、ペレットとサプリメントに添加された脂溶性ビタミンの重複などによって発症します。

ビタミンD：ビタミン D_3は欠乏しやすく、必要性も高いビタミンですが、許容量が狭いことから過量投与になりがちです。多尿、元気消失、食欲低下、下痢、跛行などの症状が見られます。ビタミン D_3の過剰摂取による高カルシウム血症から、心不全、けいれんなど、成長期では骨格の形成異常を引き起こします。サプリメントやペレットでビタミン D_3を過剰摂取させないようにし、日光浴による生合成で補うようにします。
ビタミンA：一般飼い鳥では稀です。過剰摂取した場合、食欲低下、体重減少、眼瞼の腫脹・痂皮 形成、口および鼻孔の炎症、皮膚炎、骨強度の低下、肝障害、出血傾向などがみられます。
ビタミン剤を投与する際には、適切な容量を用いるようにしま しょう。
ビタミン B_6：水溶性ビタミンの一種ですが、過剰に摂取すると排泄能力の限界を超えることがあります。

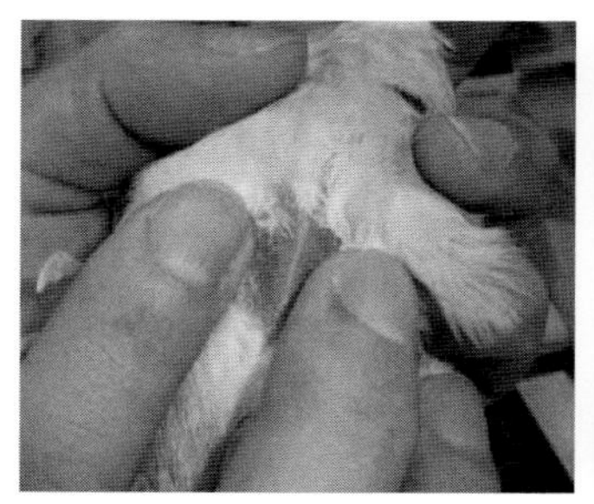
正常な腹部（セキセイインコ）

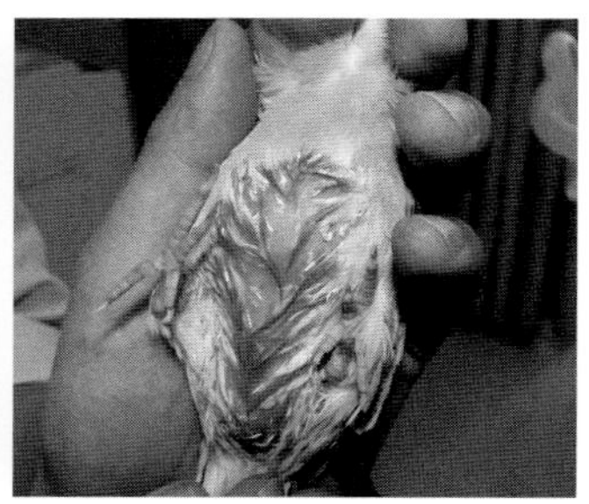
重度肥満（セキセイインコ）

CHAPTER 7

中毒

重金属による中毒

鉛

【原因】 鉛中毒症は口から摂取した鉛の毒性によって起こる病気です。カーテンの裾に仕込まれているウェイト（おもり）、筋力トレーニング用の錘（パワーアンクルなど）、ワインのフタ、鏡の裏、古いペンキ、釣りの錘 、はんだ（はんだ付けに利用される鉛とスズが主成分の合金）などが、家庭内でコンパニオンバードの鉛中毒を引き起こす原因になります。100円ショップなどで低価格販売されている金属製のアクセサリーの他、キーホルダーなどの雑貨にも高濃度の鉛が使用されていることがありますので注意が必要です。

放鳥中、飼い主が愛鳥から目を離してしまい、単独での行動が日常化されているような鳥においては、異物を摂食してしまうことがとても多く、鉛中毒の発生率も高めです。特に小型の鳥の場合、ごく微量の鉛の摂取でも中毒を発症するため、原因になった鉛を特定できるケースは稀です。

鉛中毒は飼い鳥では高頻度に発生する疾患でもあります。好奇心が旺盛で嘴の力が強く、グリッド（筋胃で食物をすり潰し消化を助けるための物質で砂等）を胃に蓄える性質などから、オウム・インコ類に多くみられます。中でもオカメインコに多くみられる中毒です。

他にも肥満や疾病で食餌制限を受けていたり、発情期に適切なミネラルが与えられていなかったりという鳥において発症のリスクが高まります。また、新しいものに興味・関心を持ちやすい若鳥は、発生リスクが高めです。

【症状】 鉛の毒性は鳥のすべての組織に影響を及

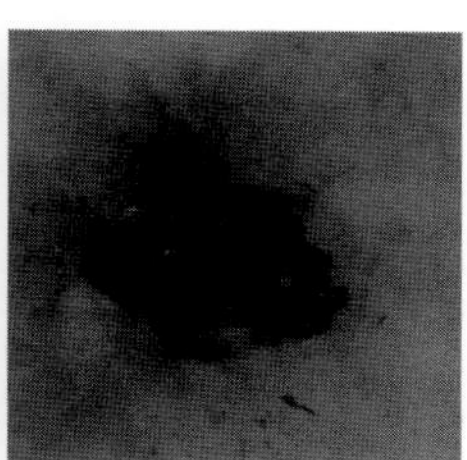

重金属中毒に伴う濃緑色便

重金属中毒に伴う血尿がみられる（キボウシインコ）

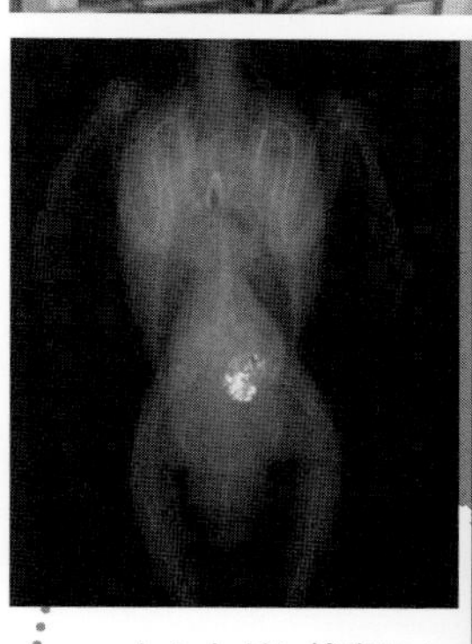

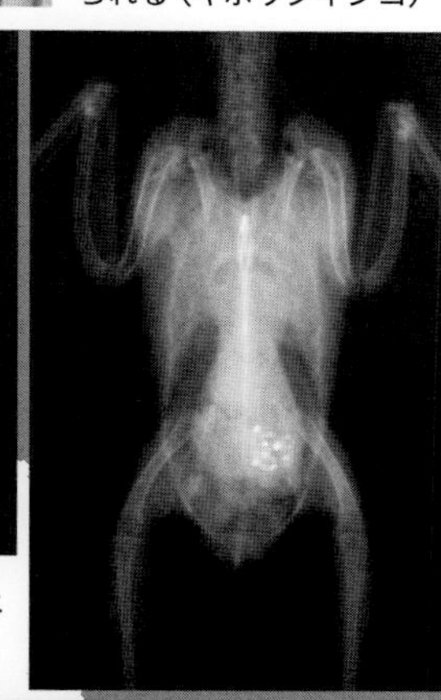

レントゲン検査による重金属を疑う陰影

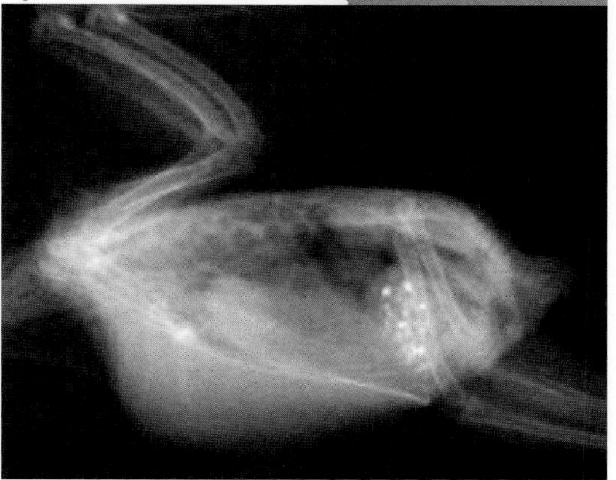

ぼします。血液、造血器系、神経系、消化器系、腎臓、肝臓に強い影響が認められます。鉛を摂食した後、数時間で症状が見られ、いったん発症すると進行は急速で、数時間で死に至ることがあります。重症度は摂取した鉛の質や量、粒子の大きさなどに左右されます。

迷走神経障害：腺胃の拡張をはじめ、各消化器官のアトニー（筋肉が弛緩すること）により、食滞や便秘が生じます。これらによって食欲の減退、悪心、吐出、嘔吐などがみられることがあります。また、痛みによる活動の低下、膨羽、前かがみ姿勢、腹部のついばみ、腹部を蹴る動作といった腹痛による症状がみられることもあります。

末梢神経障害：上足の末梢神経障害により、翼が下垂し初列風切羽がクロスせず、翼の振戦（ふるえ）やストレッチ姿勢がみられることがあります。下足の末梢神経障害からは、片側あるいは両側の足麻痺が見られ、跛行（正常な歩行ができない状態）、足の挙上（足が持ち上がった状態）、握力の低下、ナックリング（趾が麻痺したように力を失った状態）、開足姿勢、犬座姿勢、止まり木からの落下などの症状が現れます。ほかにも頭部の振戦（無意識の揺れ）、頭部下垂、胸筋の萎縮などがみられることがあり後遺症を残すことがあります。

中枢神経障害：精神的な異常として現れ、興奮、パニック、沈鬱、凶暴化などのほか、重篤な例では、けいれんをおこし後遺症として残ることや、死に至ることもあります。

泌尿器症状：鉛による急性溶血反応から尿酸の色が黄色から緑、赤へと変化します。

消化器症状：便は溶血により深い緑色になります（溶血便）。溶血反応が尿へも影響し、尿の部分がうすい緑色の輪染みのようにみえることもあります。鉛の直接的な消化管への障害による粘液便が見られることもあります。

翼の下垂

重金属中毒による沈鬱、神経症状

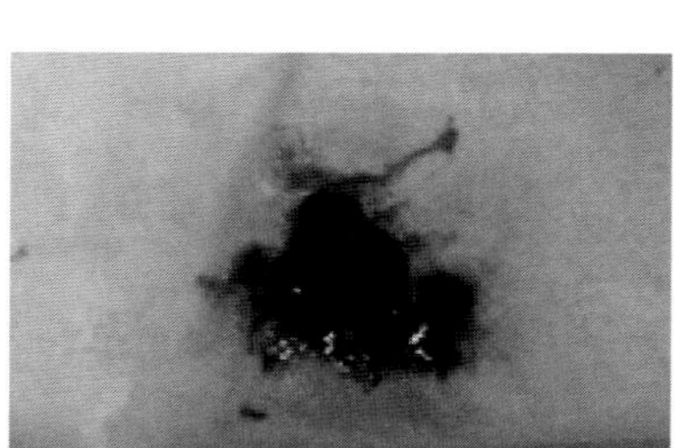
重金属中毒による下痢

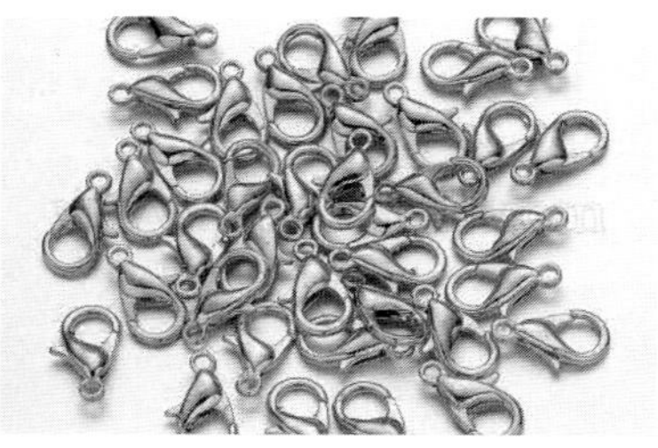
さまざまなパーツに使用されている鉛

フードについて

日本エキゾチック動物医療センター
みわエキゾチック動物病院 副院長
獣医師 **西村 政晃 先生**

鳥種により食性はさまざまで、穀食性、種実食性、果実食性、花蜜食性などに分けられます。しかしながら、飼い鳥では鳥種にかかわらず昔から単調なシード主体の食餌であることが一般的でした。特に昔では大型鳥ではヒマワリの種だけで飼育されていることがありました。さすがに今ではそのような状況に遭遇することはなくなりましたが、それでも小型鳥ではシードのみで飼育されていることも多く、ペレットを知らない飼い主もいます。シード自体が悪いわけではないですが、それのみの食餌では、ビタミンやミネラル類が不足します。そこにボレー粉、カットルボーン、塩土といった昔からよく使われている補助食品を与えることで不足を補うことができますが、実際は好みにより食べなかったり食べ過ぎてしまったりします。

病気で来院する飼い鳥を診察していると、食生活を見直さず栄養状態が改善されないままだと一度調子が良くなっても、また調子を崩して再来院することもあり、予防医学の観点から栄養をバランスよく摂取することが大切だと考えます。また、栄養素不足により罹患する病気もあります。シードのみを与えているのは人でいうとご飯だけ食べていることになるので栄養のバランスが良くないですよと診察時に伝えると、飼い主はみなさん理解してくれます。

そのため食餌として推奨されるのがペレットです。近年国内外の多くのメーカーから鳥専用のペレットが販売されています。最近では大型鳥はペレットを主体として飼育されています。昔と比較すると小型鳥でもペレットが与えられていることが増えていますが、まだまだシード主体のことが多く見られます。療法食のペレットも存在するため、ペレットに慣れていると病気になった時に療法食による治療を受けやすいのもメリットです。 嗜好性はシードより劣るため、なかなか思ったように切り替えられないことがデメリットです。そのような場合は近くの獣医師に相談しながら切り替えていくのが良いでしょう。

消化器に関わる病気

嘴の病気

鳥の場合、嘴の色や形状にさまざまな体調の異変が現れることがあります。健康時の嘴の色や艶、形、質感などをよく把握し、いち早く異変に気づけるようにしましょう。

嘴の色の異常

青味がかった色の嘴：チアノーゼ（血液中の酸素の不足が原因で、皮膚が青っぽく変色すること）や副鼻腔炎による血行障害、打撲・感染などによる内出血により、嘴の色が青みがかって見えることがあります。

透明感の失われた嘴：肝障害、栄養不良、PBFDなど、嘴のタンパク形成異常などによって生じます。

斑模様（まだらもよう）のある嘴：黒っぽい、赤みがかった斑模様が嘴にみられることがあります。これは嘴の血管の損傷で生じる出血斑です。肝不全やビタミンK不足が疑われます。一過性の場合は打撲による内出血などが考えられます。

黒く艶やかな嘴：ヨウムやオウムの仲間など、通常は粉綿羽（脂粉）の付着によって黒い嘴が灰色がかった黒色に見えます。PBFDによって粉綿羽が消失することにより、嘴の表面が通常より黒く、艶やかにみえることがあります。

嘴の形の異常：生まれつきの奇形のほか、外傷、肝不全・アミノ酸欠乏や、PBFD・疥癬などにより嘴のタンパクの合成異常が生じ、上下の嘴が変形することも多くあります。

過長（咬合不足）：オウム・インコ類は噛み合わせや擦り合わせによって嘴を短くしています（咬耗）。それら咬合が不足すると嘴の過長がみられます。固いものを齧って短くしているというわけではないようです。

軽石様化：疥癬症が原因で、嘴の表面に小さな穴が無数に空き、表面が軽石のようにザラザラとします。

嘴の脱落・欠損：鳥同士のケンカや中～大型鳥のPDFDなどが原因となります。下嘴の欠損では、生涯に渡る給餌の補助が必要になるケースが少なくありません。

疥癬症により軽石様化した嘴

上顎嘴の過長と下顎嘴の縦割れ

嘴の出血斑

口腔内の病気
口角・口腔・食道・そ嚢の病気

口内炎

口内炎とは、口の中や口の周辺の粘膜に起こる炎症の総称です。

【原因】ビタミンAの欠乏や細菌や真菌、寄生虫の感染が主な原因となります。鳥で頻繁に見られる口内炎の原因はカンジダなどの真菌やトリコモナス（寄生虫）です。大型 インコ・オウムではヘルペスウイルスやサーコウイルスなど、ウイルス性の口内炎もみられます。

ほかに口腔内の傷が原因になることもあります。ブンチョウなどのフィンチ類のヒナに挿し餌をする際にはフードポンプが用いられますが、この器具を嘴の中に押し入れる際に口腔内を損傷し、口内炎を発症するケースも少なくありません。

あるいは破損したオモチャや木片、ワイヤーを咥える際に口腔内に傷が生じたり、鳥同士のケンカにより舌に傷を負ったりすることもあります。

ヒナの場合、加熱し過ぎた挿し餌による口腔内のやけども口内炎の原因になります。放鳥中に通電コードを噛み切ってしまい、その際に感電し、舌や口腔内にやけどを負って口内炎が生じることもあります。

【症状】口内炎が生じると、鳥は口腔内の違和感からしきりに口や舌を動かす、頭を振る、食べたそうにしているのに食べられない様子、食欲不振、吐出、嚥下困難、よだれ、口角の汚れなどの症状が見られます。咽頭炎ではあくびのような症状がよく見られます。

【診断と治療】口腔内のプラーク（食べカスに細菌が繁殖したもの）、あるいは分泌物の顕微鏡検査、培養検査、PCR 検査を行います。口内炎は二次感染を伴うことが多いため、抗生剤・抗真菌剤を用いることもあります。栄養の改善も行います

【予防】口内炎の予防としては、栄養バランスに留意し、主食をペレット食にするか、シード食では日光浴に加え総合栄養剤を常用し、ビタミンAやビタミンD_3の欠乏に注意すること、ヒナの挿し餌や病鳥の強制給餌は口腔内に傷ややけどができないよう細心の注意を払うこと、壊れたおもちゃなど鋭利な部分があるもので遊ばせないこと、鳥同士のけんかに注意すること、誤飲や誤食を防ぐため、観葉植物や鳥の嘴に入ってしまうような小さなものを放鳥する部屋に置かないといったことなどが考えられます。

口腔内腫瘍

口腔内に時折、腫瘍が発生することがあります。扁平上皮癌、線維肉腫など悪性度の高い腫瘍のほか、良性の腫瘍もみられます。南米産やオーストラリア産のインコ・オウム類では、ヘルペスウイルスによる乳頭腫（皮膚や粘膜の表面の細胞が盛り上がって増殖する良性の腫瘍）が多くみられます。

食道炎・そ嚢炎

食道やそ嚢の粘膜が炎症によって傷つき、びらん（ただれ）や潰瘍（びらんより悪化し、上皮組織を欠損し、下層組織まで破壊が生じた状態）が起こったものをいいます。

【原因】食道炎・そ嚢炎は口内炎に続発してみられることもあります。

外傷性：過度に温められた挿し餌の温度を確認しないままヒナに与えてしまうことによる熱傷、フードポンプによるヒナへの挿し餌の給餌や、強制給餌の際に用いられるビニールチューブによる傷などが主な原因となります。また、放鳥中、壁や窓へ激突することによる損傷、鳥同士、あるいは犬や猫など他の動物による咬傷により、食道やそ嚢が傷ついたことが食道炎やそ嚢炎の原因になることもあります。

感染性：一昔前は鳥の嘔吐や吐出というと、細菌性のそ嚢炎と診断され抗生剤が処方されていました

が、実際には細菌性そ嚢炎は稀です。感染性のものでは、サルモネラ菌やトリコモナス（原虫）が主にフィンチ類にそ嚢炎をもたらします。食道やそ嚢には消化する機能がありません。そのため穀物食の鳥がフルーツや白米、パンなどの加熱調理された炭水化物や糖度の高い食べ物を与えられた結果、消化がスムーズにいかず、それらのものがそ嚢内に長時間、滞留してしまい、そ嚢内で発酵が進み、カンジダ（真菌）や細菌が増殖してそ嚢炎の原因になることがあります。

栄養性：ビタミンAの欠乏により、重層扁平上皮化生（重層上皮のうち、表面近くにある細胞の平らな部分の角質化）を起こしたそ嚢粘膜は、カンジダが感染しやすくなり、そ嚢炎や食道炎の原因となります。

【症状】 食欲不振、嘔吐（胃の内容物が強制的に排出される）、吐出（そ嚢の内容物が強制的に排出される）が見られ、さらに重度の食道炎・そ嚢炎になると痛みから首を伸ばした姿勢が見られるようになります。頸部からそ嚢や食道にかけて、発赤（はっせき）、腫脹（しゅちょう）、肥厚が察されます。症状がさらに重度になると、食道内の炎症に加え、膿みが溜まった状態になり、消化物の通過障害や気道の閉鎖による呼吸困難が生じることもあります。熱傷や創傷（そうしょう）（体表組織の損傷）が悪化すると、そ嚢に穴が開いた状態になることがあり、エサや飲み水がそ嚢から漏れ出し、羽毛の汚れがみられるようになります。

【治療】 そ嚢の状態を視診や触診で確認します。病原体の検出には顕微鏡検査や培養検査を行い、抗生剤や抗真菌剤などを用いて原因となっている病原に対する治療を行います。

【予防】 腐敗しやすいエサを与えないようにし、もし与えてもごく少量にとどめ、食べ残しはすぐに取り除くようにしましょう。加熱されたデンプンや糖類を多く含む飼料を避け、ビタミンAを適切に給与することも大切です。また、飼育環境を整え、冷えや寒さ、環境変化など、食滞の原因となるようなストレスは、できるだけ取り除きましょう。ヒナが挿し餌でやけどをしないよう、挿し餌はしっかりと攪拌し、毎回、温度計を用いて、適切な温度であることを確認してから与えます。特に挿し餌を電子レンジで加熱した場合は、加熱むらが生じやすいので注意が必要です。フードポンプやチューブを用いた挿し餌や強制給餌は、やむを得ない場合のみとし、できるだけスプーンを用いて安全に挿し餌を行いましょう。

ビタミンAが適切に含まれる飼料への変更、サプリメントなどでのビタミンの供給など栄養面の改善も大切です。ただし、脂溶性ビタミン（ビタミンA、D、E、K）などは過剰摂取が問題となることもあるため、適切な量を供給しましょう。

そ嚢結石・そ嚢内異物

食道の一部であり、食べたものを一時的に蓄える器官であるそ嚢内に結石が形成されたり、異物が入り込んだりする病気です。

【原因】 そ嚢結石は石のように固くなった異物のことで、大きさは小さなものから、数センチにおよぶものまでさまざまです。主に尿酸から形成されます。原因はまだはっきりとはわかっていません。種子の殻や他の結石などの異物を核として、そこに排泄物の摂食（食糞癖）をすることにより、体内に取り込まれた尿酸が沈着し、結石が形成されると考えられています。ほかにもフリース素材や毛布、毛糸、ぬいぐるみの綿、じゅうたん、服の繊維などの異物を長期間にわたって摂食し続けた結果、そ嚢の中にそれらが蓄積し、結石状に固まって形成されることもあります。

【症状】 セキセイインコに多く、吐き気や吐出、食欲不振が見られることもありますが、無症状というケースもあります。繊維物によってできたフェルト状の異物の場合、繊維の中で食物のカスなどが腐敗し、口臭や下痢、嘔吐の症状を現すこともあります。

【治療】 そ嚢の触診によって異物が確認されること

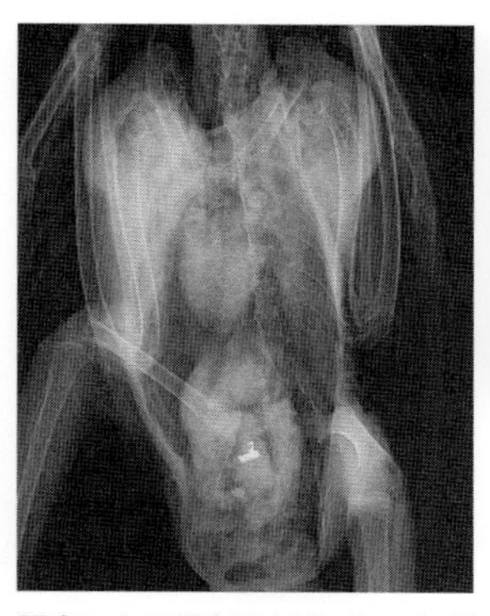

誤食による重金属中毒／レントゲン写真に金属（ファスナー部品）が写っている（タイハクオウム）

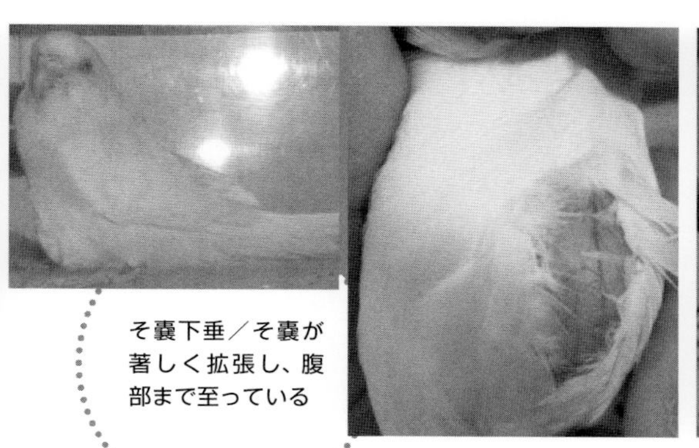

そ嚢下垂／そ嚢が著しく拡張し、腹部まで至っている

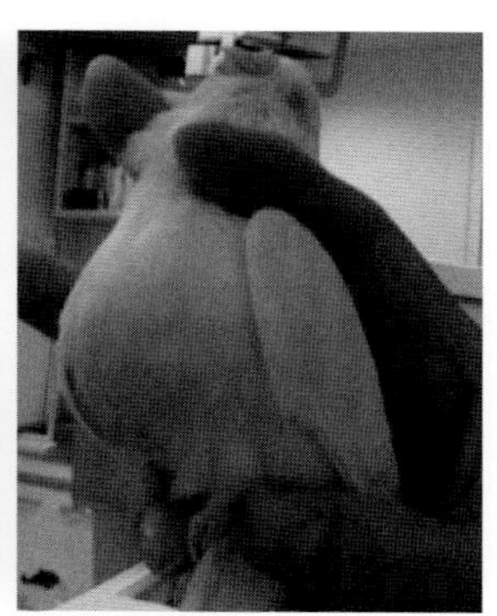

そ嚢アトニー

があります。レントゲン検査で診断されます。健康診断の際に発見されることもあります。繊維のようにX線に写らない場合は、消化管内のX線造影検査を行います。通常はそ嚢を切開し、外科的に結石や異物の摘出を行います。結石や異物が小さい場合には、圧迫や牽引によって口腔内から取り出すことができる場合もあります。

【予防】 ケージ内に排泄物が残ったままにならないようこまめに清掃を行うこと、ケージの中に糞きり網を設置し、排泄物の摂食を防ぐことなどがそ嚢結石の予防となります。

鳥の嘴が届くところに洋服やタオル類を置かないようにし、繊維物の誤食を防ぎましょう。

そ嚢停滞

そ嚢停滞（あるいはうっ滞、食滞）は、そ嚢に食物または飲み水が長時間、滞留したままの状態にあることをさします。

【原因】 そ嚢の蠕動運動（食物を消化する動き）が低下した場合と、そ嚢内のエサが通過不全に陥った場合との、2つの原因が考えられます。

【治療】 消化管の運動を改善して食物の排出を助けるため、蠕動促進薬の投与や、輸液を行います。滞留したエサ内での悪玉菌の繁殖を抑えるために抗生剤や抗真菌剤も投与します。そ嚢内の腐敗物を取り除き、エサがそ嚢内で固まっている場合は、温かい湯を飲ませてそ嚢を優しくマッサージしたり、そ嚢内容物をチューブで取り出したりします。完全に閉塞している場合は、外科的な摘出手術を行います。

【予防】 挿し餌期におけるそ嚢停滞を防ぐためには、適切な飼料を選び、説明書をよく読んだ上で、湯の量や温度など正確に調合することが大切です。挿し餌を与える際には、そ嚢の状態を見て、前回の餌が適切に消化されているかを確認したうえで適切な量を与えます。餌の消化を促すために、ヒナに対して適切な保温を行います。その鳥の体調に合った管理を行うことが食滞を防ぐうえでとても大切です。

そ嚢アトニー

そ嚢の筋肉がなんらかの原因で収縮しなくなり、次第に拡張し、弛緩して戻らなくなった状態のことをそ嚢アトニーといいます。

【原因】 そ嚢アトニーは原因がわからないこともあり

ますが、ボルナウイルス、先天性奇形、過食、飲み水の飲みすぎ、不適切な食餌などが原因になることがあります。セキセイインコに多く発生します。

【症状】 そ嚢の筋肉が収縮しなくなり、貯留したエサや飲水の重みで次第に拡張していきます。進行すると、そ嚢が胸部や腹部にまで広がります。そ嚢内で菌が繁殖しやすく、誤嚥（食べ物などの異物を気管内に呑み込んでしまうこと）が生じやすくなります。

【治療】 生活に支障がなければ特に治療は行いませんが、問題が生じるようであれば、そ嚢を縮小する手術を行います。

【予防】 そ嚢が拡がりすぎないよう、エサの食べさせ過ぎや水の飲ませすぎには注意しましょう。

食道狭窄・閉塞

そ嚢以外の食道が何らかの原因で狭窄もしくは閉鎖してしまう病気です。

【原因】 食道の異物による穿孔（穴があくこと）や火傷による炎症、腫瘍、異物などが閉塞の原因となります。肺炎など食道以外の部分に生じた炎症が波及したり、食道外に発生した腫瘍や炎症などによる外からの圧迫で食道が狭窄・閉塞したりすることもあります。

【症状】 初期や狭窄が軽度の場合には元気・食欲ともにありますが、慢性例や完全な閉塞例では、そ嚢内にエサと水が滞留します。エサは消化管を通過しないため、絶食便のみが排泄されます。肺炎性後部食道閉塞では、呼吸器症状が見られることが多くあります。

【治療】 症状と造影 X 線検査、超音波検査などにより診断します。閉塞部を解除するための治療を行いますが、肺炎性では肺炎に対する治療を行います。効果が見られない場合は、そ嚢を切開し、胃チューブを設置しますが予後は良くありません。

【予防】 絶食便や呼吸器症状にいち早く気づき、早期治療につなげることが肝要です。

胃の疾患

コンパニオンバードに多い胃の疾患としては、胃炎、胃潰瘍、胃拡張、胃癌などがあります。

胃 炎

鳥の胃には前胃（腺胃）と後胃（砂嚢、筋胃）の2つがあります。胃の粘膜に炎症が起きている状態のことを胃炎といいます。

【原因】 鳥の胃炎は感染性胃炎と非感染性胃炎に分けることができます。
感染性胃炎：真菌（AGY、カンジダ）や細菌、寄生虫（クリプトスポリジウム）などへの感染が原因となります。胃は食べたものを腐敗から守るため、常に強い酸性に保たれています。そのため、一般的な微生物は生息できませんが、胃に病変がある場合、その部位では細菌や真菌の二次感染が起きやすくなります。

種によってかかりやすい胃の疾患

セキセイインコ：AGY 症が著しく多いほか、カンジダ症、腺胃拡張症、グリッドインパクションなど
コザクラインコ・ボタンインコ（幼少期）：カンジダ症、グリッドインパクションなど
コザクラインコ（高齢期）：クリプトスポリジウム症など
オカメインコ：AGY 症、カンジダ症、腺胃拡張症、グリッドインパクションなど
マメルリハ：AGY 症、カンジダ症、グリッドインパクションなど
サザナミインコ：AGY 症、カンジダ症など
ヨウム：カンジダ症、腺胃拡張症など

コンゴウインコ：**カンジダ症、腺胃拡張症など**
白色系オウム：**カンジダ症、腺胃拡張症など**
ブンチョウ（幼少期）：**カンジダ症、AGY症など**
カナリア：**AGY症、カンジダ症など**
ジュウシマツ：**カンジダ症など**
キンカチョウ：**AGY症、カンジダ症など**
すべての鳥種：**異物誤飲**

異物の摂食に要注意

AGYを原因とした感染性胃炎がセキセイインコに著しく多くみられます。換羽期や環境の変化など、鳥にストレスがかかる時期に好発します。カンジダ症はすべての飼い鳥にみられます。

非感染性胃炎：重金属中毒（鉛、銅、亜鉛）、シュウ酸カルシウムを含む中毒性植物や非ステロイド性抗炎症薬などの薬剤、鋭利な異物など、毒物や刺激物の摂食によって胃に炎症が生じることがあります。ほかに胃癌や消化性潰瘍に胃炎が続発することや、体腔内の炎症（卵黄性腹膜炎など）や気嚢の炎症が胃に波及することもあります。急性のストレス性胃炎や原因不明の慢性胃炎もみられます。

【症状】軽度の胃炎では症状が見られないことがほとんどです。病状が進行すると食欲不振、膨羽、沈うつ、吐き気などの一般症状が現れます。さらに重度になると食欲がなくなり、嘔吐、脱水、嗜眠（意識が混濁し、刺激を与えないと眠り続ける）、削痩（著しく痩せる）などとともに、胃潰瘍や胃拡張なども見られるようになり、消化管閉塞を起こすこともあります。後胃（砂嚢、筋胃）が障害されると、消化不良による粒便が見られることがあります。

【治療】原因の特定と治療とともに胃粘膜保護薬を投与します。脱水や嘔吐がある場合は輸液や制吐薬を投与し、食欲がない場合は強制給餌を行います。粒便を排泄するようであれば、ペレットやえん麦を与えます。

【予防】AGYをはじめ、胃炎の原因となる病原体は鳥を迎えたらすぐに検診を受け、未発症の段階で駆除することが大切です。ストレス性胃炎を防ぐためには、ストレスの原因を取り除くことが肝要です。換羽時などのストレスがかかる時期は栄養バランスに気をつけ、安静にしましょう。

腺胃拡張症（PDD）

腺胃拡張とは、2つある胃のうちの1つめの前胃（腺胃）が、ウイルスなどが原因で拡張した状態をいいます。

【原因】鳥ボルナウイルスの感染により重度の腺胃拡張が起こります。鳥ボルナウイルスはヨウム、コンゴウインコ類、バタン類、メキシコインコ類に多く、稀にカナリアなどでみられることもあります。ほかに重金属中毒、胃癌など、さまざまな疾患によって腺胃の拡張が生じることがあります

【症状】慢性例では症状が見られないことがありますが、胃の機能が極端に低下し、タンパクの消化が損なわれた結果、食べていても痩せてしまう消耗性疾患となります。急性例では、そ嚢うっ滞（そ嚢内の内容物が胃に流れず滞留すること）、嘔吐、食欲不振、絶食便などの症状がみられます。原因によっては後胃（砂嚢）も併せて拡張することもあり、粒状の便が認められることがあります。

【治療】X線検査による腺胃拡張像の確認により仮診断されます。鳥ボルナウイルスの特定には遺伝

子検査が行われます。対症療法、支持療法（調子をあげるための治療）、二次感染の予防を行います。PDD用の処方食を与えることもあります。

重金属中毒では、画像で金属片の存在が明らかとなります。単純X線検査以外にX線造影検査を行うことがあります。ほかに検便による真菌の検査、PCR検査による抗酸菌やウイルスの検査などが行われることもあります。

原因治療とともに上部消化管の運動を活発化させるため、消化管の運動を活性化させる薬が使用されます。胃炎や胃潰瘍がない場合には、消化を促進する胃薬や消化剤、神経炎が原因の場合は抗炎症薬が使用されます。

【予防】 鳥ボルナウイルスは感染した鳥のすべてが発症するわけではありません。免疫力の低下やストレスが発症の要因と考えられています。適度な運動や栄養バランスのとれた食餌、質の良い睡眠などで免疫力をあげ、発症を防ぎましょう。

胃の腫瘍

すべての鳥種で胃にも腫瘍が発生しますが、そのなかでもセキセイインコに著しく多く発生します。フィンチ類などその他の鳥類で見かけることは稀です。

【原因】 セキセイインコの胃障害の中では胃の腫瘍が死亡原因の中でも多くみられます。理由として遺伝的要因や栄養の偏り、AGY症や発情過多など、さまざまな要因が考えられていますが、まだ解明されていません。

【症状】 初期では症状を呈さないことがほとんどです。進行すると胃炎症状、消化性潰瘍症状、胃拡張がみられます。嘔吐と胃出血による黒色便は胃炎や胃潰瘍と同じ症状ですが、治療しても症状が再発するようなときには胃の腫瘍が強く疑われます。

【治療】 X線検査で著しい胃拡張がある場合は胃の腫瘍を疑うこともありますが、慢性の胃障害は胃の腫瘍とほぼ同じような症状となるため、死亡後に鑑別確認されます。胃腫瘍における外科的治療や抗癌剤治療はまだ確立されていません。胃炎や胃潰瘍、胃拡張の治療を行い、延命に努めます。

【予防】 AGYの早期発見、早期治療、栄養バランスのとれた食事を与えることが予防になると考えられます。

グリッドインパクション

筋胃（砂嚢）がグリッドで埋まってしまい、食べた物や飲んだ物の消化不良や通過障害を起こす病気です。グリッドとして与えた塩土やボレー粉、焼き砂などを大量に食べ過ぎて生じることがあります。

【症状】 突然の嘔吐と食欲廃絶、それに伴う絶食便、膨羽、傾眠などが見られます。

【治療と予防】 グリッドインパクションは単純X線検査による仮診断が可能です。グリッドインパクションの場合は粒餌を停止し、ペレットやえん麦を与えます。ボレー粉による閉塞の場合は自然に溶解しますが、消化器内の通過や磨耗・溶解が困難な場合は、外科的な摘出が必要となります。

【予防】 グリッドを与える場合は与え過ぎに注意し、塩土を与えるときは細かく砕いて少量のみ与えます。

腸の疾患

腸炎

腸炎とは腸の粘膜が炎症を起こし、出血などが生じる病気の総称です。

【原因】 感染性のものと非感染性のものに分けられますが多くは細菌性です。幼少期の感染症（PBFD、BFD、CHLなど）のほとんどは急性症状として腸炎を起こします。寄生虫性の腸炎も多く、回虫、コクシジウム、ジアルジア原虫などが腸に問題を起こします。真菌性のものでは、カンジダが多くみられます。

【症状】 下痢が最も一般的な症状です。セキセイインコ、ラブバード、オカメインコなどの水の少ない乾燥地帯が原産の成鳥の場合、水分の少ない排泄物で下痢はわかりづらさがありますが、下痢の場合、尿酸と便がはっきり分かれていない、便が形を留めていないといった特徴があります。重症の場合は粘血便となります。下痢以外の症状には食欲不振や膨羽、嘔吐、腹痛から腹部や地面を蹴るようなしぐさなどが見られます。

ボレー粉の食べすぎに注意

【治療】 症状や検便によって暫定的に診断します。X線検査では腸管の膨大や腸管内のガス貯留像が確認できます。下痢が強い場合には脱水症状を起こしやすいため、輸液や下痢の症状を改善する薬を使用します。腸内の細菌バランスを整えるため、生菌製剤や抗生剤、抗真菌剤などが使用されることもあります。消化不良が原因のときは消化剤が使用されます。消化しやすく、腸への刺激性が少ない処方食や流動食を与えます。

【予防】 鳥種や鳥の状態にあった適切な栄養を与えて腸内環境を整えることや清潔な環境で適切に飼育することが予防となります。

腸閉塞（イレウス）

腸閉塞はイレウスとも言い、何らかの原因によって腸管内容物（食物や胃液、腸液やガス、寄生虫など）の排泄孔への移動が障害される状態をいいます。腸閉塞には機械的腸閉塞と機能的腸閉塞があります。

【原因】 機械的イレウスの原因としては、誤食した異物（紙や布、フリースなど）、腸結石、穀粒、後胃（筋胃）から流出したグリッド（砂やボレー粉など）、大量の寄生虫（回虫や盲腸虫など）、腸管腫瘍などによる腸管の狭窄、癒着などがあります。

また、異所性卵材（卵材が卵管以外の場所に漏れ出てしまう症状）や卵塞、腸管以外の腫瘍（主に精巣腫瘍、卵巣腫瘍、卵管腫瘍）、嵌頓ヘルニア（臓器などが本来あるべき場所から脱出し戻らない状態）、総排泄腔腫瘍になどによって腸管腔外から腸管への圧迫が生じて閉塞が起こることもあります。ほかにアスペルギルス症による重度気嚢炎による腸管癒着が原因になることもあります。

機能的イレウスとしては、低体温、重度貧血、重金属中毒症などによる消化管神経障害、卵黄性体腔炎などにより消化管の蠕動機能の停止などによって生じます。

【症状】 強く持続する嘔吐、悪心、脱水、食欲の廃絶、排便の停止などがみられます。排便しても尿だけだったり、少量、あるいは粘液性の下痢便であったり、血液を含む血便であったりします。便が出ない状態はイレウスが疑われます。また、そ嚢にエサや水が滞留したままとなっていることもあります。腸管は滞留した腸内容物やガスによって膨らみます。機械的イレウスでは腸は閉塞の原因となっている内容物を排泄孔へと送り出そうと蠕動はしますが、閉塞して流れないため、激しい痛みが生じ、疼痛性のショックによる膨羽・嗜眠（刺激がないと眠り続ける意識障害）が生じます。痛みから腹蹴り行動や、しきりに排泄孔を気にする様子が見られることもあります。小型鳥でイレウスが生じた場合、急速に状態は悪化します。

【治療】 特徴的な症状とX線検査、造影X線検査により診断されます。絞扼性イレウスは開腹して絞扼を解除しなければなりません。腸が壊死していた場合はその周辺を切り取り、正常な腸同士を吻合する（腸管などの端どうしを手術によってつなぐ）手術が必要となります。 閉塞性イレウスでは腸管内の閉塞物は、X線検査で 流れる可能性があると判断された場合、潤滑剤や腸蠕動亢進薬によって便への排泄が試みられます。 完全に閉塞していて排泄が困難と思われる場合は、開腹後、腸切開を行い閉塞物の摘出が行われます。

腸管外の圧迫物が原因であれば、その圧迫物（卵材など）を小さくする方法が手術以外にあればそれを試みますが、多くの場合、手術が必要となります。癒着性イレウスでは通常、手術による癒着の剥離が必要となります。機能的イレウスでは原因治療とともに腸蠕動亢進薬が使用されます。

【予防】 日ごろから愛鳥のからだや愛鳥の排泄物の様子をよく観察して異変に早く気づき、早期治療が大切です。放鳥時には目を離さないようにし、鳥が異物を摂食するのを未然に防ぎましょう。

腸管結石

腸管結石とは、腸管内に形成される結石のことをいいます。腸内の内容物が貯留、沈殿した結果、腸管内で結石が形成されます。

【原因】 腸管内に結石ができてイレウス（閉塞）が起きます。異物の腸管内への流入と、腸の蠕動停止が結石の形成に関わっていると考えられます。

【症状】 イレウスと同様の症状が出ますが、完全に閉塞していない場合には、食欲不振、絶食便などの症状が出ます。腸管にイレウスが生じると、その部分に留まった結石はさらに大きくなります。その結果、完全閉塞を起こすことになり、急速な状態の悪化が生じます。

【治療】 排便量の減少や停止とともに、食滞などのイレウスが疑われた場合は、X線検査を実施します。カルシウムが主成分の結石であれば容易に診断できます。腸管内でイレウスが起きているかどうかを確かめるためには、X線造影検査が必要です。

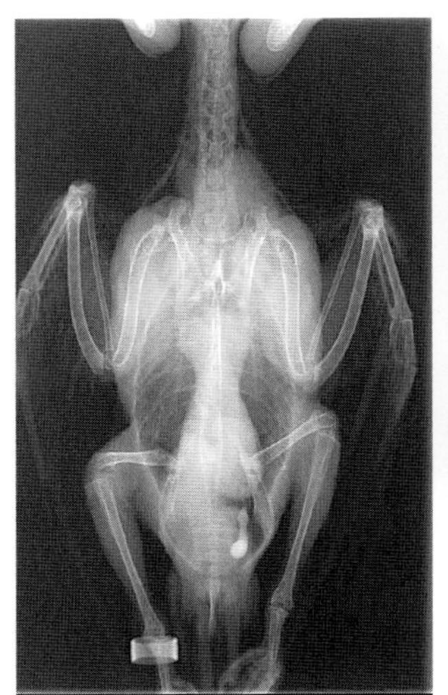

腸結石がレントゲンで確認できる（オカメインコ）

手術で摘出した腸結石

腸管の膨大が確認されます。

内科治療は急激な変化が起きてからでは効果が期待できないため、外科的な腸切開による結石の摘出が必要となります。

【予防】異物を食べないよう放鳥中は目を離さないこと、塩土やボレー粉、焼き砂などをむやみに与え過ぎないようにしましょう。

総排泄腔の疾患

総排泄腔炎

総排泄腔炎は、総排泄腔内の限局的な炎症状態のことをいいます。

【原因】総排泄腔は、排泄腔やクロアカとも呼ばれます。鳥はここから尿や便を排泄します。鳥では大腸に便が滞留する時間は短く、総排泄腔に長く貯留されるので、総排泄腔は細菌性の炎症が比較的起きやすい部位といえます。総排泄腔脱後や卵塞後など、総排泄腔が物理的に損傷を受けて炎症が起きることもあります。ほかにも尿石や糞石による総排泄腔の損傷や、ウイルス性の乳頭腫症により炎症を起こすこともあります。大型インコ・オウムでは自咬による排泄腔炎が起こることがあります。

【症状】軽い炎症の場合、症状は見られません。症状が進むと総排泄腔の汚れや腫れ、重度となると総排泄腔の疼痛からショック状態となり、膨羽、傾眠、食欲減退がみられます。血液の付着した便が見られることがあります。細菌性の場合、異臭を伴うことがあります。総排泄腔炎から総排泄腔脱が起きることもあります

【治療】腹部を圧迫し、総排泄腔を反転させて診断します。それが難しい場合は、内視鏡を用いて内部の観察を行います。感染性の場合も感染症とは異なる場合も、感染を予防するために抗生剤および抗真菌薬を用いて治療を行います。

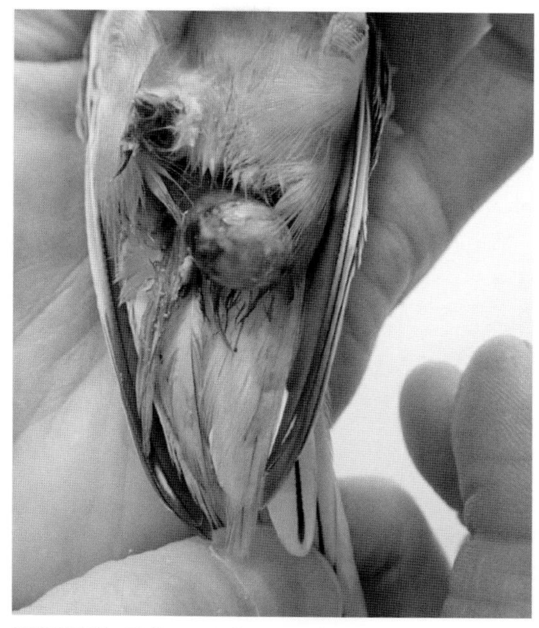

総排泄腔脱／卵管口が充分に開かないため、卵が総排泄腔粘膜を押し出している（セキセイインコ）

【予防】大型インコ・オウムの自咬による総排泄腔炎では、行動を改善するためのアプローチ（向精神薬や認知行動療法）が効果的な場合があります。

メガクロアカ（巨大総排泄腔）

総排泄腔が重度に拡張した状態のことをメガクロアカといいます。

【原因】便および尿酸が排泄腔内に大量に貯留し、総排泄腔が拡大します。病的な原因と生理的な原因で起こることがあります。

◉生理的メガクロアカ

発情性：営巣中のメスは、巣の中に籠るようになるため、排便の回数を減らし、体内に便を溜め、大きな便をします。そのため総排泄腔の拡張が起きます。

また、発情には関係なく、ケージの中で排便をしなくなる飼い鳥がいます。こういった鳥は、ケージ

をひとつの巣箱と捉えているため、排便回数を減らすため糞洞の拡大が起きます。

◉病的メガクロアカ

閉塞性：鳥自身の自咬による排泄腔の閉鎖や、下痢便の付着による排泄孔の栓塞、総排泄腔内の異物（糞石、尿酸結石、壊死性卵）、腫瘍、乳頭腫などによるイレウスが原因で起こります。

絞扼性（こうやく）：ヘルニア嚢内に総排泄腔が落ち込み、便がそこに滞留することで排泄口の拡大が生じます。

麻痺性：中枢性（脊髄損傷や脳障害など）あるいは術後などに末梢神経に障害が生じ、総排泄腔の拡大が起きることがあります。

【症状】物理的なイレウスの場合、いきむ様子が観察されますが、神経的なイレウスの場合、いきみはみられません。一気に排泄された排泄物は非常に巨大なもので、貯留中に細菌が増殖しやすく、多くの場合は異臭があります。排泄物が体内に貯留する時間が長いと、腸性毒血症（細菌の毒素が血液中にはいり、全身的中毒を起こす病気）や敗血症（細菌やウイルス感染によって全身に影響がおよび臓器不全を起こす病気）でショックを起こして死亡することもあります。

【治療】体内に貯留した便は、最低でも一日に一回の排泄は必要です。治療としては抗生剤や抗真菌剤などが排泄腔内での細菌や真菌の増殖予防のために用いられます。

自然排泄が行われない場合は、圧迫による排泄が必要です。糞石や尿石があって排泄できない場合、排泄腔の中でそれらを破砕して小さくしてから摘出します。それが難しい場合は開腹手術を行い摘出します。便の貯留により排泄腔が拡大されて悪化していくので、早く原因を取り除くことが大切です。

【予防】日ごろから愛鳥の排泄はスムーズに行われているか、排泄物の大きさや色やにおいをチェックし、異変にはいち早く気づき、症状が悪化する前に治療につなげましょう。

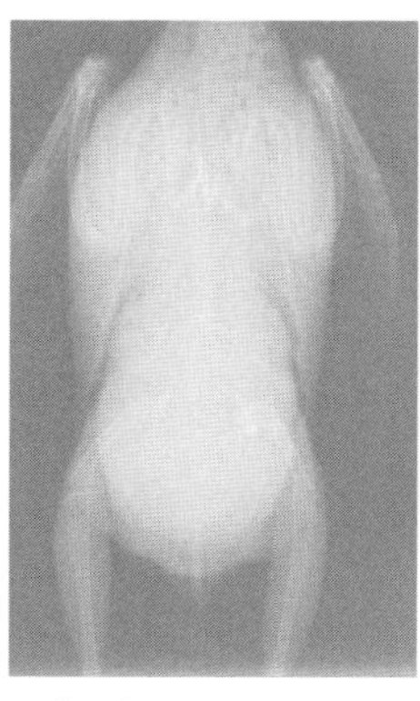

肝臓腫大のレントゲン（セキセイインコ）。肝臓が腫大しており、ウエストが消失している

嘴の出血斑／肝臓疾患が疑われる（セキセイインコ）

肝臓の疾患

コンパニオンバードには肝炎や脂肪肝をはじめ、さまざまな肝疾患が多く発生します。飼い鳥の肝疾患では、急性例では感染性が多く、慢性例では脂肪肝や原因不明の肝炎が多くみられます。肝疾患は慢性化すると治療が困難になることも多く、早期発見、早期治療が望まれます。

非感染性：血腫、脂肪肝、鉄貯蔵病、アミロイドーシス、循環障害、肝毒素、肝腫瘍、痛風など

感染性：細菌、ウイルス、寄生虫、真菌など

【発生と進行】肝臓ではさまざまな肝疾患がみられます。さまざまな原因により肝臓が損傷を受けたり、障害を受け炎症が生じたりした状態を肝炎と言います。肝臓には再生力がありますが、慢性肝炎では肝臓に長く炎症が生じることで、肝臓の組織が硬く線維化します。線維化した状態を肝硬変といいます。肝硬変のように肝機能が著しく低下し、さまざまな症状が生じた状態を肝不全といいます。

原因が明らかな場合は、原因を取り除くとともに、対症療法（症状を緩和させたり、痛みをおさえる治療）と支持療法（調子をあげるための治療）を行います。肝疾患は原因が明らかでない場合も多

いですが、対症療法によって改善や治癒することも多くあります。

肝疾患には、肝疾患専用のペレットへ切り替えを行うことで、より早い回復が期待できます。

鳥の飛翔は肝臓に大きな負担をかけるため、放鳥は中止し、ケージや看護室の中で運動を制限し、回復を促します。

食欲不振や脱水が見られたときには、強制給餌や輸液をすぐに開始しないと、高アンモニア血症（体内のアンモニアを上手く分解することができず、血液中にアンモニアが蓄積されてしまう病気）を起こし急死することがあります。

【予防】肝疾患を予防するためには、感染症や肥満、異物の誤食を予防し、適切な栄養管理と、適度な運動ができる環境を維持しましょう。カナリアに「色上げ剤」を長期間与え続けると肝疾患を起こしやすくなります。換羽期のみに短期間の使用とするべきでしょう。

感染性肝炎

病原体が原因となって肝臓に炎症の起きる状態を感染性肝炎といいます。

【原因】

グラム陽性菌：ブドウ球菌、連鎖球菌による肝炎が多くみられます。主に皮膚感染あるいは気嚢感染によって血行性に肝臓へと感染します。特にフィンチに多く、クロストリジウム菌は腸管に生息し、肝臓へ上行します。

グラム陰性菌：インコ・オウムにおける全身感染症の最も一般的な細菌群です。腸内細菌叢（大腸菌、サルモネラなど）や緑膿菌（生活環境に常在する弱毒細菌）が多くみられます。腸感染から全身感染へ広がる際に肝臓に感染するか、胆管から上行して感染します。パスツレラ菌は敗血症を起こし、肝臓に感染します

抗酸菌：鳥類では腸感染からの肝臓感染が一般的です。慢性の感染性肝炎では抗酸菌を疑う必要があります。

クラミジア：クラミジア（ヒトと鳥の共通感染症であるオウム病の原因）は主に吸入感染し、肺感染から血行性に肝臓感染を起こします。飼い鳥における感染性肝炎の最も一般的な原因となっています。

真菌：肺・気嚢アスペルギルス症から、直接接触する肝臓に感染が広がった症例があります。免疫不全の鳥では播種性カンジダ症に続発して、肝カンジダ症が発生することがあります。

【治療】X線検査で肝臓の腫大を確認します。血液検査で肝酵素の上昇がみられた場合には肝障害が疑われ、白血球数も上昇していれば細菌性肝障害が強く疑われます。

感染した細菌の種類を特定するためには、肝臓組織の培養検査およびPCR検査が必要となりま

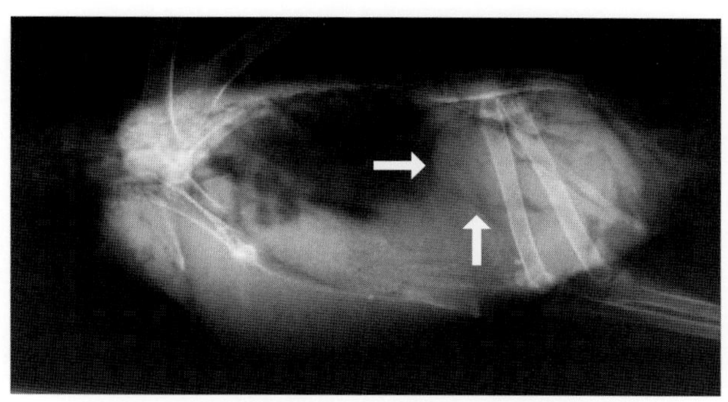

クラミジア症に罹患した鳥のレントゲン写真／腫大した脾臓（矢印）が確認できる

BFDによる羽毛の異常がみられる（セキセイインコ）

す。肝臓へ重度の感染が生じている場合、便や血液から病原体が検出されることもあります。治療には分離された菌に効果が高く、肝臓への薬剤の分布が良い抗生剤を使います。病原の特定が困難な場合はクラミジアや抗酸菌等、多くの細菌に効果が得られるタイプの抗生剤を使用します。効果がない場合には抗生剤を変更し治療的診断を行います。

ウイルス性肝炎： ウイルス性肝炎は主に免疫の低い幼鳥で問題となります。複数で飼育されている場合に流行することがあります。

パチェコ氏病（ヘルペスウィルスによる感染症）： 甚急性（急激に症状を発症する）では肝炎または肝壊死を起こし死亡します。急性のものでは嗜眠、多飲多尿、下痢、血便、副鼻腔炎、神経症状（痙攣）、肝疾患徴候が見られることがあります。

BFD（ポリオーマウイルスによる感染症）： 肝炎・肝壊死から死の直前に肝疾患徴候が見られることもあります。肝障害はセキセイインコ やコニュア、コンゴウ、オオハナインコ、フィンチなどで見られます。

寄生虫性肝炎： トリコモナスは口腔・食道内の寄生虫ですが、ヒナでは全身に感染が広がることもあり、肝臓も一般的です。腸内のクリプトスポリジウムの上行感染もあり得ます。幼少期や、PBFDによる免疫低下期など、免疫が低い時期に全身性感染や敗血症から多く生じます。

【治療】 X線検査での肝臓の腫大は一般的な所見ですが、甚急性のパチェコ氏病など肝臓が腫大する間もなく死亡することがあります。血液検査では肝酵素値の著しい増加が認められることがあります。確定診断は肝臓の組織検査またはPCR検査によって行われます。

急性の肝炎は治療が間に合わないことが多く、対症療法と支持療法を行いながらウイルス性肝炎の場合には抗ウイルス薬を使用します。

【予防】 発症する前に検査を受けること、検査を受けていない鳥との接触を避けることが予防となります。

肝傷害・血腫（非感染性疾患・感染性疾患）

【原因】 肝臓の損傷によって出血し、血腫（組織内に出血した血が貯まり腫れあがったもの）となります。コンパニオンバードの場合、壁や家具などへの激突や踏みつけ事故、ドアなどへの挟まりによる事故で肝臓を損傷することによって生じます。特に幼少期は、肝臓を守る竜骨（凸面のような形で胸部に備わる大きな骨）が小さく、腹部を打撲すると肝損傷が容易に生じます。また、脂肪肝の肝臓はとても脆くなっているため、肝破裂が生じやすい状態にあります（脂肪肝出血症候群）。

急性の肝炎（特にBFDなどの感染症）が肝出血を引き起こすこともあります。肝臓の機能が低下すると、血液を固めるために必要な凝固因子（血液が凝固するまでに働くさまざまな血液成分）の産生が失われるため、肝不全が生じている場合、出血は止まりづらくなります。

【症状】 急激な出血によりショック状態を起こすか突然死します。出血に伴う貧血や出血した血液の溶血・吸収による、尿酸（本来は白い部分）の著しい緑色化（場合によって赤色化）が認められます。

【治療】 止血剤を投与し、貧血が著しい場合には輸血を行います。

【予防】 放鳥中に事故がないよう、愛鳥から目を離さないようにしましょう。

クワズイモ

ポトス

落花生（特に外国産）には要注意

イモカタバミ

肝リピドーシス（非感染性疾患）

肝リピドーシスとは、脂質の代謝障害によって肝臓に脂肪が大量に蓄積した状態のことをいい、脂肪肝とも呼ばれます。肝リピドーシスはすべての飼い鳥に発生しますが、中でもセキセイインコ、ラブバード、オカメインコに多くみられます。

【原因】 肝細胞における中性脂肪の蓄積が放出や分解を上回ることによって生じます。ヒマワリの種などの脂肪分が多く含まれるエサの過剰摂取や、運動量が不足している中での過食などにより生じます。偏ったアミノ酸バランスの食餌、肝機能低下や肝障害によっても脂肪肝が生じます。

大型鳥ではボウシインコ、コンゴウインコ、モモイロインコ、バタンに多く、小型鳥ではセキセイインコ、オカメインコに多く見られます。糖尿病が肝リピドーシスの素因となることもあります。

【症状】 急性と慢性に分かれます。

急性の肝リピドーシス：換羽や寒さや暑さなど飼育環境の変化、産卵などをきっかけに、食欲不振による脂肪動員（空腹時や運動時など、エネルギーが不足すると脂肪細胞に蓄えられた 脂肪が加水分解され、脂肪酸とグリセロールとなって血中に放出される現象）によって脂肪肝が悪化し肝機能が障害され、さらに食欲が減退するという悪循環が生じます。すると、膨羽、沈うつ、黄色尿酸、嘔吐、食欲不振などの症状がみられるようになり、状態が悪化すると高アンモニア血症により突然死します。飼い鳥が食欲を失い突然死する原因の1つとして急性の肝リピドーシスがあげられます。

慢性の肝リピドーシス：慢性的な脂肪肝によって肝機能が障害されると、活動量が減り、食欲も減退します。嘴の過長や羽毛の形成不全（羽毛の変色、羽毛の変形、羽毛の成長不良など）がみられます。また、肝肥大と脂肪の蓄積によって気嚢が圧迫され、呼吸困難が生じることもあります。

【治療】 X線検査では肝肥大が認められます。 血液検査では高脂血症が認められます。慢性的な脂肪肝の鳥では、良質なエサへ変更を行い、強肝剤や高アンモニア血症の予防薬を用いながら緩やかな食餌制限を行います。電解質異常を生じているときには、補正のための輸液を行います。

【予防】 栄養バランスのとれた良質な飼料を与え、体重管理を行い、肥満を防止します。

鳥にストレスをもたらす急激な環境の変化にも注意が必要です。

肝毒素（非感染性疾患）

【原因】 胃腸管から吸収された物質のほとんどは、肝門脈（消化管を流れた血液が集まって肝臓に注ぐ部分の血管）を通じて直接、肝臓に流入します。このため、肝臓は中毒性物質による障害が生じやすい部位といえます。

肝毒性をもつ物質：肝臓で代謝される薬品の多く／化学薬品（ヒ素、リン、四塩 化炭素など）／植物（セイヨウアブラナ、セネシオ・ジャコ ベア、トウゴマ、ドクニンジン、オレアンダー、カタバミ属、Grantia 属、タヌキマメ属、綿実など）／サプリメ

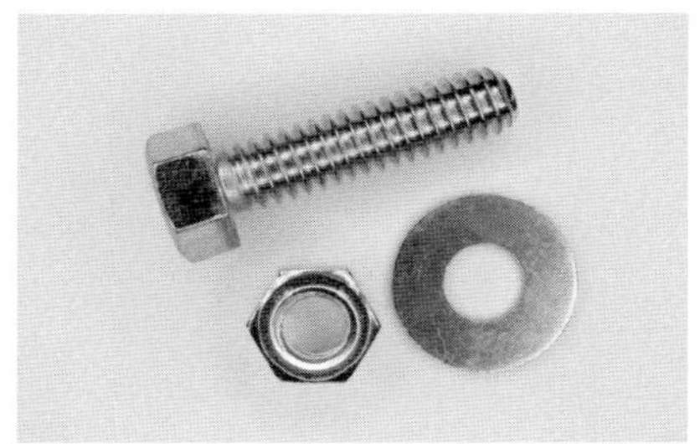
身近な重金属に注意

ント（ビタミン D_3）／重金属（鉛、銅、鉄など）／微生物（細菌や真菌など）

中でも特に強い肝毒性をもつ物質は、真菌が産生したアフラトキシンです。多くの原因不明の肝障害には、肝毒素が関わっていると思われます。

【症状】 急性、または慢性の肝疾患徴候が生じます。

【治療】 重金属以外は中毒物を摂取した証拠を明らかにすることは困難であるため、飼育者から鳥が何を食べたか聴取します。支持療法を行うとともに、対症療法（解毒強肝剤など）が行われます。摂取直後であればそ嚢洗浄が効果的です。胃洗浄は麻酔下で行う必要があるためハイリスクとなります。毒素が吸収される前であれば、活性炭を用いた解毒が有効なこともあります。

【予防】 鳥が触れる場所（ケージ内および放鳥する室内）には、鳥にとって毒性のあるものは置かないこと、アフラトキシンの検査が行われていない飼料や外国産のナッツ類は与えないようにしましょう。

肝腫瘍（非感染性疾患）

【原因】 肝臓に発生した原発性、他の臓器からの転移性に分かれます。

原発性の腫瘍：肝細胞癌、胆管癌、脂肪腫、線維腫、線維肉腫、血管腫、血管肉腫など

転移性の腫瘍：白血病、リンパ肉腫、横紋筋肉腫、腎癌、膵癌など腫瘍が発生した原因の多くは不明ですが、ヘモクロマトーシス（鉄過剰症）やアフラトキシン中毒が肝腫瘍の発生に関わっていると考えられています。

【症状】 通常、何らかの肝疾患徴候を生じますが、死亡までまったく症状を示さないこともあります。

【治療と予防】 血液検査で肝傷害が示唆されることや、各種検査で肝機能の低下がみられることもあり

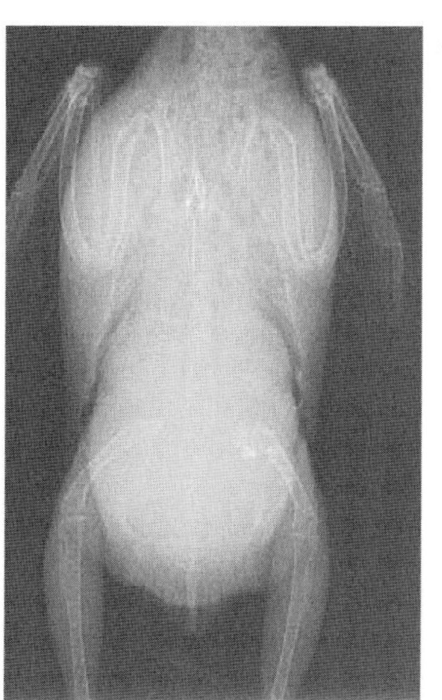
肝臓腫大がレントゲンで認められる（セキセイインコ）

羽の一部が赤く変色したコザクラインコ

肝機能の低下により羽毛が黄色に変色したオカメインコ（ルチノー）

ます。X線検査で肝臓の腫大や変形が見られることがあります。鳥の肝腫瘍では支持療法、対症療法が治療の中心となります。一部の肝腫瘍については、その発生と関わる病原（アフラトキシン、過剰な鉄分など）を避けることが予防になると考えられます。

肝性脳症
（肝疾患によって生じる病気）

【原因】肝障害に伴い肝臓の解毒機能が低下し、アンモニアなどの毒素が分解されず、脳を刺激し、神経症状を引き起こします。肝硬変や劇症肝炎、肝リピドーシスなど重度の肝障害で生じます。肝障害や肥満を持つ鳥では、常に肝性脳症が生じる可能性を考慮します。肝性脳症による突然死は、飼い鳥の突然死の中でも時折みられる疾患と考えられます。

【症状】軽度であれば無症状、あるいは傾眠、食欲不 振、膨羽など一般的な症状に留まります。進行すると、嘔吐、多飲多尿、嗜眠、食欲廃絶、精神障害などが現れ、重度になると運動失調、麻痺、昏睡、けいれんを起こし死亡します。

【治療】血中アンモニア濃度を測定します。 高アンモニア血症がみられた場合、保定によりけいれんを起こすことがあるため注意が必要です。高アンモニア血症の場合は、高アンモニア血症治療薬を使用します。けいれんを起こしている場合は抗痙攣薬を使用し鎮静します。肝疾患用ペレットなどを与えます。

【予防】アンモニアの原材料であるタンパク質のとりすぎに注意し、適度な運動のできる環境と青菜を与えましょう。

Yellow Feather Syndrome
（肝疾患によって生じる病気）

【原因】イエロー・フェザー・シンドローム（YFS）は羽毛が黄色化する疾患です。肝疾患が軽度な症例は無症状なことが多いですが、肝疾患や高脂血症が進行すると羽毛変色、羽毛形成不全がみられます。ＹＦＳがもっとも多発するオカメインコのルチノー種では、全身羽毛が黄色に変色します。

【症状】全身の正羽が変色しますが、特に背部の羽毛の変色が目立ちます。肝不全が改善されると、換羽の後、黄色の羽毛はまばらとなります。ただし、オカメインコのパール因子を持つ鳥ではもともと黄色羽毛が存在するため鑑別には注意が必要です。慢性肝疾患徴候や甲状腺機能低下症、糖尿病、高脂血症に伴う症状が併せて見られることもあります。

【治療】 通常、血液検査を行いますが、肝臓の状態を正確に把握するためには肝生検が必要です。 検査の負担により高アンモニア血症からけいれんを起こすことがあるため、状態によっては検査が省略されることもあります。治療は肝機能の改善と高脂血症の改善を主に行います。肥満がある場合は食事制限による減量と適度な運動を行えるよう環境調整します。

【予防】 栄養バランスのとれた食餌への見直し、肥満の防止、運動不足の解消などが予防になります。

膵臓の疾患

膵炎、その他

【原因】

感染性：PMV（鳥パラミクソウイルス）はキキョウインコの仲間や一部のフィンチ、鳩に膵炎を起こします。主な症状には下痢と神経症状があります。ほかにもウイルス（ヘルペス、ポリオーマ、アデノ、ポックスなど）、細菌（特にグラム陰性菌、クラミジア）などが膵臓に感染を起こします。また、膵臓は十二指腸に囲まれているので、十二指腸炎から膵炎が続発することがあります。

非感染性：墜性・卵黄性腹膜炎に続発して膵臓に炎症が生じることがあります。肥満や高脂食、肝リピドーシス、高脂血症、動脈硬化に関連して急性膵炎や膵壊死が突然生じることもあります。

また、膵管が閉鎖すると、膵臓内での膵液の活性化による自己消化（体内に保有する酵素により自己の細胞や組織を分解する現象）を引き起こします。飼い鳥では落下による打撲や外傷、ヘルニアによる絞扼などの物理的な障害も膵炎が起こることがあります。中毒としては、有機リン中毒や重金属中毒が膵臓にダメージを与えると考えられています。また、長期のカロリー不足は膵臓を萎縮させてしまいます。

【症状】

急性症状：膵臓は強力な膵酵素（主にタンパク質を分解する消化酵素）を分泌します。膵臓が破壊されるとこの膵酵素が漏れだし、膵臓を自己消化し、周囲の組織までも消化しようとします。急性膵炎を起こした鳥はショック状態となり膨羽、嗜眠、嘔吐、食欲不振がみられます。

慢性症状：膵臓では消化酵素である膵酵素の外分泌と、糖の代謝を行うインシュリン・グルカゴンの内分泌を行います。膵疾患により、外分泌あるいは内分泌に障害が起きます。膵外分泌不全（EPI）では膵液の分泌不全による脂肪やタンパク質の消化不良が生じます。便は未消化脂肪や未消化デンプンを多量に含むため白色化します。消化不良分を補おうと過食するため便の量は増えるようになります。排泄物の摂食もみられるようになります。未消化分の栄養を補うことができないと痩せて元気が失われていきます。脂質の吸収不良から脂溶性ビタミン（ビタミンA、E、D、K）の吸収不良が生じ、ビタミン欠乏症が生じます。

【治療】 軽度の急性膵炎の治療では主に抗生剤が使用されます。また、鎮痛剤を用いて充分な量の輸液を行います。EPIに対しては、足りない膵酵素を補うため、経口的に膵酵素を長期に渡り投与する必要があります。EPIはオカメインコのヒナで多く見られますが、治療を行っているうちに自然に回復することも多くあります。重度急性膵炎の多くは予後不良となります。

【予防】 食餌性の膵疾患を防ぐため、高脂食・高炭水化物食は控えるようにしましょう

勾玉状の貴金属？

日本エキゾチック動物医療センター
みわエキゾチック動物病院 院長
獣医師，獣医学博士 **三輪 恭嗣 先生**

これは何でしょう？ ツルっとした表面で金属製の光沢をもつ勾玉状の物体、実はこれは鳥の身体から出てきた（摘出した）ものです。飼い主さんがみることはほとんどありませんが、ごくまれに鳥かごの中に落ちていることがあり、これが愛鳥の食欲や元気の低下、死の原因になることもあります。写真は鳥の体内、消化管の中から手術により摘出した物と自力で排泄したものです。

この物体の正体は腸管結石で、結石ができる原因は色々と考えられていますが詳細はわかっていません。ただ、これが腸管の中にできるため結石ができた鳥は元気や食欲がなくなったり、排便量が低下します。比較的まれな病気ですが、診断は比較的簡単でX線検査で診断できます。ただ、鳥の腸管結石がこういった形をしていてX線でどう見えるかを知らない場合は異物など他の疾患と誤診してしまうこともあります。

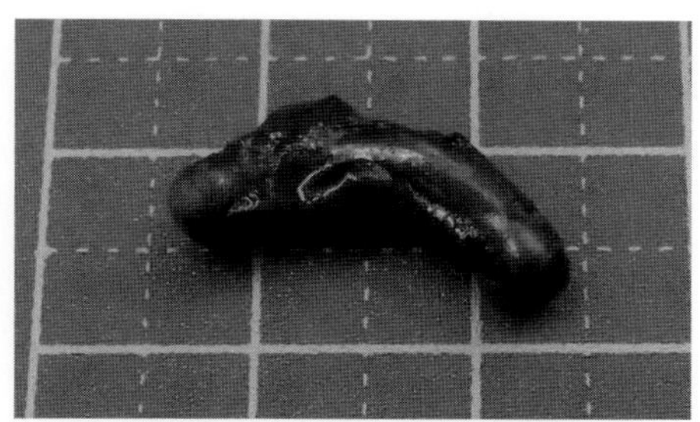

鳥の体内、消化管の中から出てきた（摘出した）もの

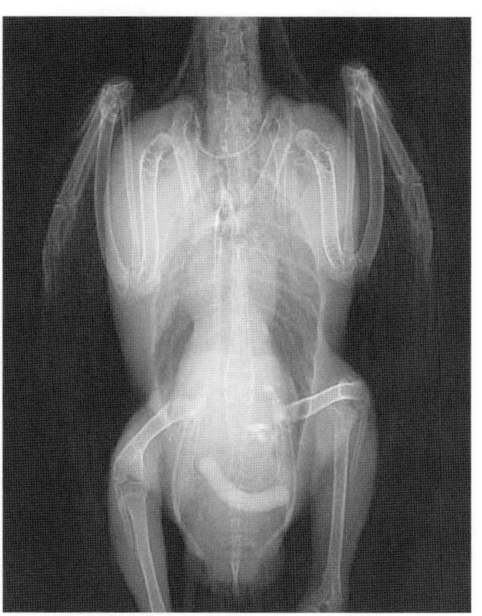

腸結石のX線写真

CHAPTER 7

泌尿器の病気

痛風・高尿酸血症

痛風は高尿酸血症に起因する病気です。痛風の直接的な原因は、血液中の老廃物である尿酸で、尿酸が一定量以上に増えるとその結晶が関節部分や内臓に蓄積し、炎症と激しい痛みを起こします。セキセイインコでは高齢鳥で関節痛風が多くみられ、腎機能の低下に伴って起こります。幼若齢の鳥は中毒や感染による急性腎不全が痛風や内臓痛風の主な原因となります。

セキセイインコの痛風結節

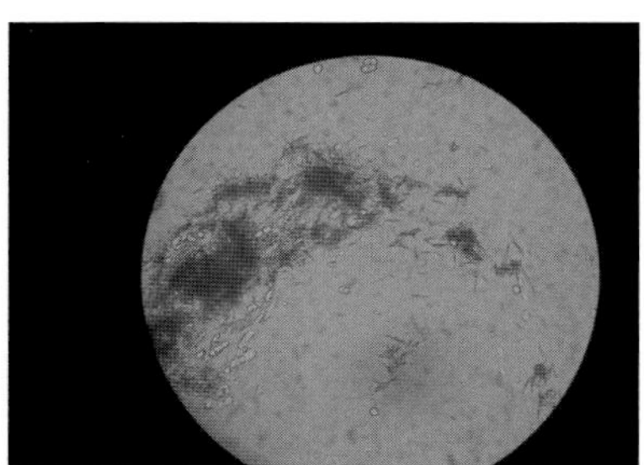
尿酸結晶

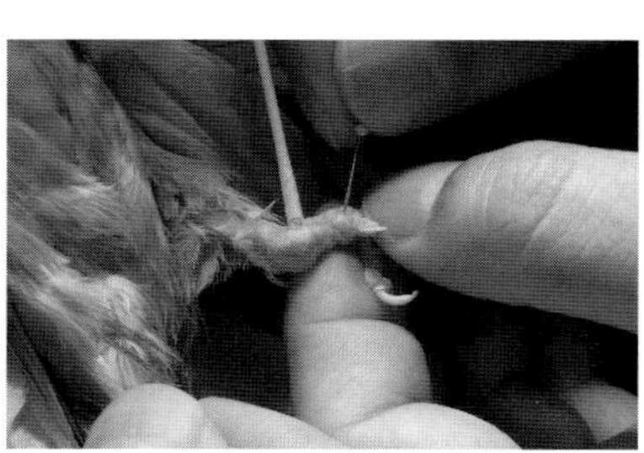
セキセイ痛風／穿刺による検査

【原因】 尿酸が体液中で飽和して鋭い尿酸結晶となり、その刺激によって起きる疾患です。この刺激はとても強い痛みを伴います。結晶ができる場所によって内臓痛風と関節痛風に分かれます。飼い鳥に痛風が見られた場合、その原因のほとんどは腎不全によるものです。痛風はどの鳥でも発症しますが内臓痛風がほとんどで、関節痛風はセキセイインコに多く、オカメインコやラブバードで稀にみられます。

【症状】 活動性低下、食欲低下、跛行、痛風結節、腎機能低下による多飲・多尿などがみられます。

関節痛風：尿酸が足の関節や軟骨、腱、靭帯などの組織に沈着します。初期の段階では、足の挙上や跛行、趾の屈曲不全、握力低下、運動量および活動の低下、止まり木を避ける、止まり木から落ちるなどの症状が見られることがあります。趾関節の裏側に発赤や皮下の白色の結節（しこり）が見られることもあります。進行すると白っぽい尿酸塩の固まり（痛風結節）が明らかとなります。疼痛も強くなり、足の挙上や跛行が強く見られ、関節の動く範囲が狭くなります。さらに重度になると痛風結節は数が増え大きくなり、真珠のネックレスのように並びます。結節を覆う皮膚が破裂し尿酸が漏れ出すこともあります。

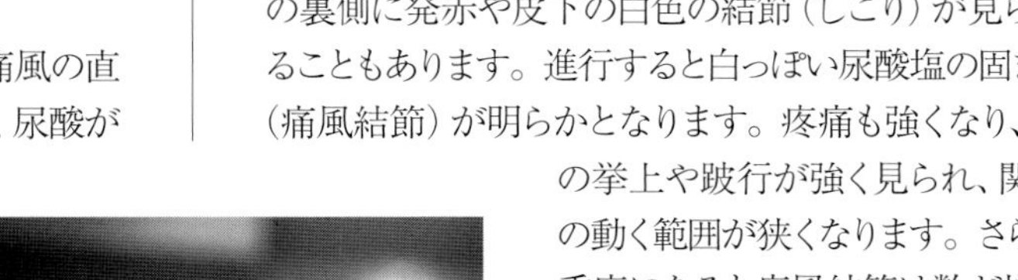

発生部位は主に足の中足指節関節と趾骨間関節ですが、やがてかかと部分にまで広がります。末期になると膝や肘、翼端部関節、頸部などの脊柱関節にも尿酸塩の沈着物がみられることがあります。

内臓痛風：腎不全の徴候（脱水、多尿、膨羽、暗色で枯れ枝のような足、つま先立ち、坐骨神経圧迫による足挙上など）が末期に現れることがありますが、内臓痛風の一般的な症状は突然死です。

【治療】 顕微鏡検査や血液検査、視診を行います。治療は腎不全と同様で、原因治療、食餌療法、痛風治療、輸液療法などが行われます。

【予防】 尿酸は低温によって固まりやすい性質を持っているため、鳥が冷えすぎないよう適切な温度管理を行うことが予防となります。脱水症状は腎不全を悪化させるため保温のし過ぎや飲水の不足には注意が必要です。

CHAPTER 7

呼吸器の病気

鼻　炎

鼻炎は鼻汁、くしゃみを主な症状とする鼻腔粘膜の炎症で上気道疾患のひとつです。別名で鼻道炎ともいいます。飼い鳥のくしゃみや鼻水は、鼻炎をはじめ、呼吸器疾患のサインといえるでしょう。

副鼻腔炎が単独で発症することもありますが、鼻炎が進行すると、二次的な感染による化膿や炎症が波及し副鼻腔炎を起こすことがあります。

【原因】

感染性：ヒトの風邪はウイルス性ですが、鳥の鼻炎は一般的な細菌や真菌によるものが多く、ときにはマイコプラズマ、クラミジアの感染による場合もあります。ウイルスや寄生虫による鼻炎は稀です。

副鼻腔は複雑な洞窟のような構造になっており、ここに病原体がいったん入り炎症を起こすと、病原体や膿はなかなか排泄されず、慢性化膿性副鼻腔炎となることがあります。

非感染性：さまざまな物質に対するアレルギー反応として鼻炎を発症することがあり、ほかの鳥の脂粉に対するアレルギー反応として鼻炎を発症する例も確認されています。鼻粘膜が過敏な鳥では寒冷や興奮、運動などの体温の変動に伴い、鼻粘膜が刺激されて鼻炎の症状を呈することがあります。稀にエサの吸入やビタミンA欠乏による角化亢進、腫瘍などが原因となり、鼻炎がみられることがあります。

【症状】 鳥のくしゃみでは口を閉じたまま頭を横に振るような動作がみられます。同時に鼻水を飛ばす事もあります。軽度の鼻炎では乾性のくしゃみや鼻孔やろう膜の発赤が認められます。鼻炎が進行すると湿性あるいは鼻汁を伴うくしゃみ、鼻漏（鼻水）と、それに伴う鼻孔周囲のろう膜や羽毛の汚れが認められます。重篤化あるいは慢性化すると、膿性鼻汁、鼻孔の縮小・閉鎖、鼻垢（鼻糞）や鼻石による鼻塞、鼻音、また、完全閉塞によ

副鼻腔炎／副鼻腔炎に伴う左眼腹側の腫れ

鼻炎／右鼻孔の変形、左鼻孔は痂皮で塞がっており周囲が腫れている

る頬部や頸部の気嚢の呼吸時拡張、あるいは開口呼吸などの症状がみられます。

オウム類では左右の鼻道がつながっているため、両側の鼻腔に症状が見られることが多いのですが、フィンチ類の鼻腔はそれぞれ独立しているので多くは片側のみに症状が見られます。

副鼻腔炎では首を振る動作や顔を止まり木にこすりつけるような動作がみられます。化膿による口臭で気づくことがあります。膿の貯留や肉芽の膨隆が重度となると、副鼻腔領域が膨隆し、眼球の突出や嘴の形成不全、不正咬合などが生じることもあります。

【治療】検査によって検出された病原に対して効果の高い薬剤を使用するとともに、二次感染を抑える抗生剤を使用します。抗生剤を使用して改善がみられないときには真菌感染を疑います。鼻垢・鼻石が存在する場合は外科的な摘出が必要です。

【予防】ビタミンAの欠乏に注意します。換気の不足や糞尿に汚染されたケージや飼育用品は環境アンモニア濃度を上昇させ、鼻粘膜のバリアを弱くします。飼育環境を清潔に保つことが大切です。

咽頭炎・喉頭炎

咽喉は、噛んだり味わったりするための「口腔」と、食べ物と呼吸の振り分けをする「喉頭」からできています。咽頭の炎症を咽頭炎、喉頭の炎症を喉頭炎といいます。

【原因】咽頭炎や喉頭炎は鼻炎・副鼻腔炎、あるいは口内炎の続発症として生じます。原発性の咽頭炎・喉頭炎としてはオカメインコの螺旋菌症が有名です。

【症状】咽頭炎では、首振り動作やあくびといった症状が特徴的です。嘔吐がみられることもあります。喉頭炎ではこれらに加えて、むせるような連続性の乾性の咳が見られることもあります。食欲不振が生じることもあります。

【治療】顕微鏡検査で炎症細胞が観察されます。潰瘍が生じている場合は口内炎の治療と同様に、口腔内の消毒やプラークの外科的な切除が行われます。螺旋菌の駆除には、抗生剤が使用されます。

【予防】鼻炎の予防に準じます。螺旋菌症は日和見感染として起こり、健康な鳥では問題を起こさ

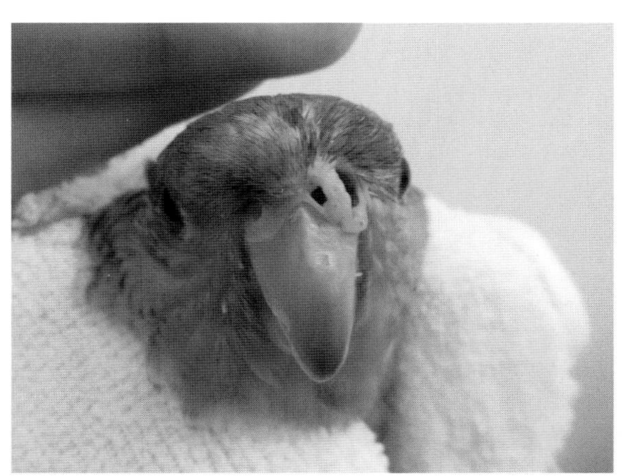

鼻炎に伴う左鼻孔拡大（サザナミインコ）

副鼻腔炎（セキセイインコ）

ないため日ごろからの健康管理が予防となります。

肺　炎

肺炎は肺が炎症を起こす病気で、大別して感染性と非感染性のものがあります。

【原因】

感染性：細菌性肺炎の原因はマイコプラズマやクラミジアによる肺炎、アスペルギルスによる真菌性肺炎が一般的です。カンジダやムコール、クリプトコッカスなどの真菌性肺炎も稀に見られます。寄生虫性肺炎は稀ですが、住肉胞子虫やキノウダニ、トリコモナスなどによって起きることがあります。ウイルス性も稀ですが、ポリオーマ、ヘルペス、インフルエンザなどが肺炎の原因になることがあります。

非感染性／中毒性：PTFE（テフロン）ガスによる重篤な炎症がしばしば見られます。ほかにもさまざまな刺激性、中毒性の気体の吸入によって肺炎が生じます。

アレルギー：同居鳥（特に白色系バタンやオカメインコ） の脂粉に対してアレルギー反応を起こし、過敏性肺炎が生じることがあります。

誤嚥性：フード・ポンプを用いた挿し餌や、チューブを用いた強制給餌の際に誤って流動食を気管内に注入し、誤嚥性肺炎を起こすことは少なくありません。あるいは、麻酔中の嘔吐や、衰弱し呼吸の荒くなった鳥に行う薬剤の経口投与は、誤嚥性肺炎を招きやすいといえます。

その他：卵巣や卵管から体腔内に落ちた卵材が気嚢を経て肺に流入し、肺炎を起こすことがあります。肺にタンパクや脂質が溜まり、炎症を起こす肺炎も稀にあります。

【症状】軽度の場合、運動や保定後の開口呼吸や呼吸促迫などの呼吸困難症状が見られますが、それ以外の症状はほぼみられません。症状が進行するとスターゲイジング、チアノーゼ、起立困難、意識低下などの重度の呼吸困難症状とともに、喘鳴（気道の狭窄した部分を通るときに発生する連続性の音）や咳、痰の排泄がみられるようになります。重度になると安静にしていても、これらの症状が現れ、肺出血から喀血（肺や気管支からの出血による吐血）がみられることがあります。

【治療】診断はX線検査によって行われます。呼吸困難によりX線検査のリスクが高いと考えられる場合、症状から暫定的な診断がなされます。原因物質の特定は、肺からの採取が困難であるため、気管や気嚢から採取します。肺炎は特に予後

テフロン加工された調理器具は正しく安全に使用しましょう

ヒナの飲む力を生かした挿餌で誤嚥防止を

が悪いため、早期発見、早期治療が望まれます。呼吸困難が生じている鳥では酸素吸入を行います。

二次感染が病態を悪化させるため、抗生剤、抗真菌剤の投与を内服とネブライザー（吸入）治療で行います。ステロイドが使用されることもあります。誤嚥による肺炎である場合、誤嚥物質が異物として強い炎症を起こすとともに、細菌や真菌の繁殖を促します。細菌や真菌の増殖を抑えながら、異物を除去、あるいは異物の無害化を待ちます。

フッ素加工樹脂の吸入中毒や心不全など、肺水腫を起こす疾患では、肺に貯留した液体を除去するための利尿剤が使用されます。

呼吸困難の改善のために気管支拡張薬が使用されることもあります。肺に結節（肺の組織ではない病変）がある場合、内服やネブライザーは効果がそれほど期待できないことから、外科的な結節の摘出が必要となりますが、高いリスクを伴います。

気嚢炎

気嚢は鳥の肺に続く空気を満たしている嚢状の器官です。気嚢炎は、その嚢状器官である気嚢（多くの鳥の場合は8〜9つでフィンチ類では7つ）の炎症を指す鳥の下部呼吸器疾患です。

【原因】 原因となる病原体は肺炎などの下部呼吸器疾患とほぼ同様ですが、気嚢炎ではクラミジアやアスペルギルスの比率が高めとなります。特にアスペルギルス症は腹部気嚢に好発します。病原

ネブライザー治療

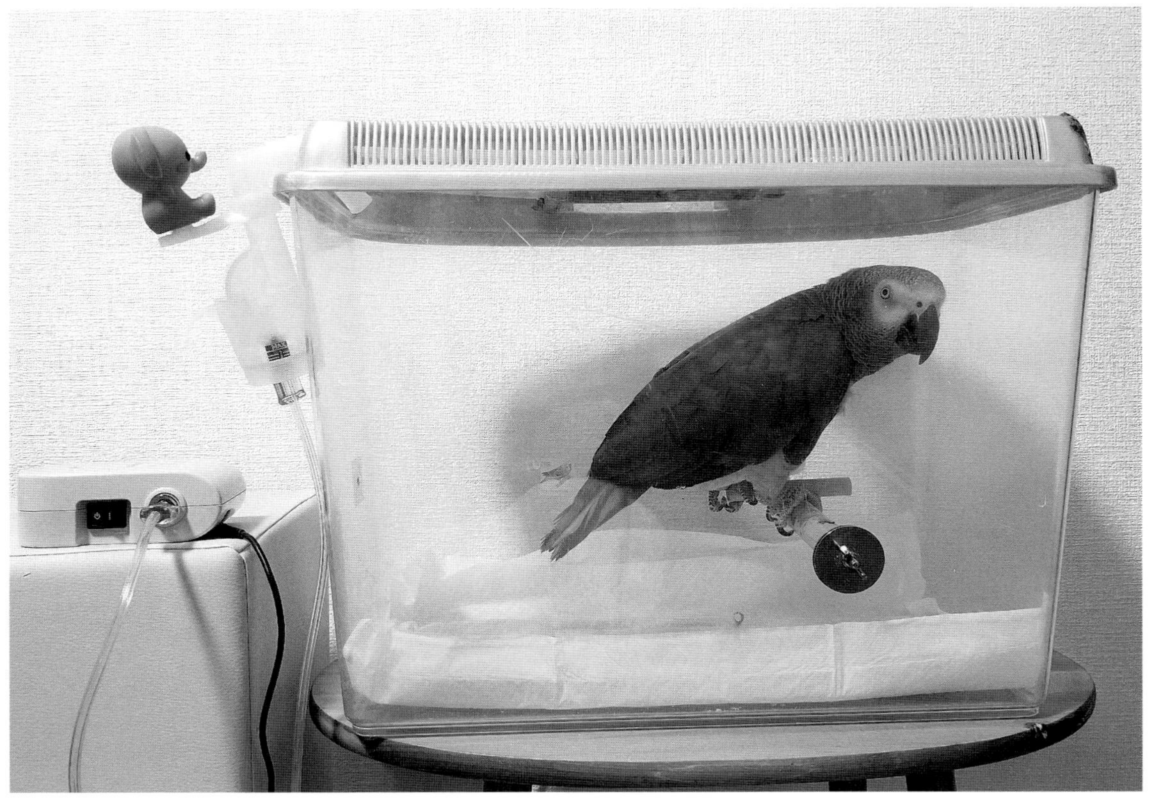

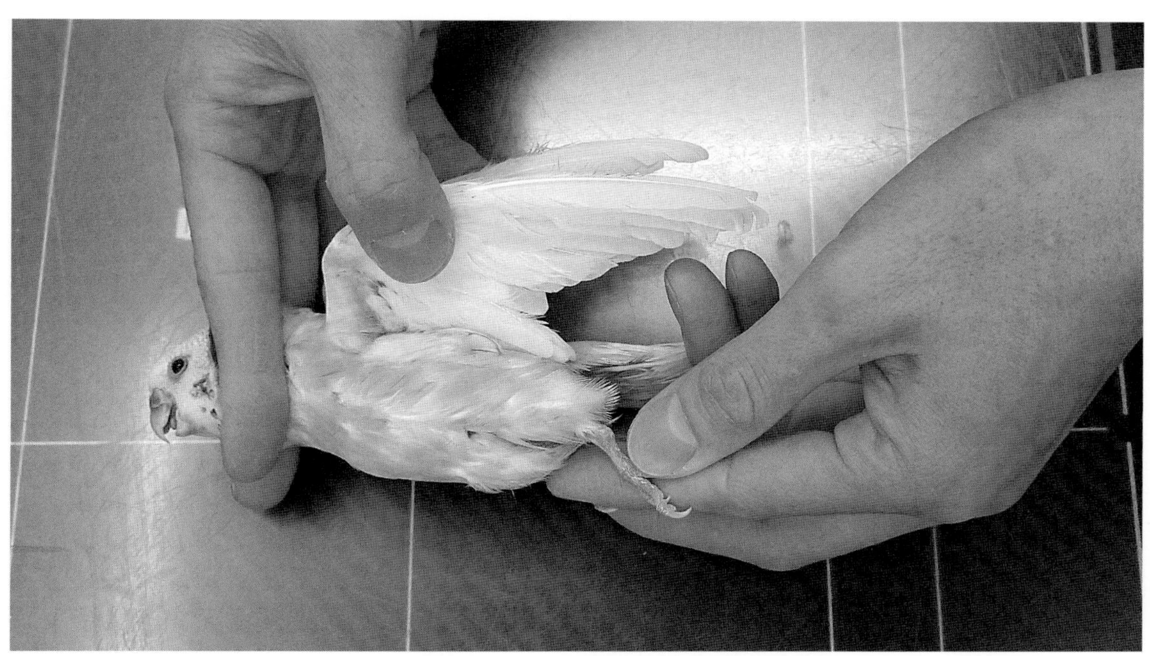

レントゲン撮影の様子

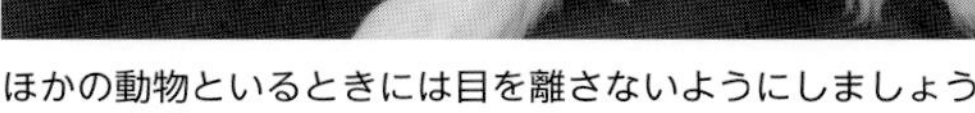

ほかの動物といるときには目を離さないようにしましょう

体は気管・肺を通過し、後部気嚢群に入り繁殖します。体腔への犬猫の爪や歯による創傷も感染性気嚢炎を引き起こします。誤嚥した物質も肺を通過して気嚢に溜まり炎症を起こすことがあります。さらに誤嚥した物質が細菌や真菌の生育環境となって、感染性気嚢炎を招きます。卵材性腹膜炎を起こした場合、腹膜に接触する気嚢にも炎症が生じます。

また、気嚢は骨（含気骨）と繋がっているため、骨折や関節炎などの骨病変から気嚢へ病原体が移行することもあります。

気嚢の伸展が妨げられるほど気嚢壁が肥厚し、膿性物質が気嚢腔に蓄積され、呼吸困難が見られるようになります。気嚢炎による呼吸困難は特に運動後に見られ、呼吸数の増加やテールボビング（尾を上下に振り呼吸を補助する仕草）、肩呼吸など、気嚢の拡張不全による症状が中心です。前部気嚢の一部に閉塞が生じた場合には、呼気の異常とともにほかの前部気嚢の拡張が見られることもあります。炎症を起こした気嚢に接触する臓器症状（胃腸炎や肝炎、腎炎など）で、はじめて気嚢炎に気づかれるということも少なくありません。

【治療】 正常な気嚢はX線検査では観察できませんが、気嚢炎によって気嚢壁が肥厚すると、X線にはっきりと映るようになります。また、気嚢の不透過が亢進されることによって、ほかの臓器が見えづらくなることもあります。病原の特定は内視鏡下での気嚢拭い液の直接観察、あるいは培養検査、PCR 検査により行います。気嚢は血管がほとんど分布しないため、内服や注射での抗生剤や抗真菌剤の投与では効果が少なく、気嚢腔内の膿瘍などに対しては、ネブライザーによる治療を行います。外科的な摘出が必要になる場合もあります。

【予防】 肺炎など他の下部呼吸器疾患に準じます。咬傷事故を防ぐため、放鳥中にはほかの動物と接触をさせないよう、目を離さないようにします。気嚢炎になると呼吸不全から死亡するリスクが高くなるため、早期発見、早期治療が大切です。

気管閉塞

気管が何らかの原因により閉塞した状態のことをいいます。

【原因】 種子やナッツ類などを食べる際に誤嚥して気管を閉塞するケースのほか、感染症や炎症により気管内に肉芽組織（傷が治る過程で現れる組織）が形成され、気管を閉塞するといったことが原因となります。

【症状】 気管の閉塞が軽度の場合は、異常な呼吸音などがみられます。気管の閉塞が重度な場合は呼吸困難がみられ、完全閉塞では突然死することもあります。

【治療】 レントゲンや硬性鏡検査、CT 検査で診断を行います。軽症例は対症療法で治療します。気管の閉塞が重度の場合には、内視鏡や外科手術による異物の除去が必要です。

鳥類の呼吸器のシステムは哺乳類とは異なり、哺乳類では気管挿管（口や鼻から喉頭を経由して気管チューブを挿入）により気道確保し、術中の呼吸を管理しますが、鳥の場合、気管が閉塞している場合には、気管へチューブを挿管することなく、直接、気嚢内へチューブを挿管して、そこから呼吸をさせることや、手術中の呼吸の管理を行うといったことも可能です。

【予防】 環境や食餌の内容には日ごろから留意し、ケガや病気に注意すること、挿し餌や強制給餌、薬剤の強制経口投与は口腔内の創傷や誤嚥の原因になりやすいので、無理はせず慎重に行うこと、放鳥する際には危険物を取り除き、異物の誤嚥を予防するといったことが予防として考えられます。

CHAPTER 7

循環器の病気

心疾患

心疾患とは、心臓に生じる病気のことです。心疾患自体はひとつの病名ではなく、先天的な心臓の異常などを含め、心臓の病気の総称として用いられます。感染性心疾患は若い鳥に多く、心不全は加齢とともに増加します。

心嚢の疾患：心嚢は心臓を包む嚢状（のうじょう）の膜のことで心膜とも呼ばれます。鳥の心嚢膜炎（しんのうまくえん）は、細菌（抗酸菌を含む）、クラミジア、真菌、ウイルス（ポリオーマなど）の全身感染症に伴って生じることがあります。また、心嚢膜は内臓痛風がおきやすい部位でもあります。心嚢と心臓の間にいろいろな原因で過剰に液体が貯まり（心嚢水）、心臓の拍動を抑制する状態を「心タンポナーデ」と呼びます。

感染性心疾患：主な原因は細菌（抗酸菌を含む）ですが、ポリオーマウイルスやボルナウイルスなどのウイルスや真菌（アスペルギルスやカンジダなど）も見られます。寄生虫（住肉胞子虫、フィラリアなど）による心疾患も報告されています。

これらは敗血症（感染症をきっかけに、さまざまな臓器の機能不全が現れる病態）により病原体が血行性に心臓に運ばれて心内膜炎や心筋炎を起こすか、気嚢炎から接触する心臓に病原体が浸潤して心外膜炎を引き起こします。

非感染性心疾患：心臓の石灰沈着症（カルシウム：リンの比率の異常、腎疾患、ビタミンD_3中毒などによる）、リポフスチン沈着症（慢性疾患、慢性栄養不良、ビタミンE欠乏などによる）、ヘモクロマトーシス（過剰な鉄分の蓄積を特徴とする疾患）、脂肪心（肥満などによる）、心筋変性（ビタミンE・セレン欠乏、血管障害、毒素などによる）、心内膜症、心筋症、心臓腫瘍、先天性疾患などがあります。

不整脈：ビタミンB_1欠乏、ビタミンE欠乏、低カリウム血症、インフルエンザ、拡張型心筋症などでみられます。その他心疾患や、毒物や薬剤、甲状腺障害、過大なストレスも不整脈の原因になると考えられます。

【症状】元気で食欲も良好な鳥が突然、亡くなってしまうことがしばしばあり、突然死の多くで急性心不全が疑われます。

安静時は正常ですが、運動後（特に飛翔後）に呼吸の促迫や疲れた様子、虚脱（きょだつ）（急激な意識障害）などの症状が見られます。肥満や呼吸器疾患との鑑別が必要です。また、肺の鬱血（うっけつ）や肺水腫による呼吸困難が生じます。開口呼吸、呼吸促迫（そくはく）、肩呼吸、チアノーゼなどが見られ、改善されないと低酸素状態に陥り、虚脱や失神、けいれん、突然死

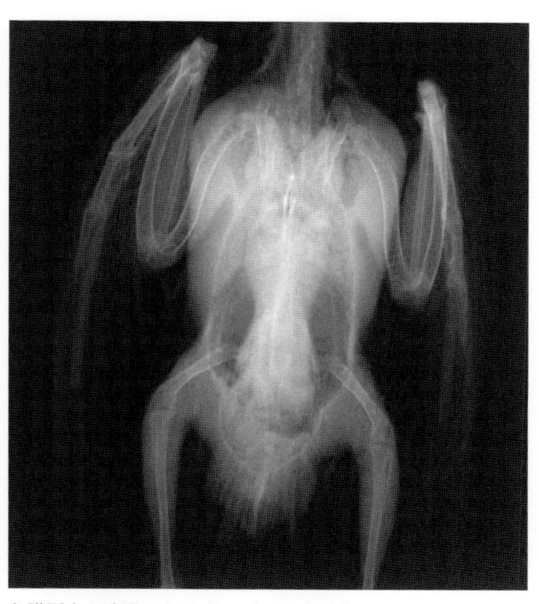

心臓腫大が確認できる（レントゲン写真）

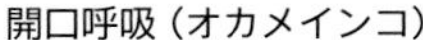
開口呼吸（オカメインコ）

などが生じます。右心不全の場合、腹水（体腔内貯留液）が生じることがあります。

【治療】飼い鳥の心疾患は不明なことも多く、死亡後の病理解剖で心疾患が診断されることがほとんどで、生前の心疾患の診断が難しいことを示しています。心臓の薬にはACE阻害薬や、そのほかの強心作用を持つ薬が使用されます。心嚢水や腹水の除去のために利尿剤が使われることもあります。

【予防】予防としては、ビタミンEの欠乏に気を付けること、肥満を防止すること、などが考えられます。

アテローム性動脈硬化症

【原因】アテローム性動脈硬化症は、動脈の内壁にコレステロールや炎症細胞、カルシウムなどが蓄積してプラークやアテローム（粉瘤）が形成され、動脈壁が肥厚して弾力を失った状態を言います。高脂血症がこの病気の原因として大きく関わっています。鳥の高脂血症は、肥満、高脂肪食、持続発情、肝不全が主な原因となります。

動脈硬化は特にヒマワリを主食としてきた中高年の大型インコ・オウム類に多く発生します。

【症状】アテローム性動脈硬化症は症状がほとんどなく、突然死の後に病理解剖で発見されます。肺動脈の動脈硬化破裂では肺出血から喀血することがあります。X線検査で、動脈に不透過性の高い陰影が見られた場合、動脈硬化が疑われます。血液検査では、高脂血症が多く見られます。

【治療】高脂血症の治療が行われるとともに、食餌内容の見直し、肥満の解消、発情抑制、肝疾患の治療などの原因治療が行われます。動脈硬化がある場合、急激な運動を避け、安静な状態を保ちます。

【予防】ヒマワリなどの高脂食を避け肥満を予防し、発情を抑制するといったことが予防になると考えられます。

CHAPTER 7

内分泌の病気

内分泌疾患は、ホルモンの分泌不全や分泌過剰のために起こる症状の総称で、鳥類では甲状腺疾患や糖尿病があります。

甲状腺機能低下症

甲状腺機能低下症は、代謝の促進などに働きかけるホルモンを分泌する甲状腺の機能が低下し、代謝が障害される疾患のことをいいます。

【原因】 飼い鳥の甲状腺機能低下症の原因はまだよくわかっていませんが、原発性の機能低下症ではなく、ヨード不足による栄養性の原因が考えられています。

【症状】 ブンチョウとセキセイインコに好発します。換羽の異常や羽毛の色の異常、羽の形成異常、脱羽、長い綿羽が多量に生えるといった障害が甲状腺機能低下症と関連すると考えられています。飼い鳥の中では、セキセイインコとオカメインコに綿羽が過長する綿羽症が見られ、正羽が細長くなったり、羽色の低下が見られたりします。綿羽症とともに、オカメインコやコザクラインコでは羽毛の色彩異常がみられます。脂質の代謝障害を起こすため、肥満や高脂血症を併発することもあります。

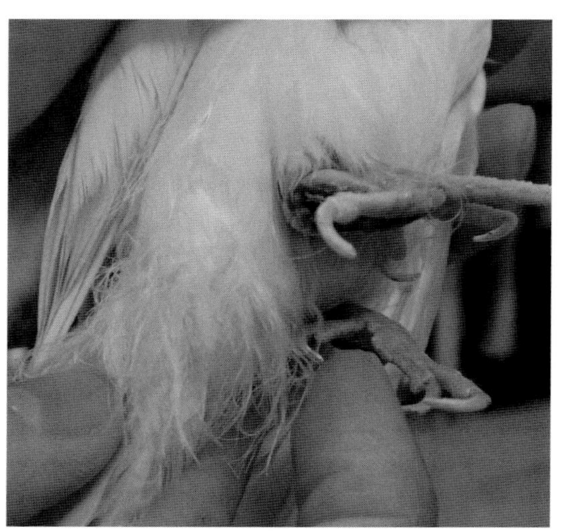
綿羽症／甲状腺機能低下症が疑われる

多飲・多尿は見逃さない

【治療】羽の異常など特徴的な症状から暫定的な診断を行い、試験的に投薬を行い改善が見られれば甲状腺機能低下症と診断します。

【予防】ヨード不足を予防し、日頃から栄養バランスの整った食餌を与えましょう。

糖尿病

糖尿病とは、血液中の糖（グルコース）が上昇する病気です。

グルコースは体内の主要なエネルギー源ですが、鳥は哺乳動物に比べ2倍以上の血糖値（血液中に含まれるグルコース濃度）を持ち、血糖値を下げるインスリンの作用が弱いという特徴があります。

【原因】鳥での糖尿病の原因はまだ明らかとなっていませんが、遺伝やヘルペスウイルス性膵炎、卵黄性腹膜炎による膵臓障害、肥満などが考えられています。また黄体ホルモン剤や副腎皮質ホルモン剤によっても一過性の糖尿病が誘発されることがあります。

【症状】マメルリハに多くみられます。フィンチ類での発症は稀です。多飲多尿によって気づかれます。尿は糖を多く含みます。初期段階では過食ぐらいよく食べますが、徐々に痩せてゆき、末期には食欲不振になります。高血糖から脳障害が生じ、神経症状や突然死が見られることもあります。

【治療】多尿に気づき、尿検査で糖が検出されると糖尿病が疑われます。確定診断には血液検査が必要になります。軽度の高血糖の場合、緊張やストレスが原因であることも考えられますが、著しい高血糖や複数回の検査で高血糖が証明されると糖尿病と診断されます。肥満の改善を行い、強肝剤を投与しますが、それに反応しない場合は経口血糖調整薬の投与やインスリン治療（血糖値を下げるホルモンを注射投与する治療）が検討されます。糖尿病による命の危険が高そうな場合には、インスリン治療あるいは経口血糖調節薬の投与を入院治療で行います。

【予防】鳥の糖尿病はまだわかっていないことも多いのですが、栄養バランスのよい食餌を与え肥満を防ぎましょう。

CHAPTER 7

神経の病気

脳・神経の病気は、からだの中で無数に繋がっている神経細胞がダメージを受けることによって起こります。鳥の病気の中でも神経系の病気は明らかとなっていないことも多い分野です。

中枢神経の病気

中枢神経とは多数の神経細胞が集まって大きなまとまりになっている領域のことで脊椎動物では脳と脊髄のことをいいます。中枢神経症状には以下のような原因が考えられています。

◉中枢神経系の感染によるもの

ウイルス性：ボルナ、ポリーマ、パラミクソ、ヘルペスなど

細菌性：サルモネラ、パスツレラ、連鎖球菌、ブドウ球菌、大腸菌、シュードモナス、腸球菌、リステリア、クラミジアなど

寄生虫性：ミクロフィラリア、回虫、住血吸虫、トリコモナス、トキソプラズマ、ロイコチトゾーン、住肉胞子虫など

真菌性：ムコールなど

◉圧迫・損傷によるもの

頭部打撲、水頭症、脳内腫瘤（腫瘍、膿瘍など）

◉脊髄損傷によるもの

脊椎に損傷を受けると脊髄にもダメージが加わり、神経症状が生じることがある

◉熱射病によるもの

酷暑や過緊張などによる体温の著しい上昇から生じる脳の損傷による

◉ビタミン欠乏によるもの

ビタミンE、ビタミンB_1、B_2、B_6、B_{12}などの欠乏など

◉代謝によるもの

低血糖（絶食、肝不全、敗血症、腫瘍など）や高血糖（糖尿病）、肝性脳症、低カルシウム血症、低ナトリウム血症あるいは高ナトリウム血症など

◉中毒性によるもの

鉛や亜鉛などによる重金属中毒、有機リン系などの殺虫剤や農薬による中毒など

◉低酸素脳症によるもの

心不全やショック、頸部の絞扼などによる 脳への血流の障害、著しい貧血、呼吸器の障害、一酸化炭素中毒など、脳へ運ばれる血液の酸素運搬の障害

◉循環不全によるもの

脳血管障害、梗塞、アテローム性動脈硬化症による脳への血流低下による神経障害など

中枢神経の疾患

けいれん（痙攣）（症状）

脳内に神経細胞から過剰な電気信号が放出され、筋肉を不随意的（意思とは無関係）に、激しく収縮させてしまうのがけいれん（痙攣）です。収縮が長く続く場合を「強直性けいれん（痙攣）」、伸筋と屈筋が交代性に収縮する場合を「間代性けいれん（痙攣）」、両方の症状を呈するものを「強直間代性けいれん（痙攣）」と言います。また、全身に及ぶけいれんを「全般性けいれん（痙攣）」、部分的なけいれん（痙攣）を「部分けいれん（痙攣）」といいます。

【原因】脳を障害する原因の多くがけいれん（痙攣）を引き起こします。

【症状】強直性のけいれんでは後弓反張（からだのそり返り）、間代性けいれんでは足や羽をばたつかせるといった症状がみられます。これらの症状に加え、意識の消失が多く見られます。重度のけいれんでは、激しく暴れまわるため、外傷が生じることがあります。

けいれん中のヨウム

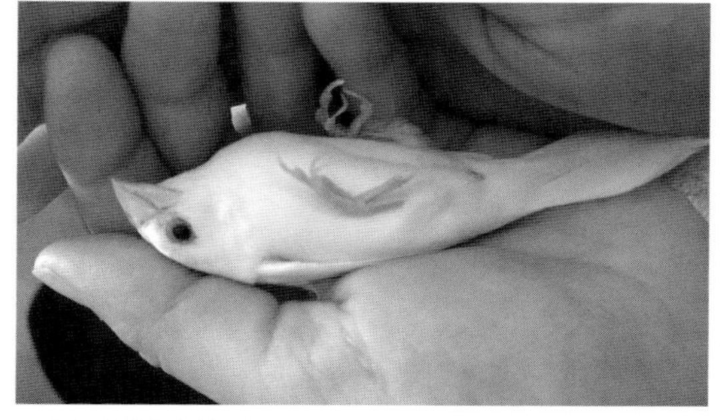

てんかん発作を起こしているジュウシマツ

けいれんが長時間に及ぶと死亡することがあります。

【治療】軽いけいれんは短時間のうちに治まるため、落ち着くのを待ちます。重度や長時間のけいれんでは、興奮を抑えるため抗けいれん薬（鎮静薬）を使用します。呼吸困難があれば酸素投与、時には麻酔を用いることもあります。鎮静化したところで、血液検査やX線検査を行い、原因治療を行います。

てんかん（癲癇）

てんかんは、突然意識を失って反応がなくなるなどの「てんかん発作」を繰り返す病気です。その原因や症状はさまざまです。

【症状】大発作では全身のけいれんが生じ、意識が消失します。部分発作では、部分的な発作が見られますが、そのうち大発作へと進展することもあります。また、けいれんが起きないてんかんもあります。発作は通常、1〜2分でおさまります。発作後はしばらくぼんやりとしますが、すぐに何事もなかったように回復します。コザクラインコや高齢の鳥に多く発生し、加齢とともに悪化する傾向にあります。

【原因】原因はほとんどの場合、特定できません。てんかんを引き起こす誘因が存在する場合と、しない場合があります。誘因は個体によりさまざまです（水浴び、光など）。

【治療】頻度が高い場合は抗てんかん薬を使用します。てんかんを誘発する要因がある場合には、それを排除することによって予防できます。誘発する要因が見つからない場合には、抗てんかん薬を使用して発作を予防することが大切です。

脳挫傷／脳振盪

脳挫傷は頭部を強打するなどの要因によって外

傷を受けた際に頭蓋骨の内部で脳が衝撃を受け、脳そのものが損傷を受けることによって起こります。脳震盪とは軽度の頭部外傷によって一過性で生じる意識障害や記憶障害のことです。

【原因】 飛翔時やパニック時の激突（窓ガラス、壁、鏡など）、殴打による頭部打撲などが原因となります。パニックを起こしやすいオカメインコや、踏襲事故の多いブンチョウで頻発します。

【症状】 意識障害（意識低下～失神）や運動麻痺が特徴的な症状です。脳挫傷では脳に器質的損傷が伴います。脳浮腫や血腫、頭蓋内圧の上昇も伴い、脳に重大な障害が生じます。意識障害や運動麻痺に加え、斜頸（しゃけい）、旋回、瞳孔不同症（どうこうふどうしょう）（瞳孔を調整する神経の麻痺により瞳孔の大きさに差が生じる状態）、瞳孔反射の遅延、嘔吐、けいれんなどの症状が併せて見られることもあります。

【治療】 脳震盪であれば通常は15分以内に回復するので、興奮して悪化させないよう触れずに安静にします。意識が15分以上経っても戻らない、あるいは症状が残っている場合は、脳挫傷を疑った治療が行われます。治療には抗ショック効果の高いステロイド剤や頭蓋の内圧を下げるために利尿剤などが用いられます。

【予防】 激突の予防としては、放鳥する部屋のガラス窓にはカーテンをする、落下しても良いよう布団を敷き詰める、羽をむやみにクリッピングしないといったことなどです。環境を整え、パニックを予防することも大切です。

振戦（しんせん）（症状）

振戦とはからだの一部が震えることをさします。鳥の場合は全身、あるいは頭部や翼などが震えます。

【症状】 振戦には安静時にも起きる「安静時振戦」、何かをしようとすると生じる「企図振戦」、緊張や興奮によって震える「本態性振戦」などがあります。

【原因】 飼い鳥にみられる振戦はほとんどが本態性振戦と考えられます。ボルナウイルス感染症、鉛中毒やある種の薬剤による中毒、肝性脳症、低血糖、安静時振戦もしばしば見られます。

【治療】 本態性振戦は悪化することがほぼないので治療は通常行われません。震えによって日常生活に支障をきたす場合には、抗痙攣薬やβ遮断薬などが試されます。安静時振戦や企図振戦では、症状や疾患の原因を取り除く原因治療が行われます。

中枢性運動障害

中枢性運動障害のことを中枢性運動麻痺や運動麻痺とも呼びます。運動麻痺は中枢神経に障害があり、随意的（意図的）な運動ができない状態をいいます。

運動神経には上位ニューロン障害と下位ニューロン障害があります。

【原因】 脊髄損傷による麻痺、脳障害による麻痺など。詳しいことはまだわかっていません。

【症状】 脊髄損傷では四肢麻痺あるいは対麻痺を起こします。内臓にも麻痺が生じ、排泄腔麻痺などの症状が起きます。呼吸器などの麻痺やショック、脊髄軟化症、胃十二指腸潰瘍などにより急死することもあります。脳障害では片麻痺、単麻痺、四肢麻痺などが起きます。

【治療】 脊髄損傷直後の急性期ではステロイドが治療に用いられます。ケージの中で安静に過ごさせることにより損傷を今以上に広げないことが重要です。

脳障害による麻痺で原因が明らかな場合は、原因治療、そうでない場合はビタミンB群の投与などと、生活の質を改善するための治療が行われます。原因によってはステロイドや抗てんかん薬、利尿剤、脳循環改善薬、抗生剤が使用されることもあります。

【予防】 落下・激突などの事故を防止することや、過剰な発情によるメスの卵の産みすぎを予防すること、カルシウム、ビタミンD_3を適切にあたえること、日光浴を行うことなどが考えられます。

昏迷（こんめい）・昏睡（こんすい）（症状）

昏迷とは、反応がなく、激しい物理的な刺激によってのみ覚醒させることができる状態のことで、中等度の意識混濁のことをいいます。 昏睡とは、反応がなく閉眼した状態が続き、自発行動のない、覚醒させることができない状態のことで、重度の意識混濁（こんだく）のことをいいます。

【原因】 昏迷や昏睡の原因は通常、脳の両側の広い領域、または意識の維持に特化した領域に影響を及ぼす病気、薬、またはケガが考えられます。具体的には、頻繁あるいは長時間におこるけいれん発作、脳内部での出血、頭部外傷、脳腫瘍（のうしゅよう）や膿瘍（のうよう）による脳組織への圧迫や浸潤、低酸素脳症などがあります。

【治療】 身体検査、血液検査やX線検査を行い、考えられる原因を明らかにしたうえで身体機能を補

心とからだの健康のためにも定期的な日光浴を

助する処置と原因治療を行います。昏迷や昏睡から回復するかどうかは、その原因によって大きく異なります。特に昏睡の場合は病状の末期状態で見られる事が多いため予後不良のケースも少なくありません。

末梢神経系の病気

末梢神経系とは中枢神経系(脳と脊髄)以外の神経系のことで、体内の末端器官と中枢との間で興奮を伝達する経路のことをいいます。

末梢神経には、運動神経、感覚神経、自律神経の三種類があり、運動神経に障害が起こると運動麻痺が生じます。

【症状】 感覚神経の障害ではしびれや痛み、感覚の麻痺が生じます。自律神経障害では交感神経系と副交感神経系の障害が生じます。飼い鳥では運動神経障害による末梢性運動麻痺の症状により気づかれます。

【原因】 不明な点も多いのですが、考えられる原因としては、ボルナウイルスによる末梢神経炎、低カルシウム血症、骨折、腎腫大、腫瘍、精巣腫大、関節症などによる神経の圧迫などがあります。

【予防】 放鳥中、激突事故や踏みつけ事故やカルシウム欠乏に注意すること、愛鳥の異変にいち早く気づき、治療を受けることが予防となります。

末梢性運動麻痺

末梢性運動麻痺とは、末梢神経が障害されることで、足やからだなどの随意的な運動や、顔、眼球の不随意的な運動がうまく行えなくなった状態のことをいいます。

【症状】 神経の断裂では、疼痛反射、引っ込め反射の喪失を伴う麻痺、支配される筋肉の萎縮、握力低下による爪の過長、健常足のバンブルフットなどが見られます。

【原因】 さまざまな末梢神経障害(末梢神経の遮断や断裂)によって、その領域に完全麻痺や不全麻痺が生じます。腫瘍や炎症による腎腫大や卵塞、卵巣腫瘍、精巣腫瘍などの腹腔内腫瘤は、腎臓または直接、坐骨神経を圧迫して神経障害を引き起こします。

【治療】 症状を起こしている原因となっている疾患を特定し、診断します。それに基づき、毒物や薬物による中毒が原因と思われる場合は、薬物療法で毒物の除去を行い、腫瘍が原因の場合、外科手術による摘出を行うなど、原因の除去や治療を行います。筋力低下や疼痛など症状を緩和する対症療法を行います。

【予防】 末梢神経障害の一因となる卵塞や卵巣腫瘍、精巣腫瘍などを防ぐためには、発情を抑制することなどが考えられます。

前庭徴候(症状)

前庭徴候とは、さまざまな原因で平衡感覚を失って起こる症状を指します。症状は突然、あるいは徐々に発症することがあります。

麻痺によるナックリング(趾のグー握り)

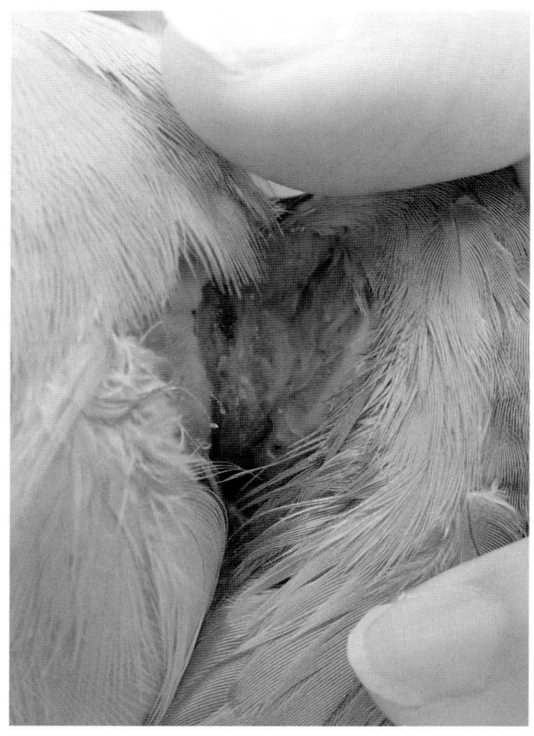

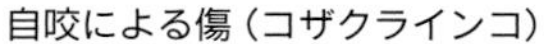
自咬による傷（コザクラインコ）

自咬を防止するためゴム製のカラーを装着（コザクラインコ）

【症状】 前庭疾患では、首が傾いたり捻じれて上を向いてしまう捻転斜頸（上見病）や、片側に回り続ける旋回運動、床に転がってしまう回転運動などが見られます。目が揺れる眼振は鳥類では稀です。完治することもありますが、多くの場合は現状維持にとどまり、中にはけいれんを起こし、突然、死亡することもあります。

【原因】 前庭徴候を起こす疾患は、小脳や脳幹の障害による中枢性以外にも、内耳と前庭感覚器、内耳神経の障害による末梢性、原因が不明な特発性の前庭疾患があります。高齢のコザクラインコで前庭疾患が多くみられます。

【治療】 神経障害を抑えるためのステロイドや抗けいれん薬、脳循環改善薬、抗生剤、ビタミンB剤などが治療に用いられます。めまいによる吐き気や食欲不振に制吐剤などが用いられることもあります。

末梢神経性自咬

【症状】 感覚異常による行動（足を振る、触る、舐めるなど）や、毛引き、自咬などの自傷行為が見られます。

【原因】 感覚神経の障害により疼痛、違和感、麻痺が生じ、自咬を行います。

【治療】 カラーなどを用いて自傷を防ぎます。 向精神薬が効果的な場合もあります。創傷が生じている場合、抗生剤や抗炎症剤が使用されます。原因が特定できた場合は、その治療を行います。

CHAPTER 7

目の病気

白内障

【原因】 高齢鳥に白内障が見られる場合、主に加齢性のものと考えられます。外傷や細菌感染、内科的な疾患に白内障が続発することもあります。

【症状】 目の中心が白濁して視力が落ち、行動に変化がみられるようになります。そして徐々に視力を失います。

【治療と予防】 白内障手術はコンパニオンバードにおいてリスクが上回るため行うことはありません。栄養を改善することなどが予防になると考えられます。

結膜炎

【原因】 結膜は、白目とまぶたの裏側の粘膜です。鳥はいろいろな原因で結膜に炎症をおこすことがありますが、細菌感染や異物、外傷などが結膜炎の原因となります。

感染性の結膜炎では、一般的な細菌のほか、マイコプラズマやクラミジア等の細菌感染が原因となります。鼻腔や副鼻腔などの上部気道疾患から続発することもあります。外傷性で多いのは、同居鳥とのケンカです。

【症状】 結膜に充血、発赤、涙の増加、目ヤニの増加などが見られるようになります。

【治療】 抗生剤や抗炎症剤などの内服薬や点眼薬

白内障による水晶体の白濁がみられる（ベンガルワシミミズク）

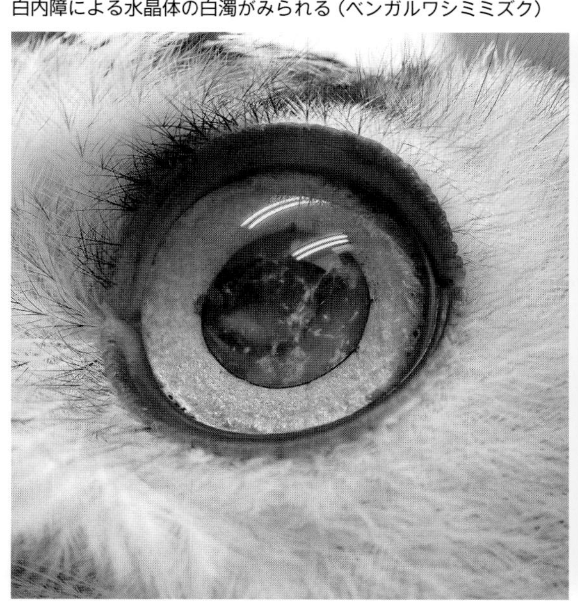

加齢性白内障（カナリア）

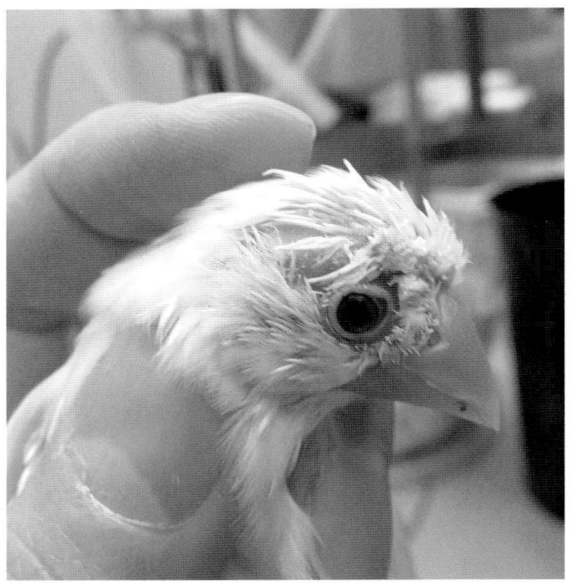
結膜炎（ブンチョウ）

結膜炎（重度）／結膜炎に伴い眼周囲が重度に腫れている

などが使用されます。

【予防】 飼育環境を清潔に保つこと、鳥同士のケンカなどによるケガを防ぐことなどが予防となります。

角膜炎（かくまくえん）

角膜とは透明で、目を構成する層状の組織の1つであり、眼球の最も外側に位置します。角膜炎とは何らかの原因で炎症が角膜に起こった総称で

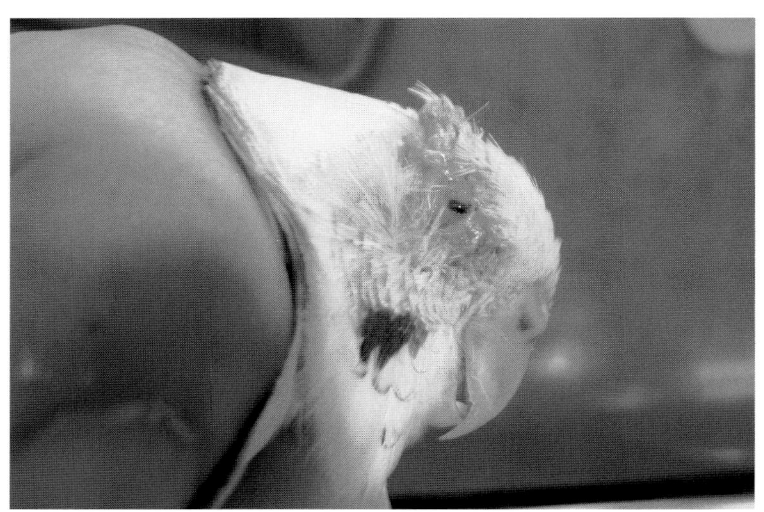
結膜炎（セキセイインコ）

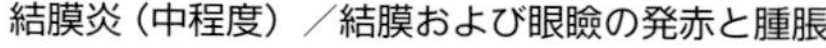
結膜炎（中程度）／結膜および眼瞼の発赤と腫脹

す。

【原因】 角膜は通常、病原体が侵入できないように守られていますが、外傷などにより角膜を守る機能が弱まると細菌や真菌などに感染し、角膜が炎症を起こします。感染性ではなく免疫の異常や乾燥などにより角膜炎がみられることもあります。

【症状】 痛みから閉眼が見られ、炎症が進むと角膜が充血や白濁し、膨隆することがあります。また、角膜炎により視力が低下することもあります。

【治療】 抗生剤や抗炎症剤などの内服薬や点眼薬、治癒促進剤などの点眼薬などが使用されます。

【予防】 ホコリや異物などを気にして鳥がむやみに眼を傷つけることがないよう、清潔な環境で飼育し、鳥同士のケンカや他の動物による咬傷などを予防しましょう。

CHAPTER 7

耳の病気

外耳炎

外耳とは耳の穴から鼓膜の手前までの外耳道をさします。外耳炎はなんらかの事情により外耳が炎症を起こす病気です。

【原因】 細菌感染が主な原因となります。稀に真菌が関わることもあります。再発を繰り返す例もあります。両耳性の場合は免疫異常なども疑われます。

【症状】 外耳孔周囲の羽毛が滲出液によって濡れていたり、汚れて固まっていたりすることから気づかれます。

【治療】 抗生剤（場合によっては抗真菌剤、抗炎症剤）が治療に用いられます。

【予防】 細菌や真菌が外耳炎の主な原因となります。湿気が多く、ケージ内に雑菌が繁殖しやすい梅雨から夏の時期にかけては、特に注意が必要です。飼育環境の衛生状態には常に気を配るようにしましょう。

汚れたケージはばい菌の温床になりやすい

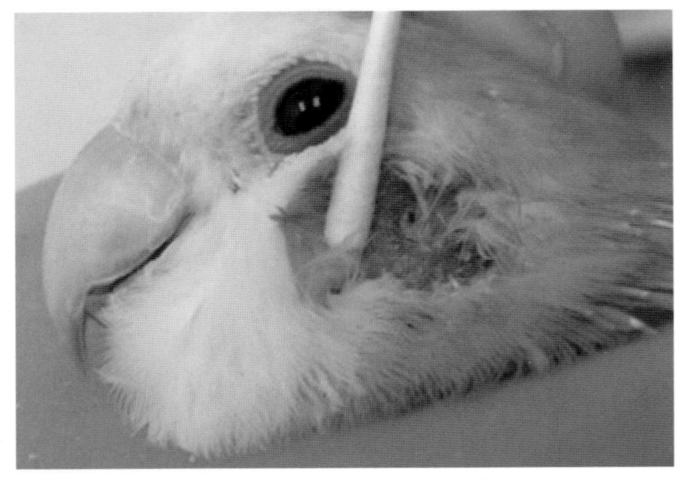

耳周囲が腫れており、耳漏が見られる（コザクラインコ）

CHAPTER 7

皮膚の病気

皮膚炎

皮膚炎とは皮膚の表層に起こる炎症のことで、かゆみ・赤み・腫れ・発疹などの症状を引き起こします。

【原因】 皮膚炎の主な原因としては感染性、アレルギー性、接触性、自己免疫性の4つがあります。
感染性皮膚炎： 感染性の皮膚炎は、外傷や火傷、内科疾患などにより皮膚表面のバランスが崩れ、防御機構が弱ったときにブドウ球菌など皮膚の悪玉細菌が主体となり二次的に生じます。細菌以外では皮膚炎を起こすウイルスとして、鳥ポックスウイルスによる鳥ポックス皮膚炎（鳥痘）がよく知られます。ヘルペスウイルスも皮膚に炎症を起こすことがあります。

寄生虫性の皮膚炎では疥癬症が多くみられます。真菌性皮膚炎はブンチョウにみとめられることが多くあります。
アレルギー性皮膚炎： 接触性、あるいは食物性のアレルギーが存在すると考えられます。
接触性皮膚炎： 皮膚に何らかの物質が触れ、それが刺激やアレルギー反応となって炎症を起こします。「かぶれ」とも呼ばれ、湿疹や発疹、かゆみ、水ぶくれなどさまざまな症状を伴います。
自己免疫性皮膚炎： 免疫が皮膚を異物と捉え、攻撃する疾患です。

【症状】 炎症部位は発赤・腫脹が見られ、かゆみから患部を気にして、止まり木などにこすりつける様子や、患部の自咬が見られることもあります。細菌性皮膚炎では、湿潤化や白色のプラーク（細菌やその産生物の塊）形成が見られ、悪臭を伴うこともあります。鳥ポックスウルスや真菌性の皮膚炎では黄色の痂皮ができます。疥癬症では皮膚に穴を開けてその中に生息するトリヒゼンダニの寄生が原因となり、軽石のように表面がザラザラとした病変が形成されます。

【治療】 皮膚炎の症状によっては、培養検査や生検

真菌性皮膚炎が見られる（ブンチョウ）

白色から黄色の痂皮が頭部や口角部に見られる（ブンチョウ）

による組織検査が実施されることがあります。基礎疾患の有無を調べるための血液検査やX線検査が実施されることもあります。

感染性の皮膚炎では疑われる原因を排除するための薬が用いられます。アレルギー性では抗ヒスタミン薬（ヒスタミンという鼻水、くしゃみ、蕁麻疹、かゆみなどを誘発する化学伝達物質をブロックする薬）や漢方などが試されます。自己免疫性ではステロイドでの治療が検討されます。

【予防】 皮膚炎の予防には、バランスのよい食事と衛生的な生活環境を維持して日ごろから体調を整え、外からの刺激に負けないよう皮膚のバリア機能を低下させないことが大切です。

皮膚の腫瘤

【原因】 非腫瘍性のものとしては、感染などで発生する膿が溜まってしまう膿瘍、炎症病変の1つである肉芽腫、皮膚組織に脂肪成分が蓄積する黄色腫、羽鞘が羽包から出ることなく、皮膚内に腫瘤状に形成される羽包嚢腫などがあります。

腫瘍性のものには、尾脂腺に発生の多い腺腫や腺癌、皮膚や粘膜の表面の細胞が増殖し盛り上がるウイルス性が疑われる乳頭腫、潰瘍のように見えることもある扁平上皮癌、リンパ組織の腫瘍であるリンパ肉腫、メラニン色素の腫瘍である黒色腫、稀に肥満細胞腫などがみられます。皮下の腫瘍である脂肪腫や脂肪肉腫、胸腺腫もよくみられます。

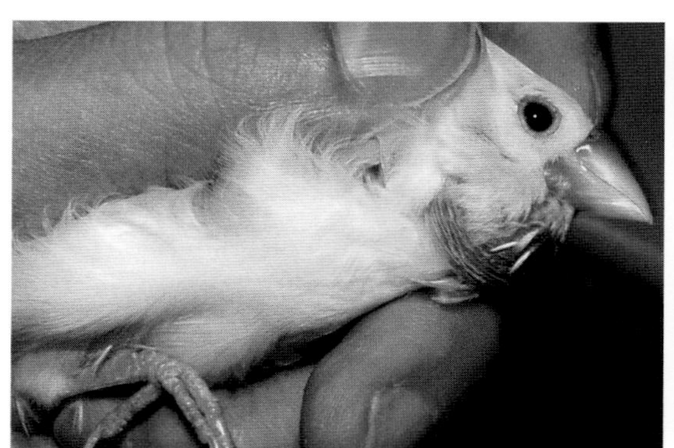

頸部腫瘤／細胞診でリンパ腫と診断されたブンチョウ

羽包嚢腫／慢性的な刺激による羽包の損傷により起こる

羽にできた扁平上皮癌

尾脂腺にできた腫瘍（オカメインコ）

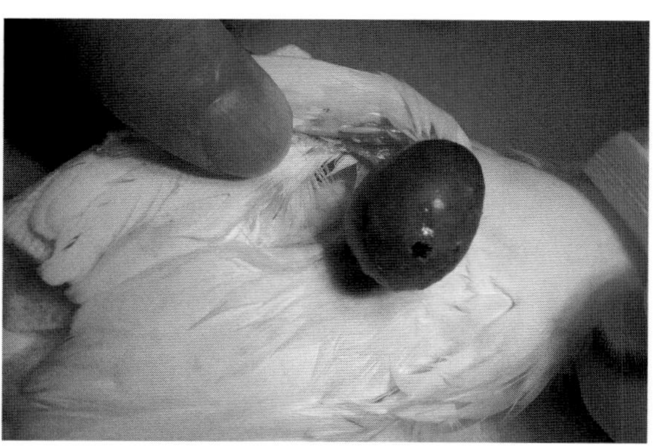

翼にできた皮膚腫瘤（オカメインコ）

【症状】 いろいろな腫瘤の形態があります。脂肪腫や膿瘍、羽包嚢腫、黄色腫など、特徴的な外見から診断されることもあります。

【診断】 FNA（細い針を刺し腫瘍細胞を回収する検査）を行い、細胞診で診断します。細胞診で診断できない場合は、病変組織を外科的に採取して、顕微鏡などによる病理組織診断が必要となります。からだに負担のかかる侵襲を伴う検査ですが、悪性腫瘍である可能性を考えると、できるだけ早めの実施が推奨されます。

【治療】 黄色腫などは高脂血症の治療や食餌制限によって消失することもありますが、自咬がひどい場合は患部の摘出を検討することもあります。腫瘍性のものは早期の摘出がとても重要です。摘出後は、再発予防のため抗腫瘍効果が期待される薬剤を投与することもあります。

【予防】 皮膚の腫瘤の兆候はないか日ごろから鳥のからだをよく観察し、小さな異変も見逃さず、早めに受診するようにしましょう。

趾瘤症（バンブルフット）

【原因】 趾瘤症は足底部が炎症や肉芽腫によって腫れた状態をいいます。体重過多（肥満、体腔内腫瘤、腹水など）、高齢など握力の低下による足底部への負重増大、片足の障害による健常な足への負重増大、不適切な止まり木などが主な原因となります。障害を受けた足底部に細菌（ブドウ球菌など）が感染し、症状がさらに悪化します。

【症状】 初期では、趾底部指紋の消失、発赤などが認められます。しだいに発赤部が広がって潰瘍が形成されたり皮膚が肥厚したりします。出血や疼痛による跛行、足挙上などの症状が見られるようになります。感染が生じると炎症は重度となり、肉芽が増殖して趾瘤が形成されます。

【治療】 まず、止まり木を外して足底にかかる負重を軽減します。原因や症状によって抗生剤や消炎剤、血行促進剤などが使用されます。重症例ではバンテージの使用や肉芽腫の外科摘出が必要となります。

【予防】 体重増加による足底の負担を軽減するため肥満を予防することや、プラスティック製や金属製などの硬すぎる止まり木を使用しないことなどが考えられます。止まり木を清潔に保つことも大切です。

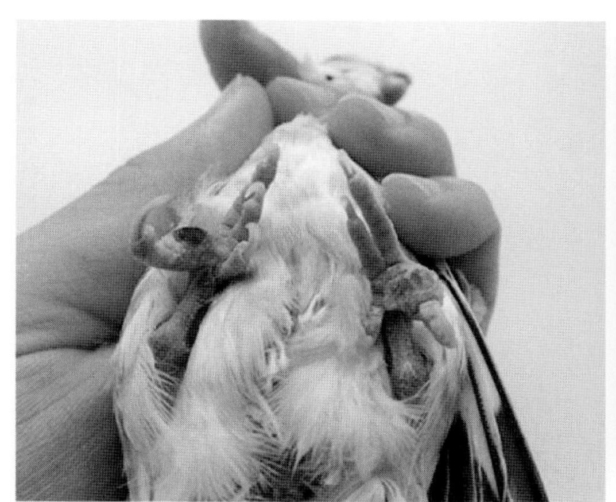
足底にできた潰瘍（セキセイインコ）

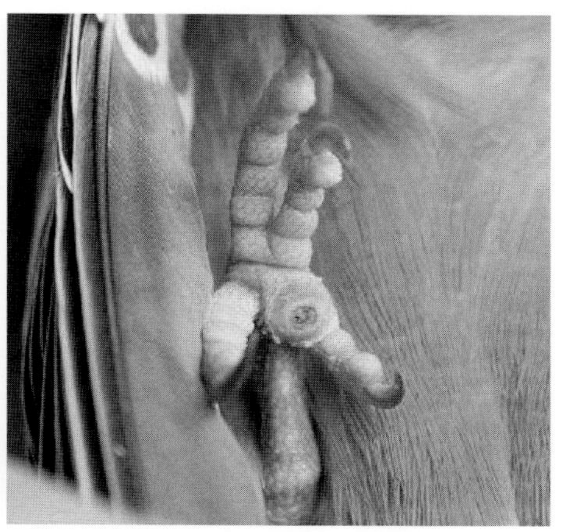
バンブルフット／足底部に趾瘤ができている

CHAPTER 7

骨の病気

骨の腫瘤

骨の腫瘤とは、骨組織に発生する腫瘍と感染や炎症などが原因となり骨に腫瘤が形成される非腫瘍性のものがあります。骨腫瘍は原発性腫瘍と転移性腫瘍に分けられます。

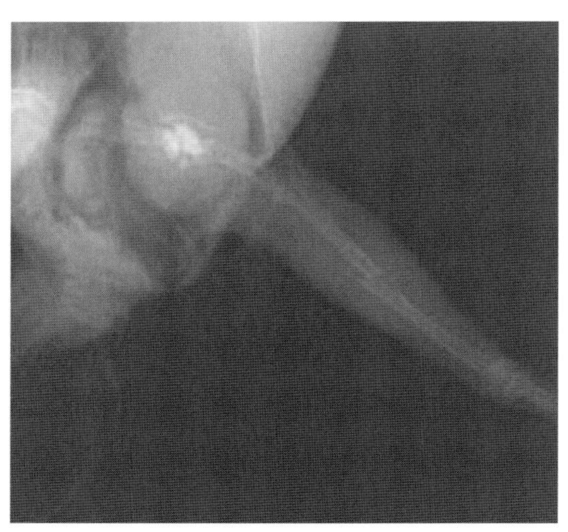

レントゲン検査で脛骨骨折が確認される

【原因】 原発性の骨腫瘍としては骨肉腫がよくみられます。転移性腫瘍とは、ほかの部位の腫瘍が転移、浸潤することで、骨に腫瘍が生じることをいいます。腫瘤には細菌（抗酸菌を含む）や真菌が骨に進入して形成される感染性のものもあります。

他に原因不明の外骨症や大理石病、エストロゲン過剰による多骨性過骨症など、非腫瘍性の骨増殖が見られることもあります。骨折後の仮骨形成（骨折や骨の欠損が起きた部分に新しくできる不完全な骨組織）や骨嚢胞などでも骨に腫瘤が形成されることがあります。

【症状】 皮下の骨では白色に膨らみ隆起した状態で観察・触知されます。内部の骨腫瘤では、外見上の変化は少なく、圧迫された器官や組織の症状（麻痺など）によって気づかれます。侵襲性の強い骨病変では疼痛が生じ、元気・食欲の低下や、疼痛部位の機能不全や自咬が見られることもあります。一方、症状が見られないこともあります。

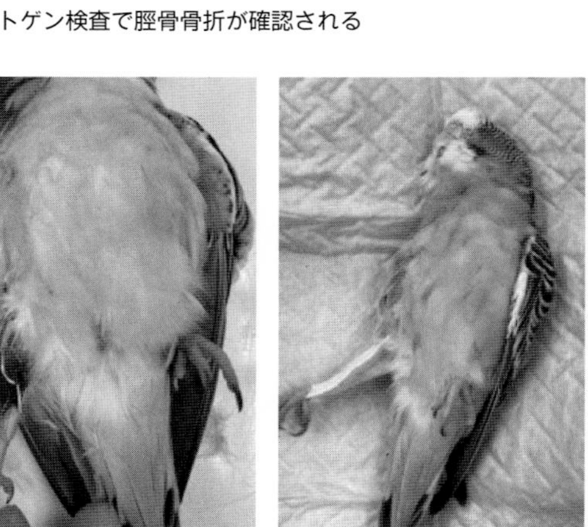

骨折に伴う内出血

バンデージによる治療

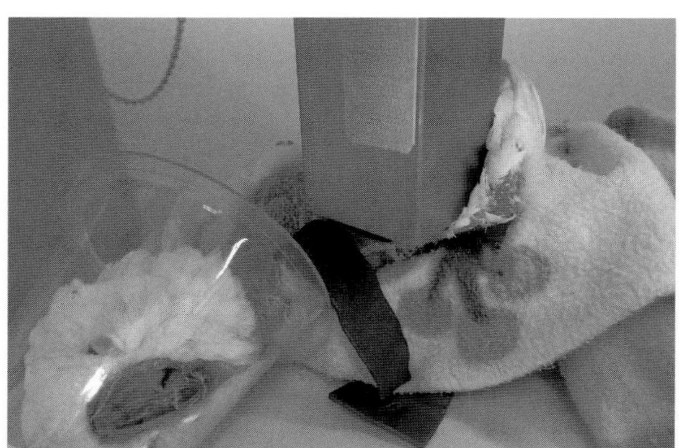

骨肉腫で放射線治療を受けている（コキサカオウム）

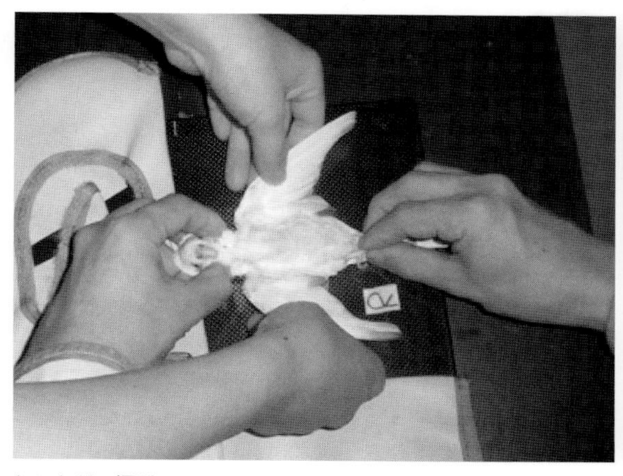

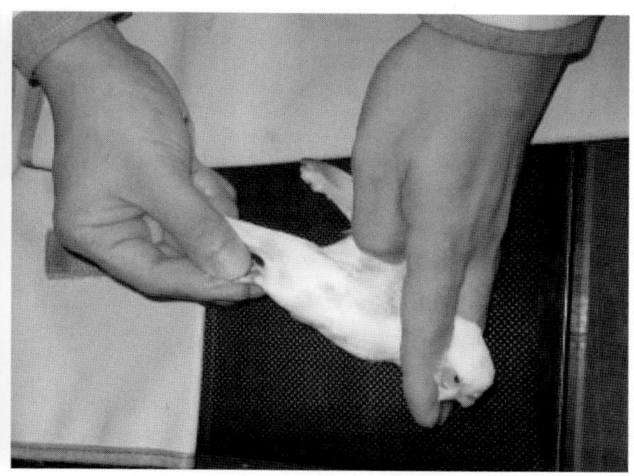

レントゲン撮影

【治療】 X線検査によって骨病変を評価します。確定診断には骨の一部切除（骨生検）後の病理組織検査が必要です。感染性が疑われる場合、骨の病原体検査が実施されます。命の危険のある増殖性の骨腫瘤では、早期の摘出が望まれます。翼や足の悪性腫瘍では、腫瘤のある部位よりなるべく頭側（近位）での断翼や断足が推奨されます。骨腫瘤が全身で見つかるような場合は摘出してもすぐに再発する可能性が高いため、摘出術を行うかは慎重に判断します。体幹の骨腫瘤の場合、摘出は困難です。

鳥の骨腫瘍に対する抗癌剤あるいは放射線療法は研究段階で、感染性の骨腫瘤の場合、抗生剤や抗真菌剤が使用されます。

【予防】 骨腫瘤は悪性腫瘍の場合も多く、時間の経過とともに転移や症状が進行するため、摘出のタイミングを逃してしまうことがあります。愛鳥と触れ合う際によく観察し、腫瘤を早い時期に発見、治療しましょう。

骨　折

骨折とは、骨が持つ強度以上の外力が加わったために、ひびが入ったり、折れたり、砕けたりした状態のことをいいます。

【原因】 主に外部からの強い圧力（激突、踏みつけ、挟まれ事故など）によりますが、くる病や過産卵、骨腫瘍などで骨自体が弱っていると、ちょっとした圧力（運動や落下、保定など）でも骨が折れてしまうことがあります。

【症状】 四肢の場合、骨折端より先がぶらぶらとします。骨折部位の腫脹や内出血による黒色化、開放骨折（骨折端が体外に飛び出た骨折：複雑骨折）では出血も見られます。椎骨の骨折では対麻痺（両下肢の運動麻痺）などがみられます。

【治療と予防】 触診やX線で診断します。若木骨折（断裂せず、折れ曲がった状態の骨折）は、ギプスの固定で充分ですが、断端（切断面）のずれた骨折では、外科手術が推奨されることもあります。小型鳥ではピンを骨髄にいれて補強するピンニング手術が主で、大型鳥では骨にピンを垂直に刺す創外固定が必要となることもあります。

【予防】 骨を強く保つよう、適切にカルシウムとビタミンD_3を与えること、放鳥中の事故に注意することなどが予防となります。

正常を知ることの大切さ

日本エキゾチック動物医療センター
みわエキゾチック動物病院 院長
獣医師，獣医学博士 **三輪 恭嗣 先生**

愛鳥の病気を治したり、予防したりするためにはできるだけ早期に異常に気付くことが重要です。異常に気づくためには正常を知らなければならないことは言うまでもありません。例えばセキセイインコは自然界では年に何回、何個くらい卵を産むのかを知らないと、数ヵ月おきに何個も卵を産んで1年間に30個も40個も卵を産むことが異常なのかどうか判断できません。本来、セキセイインコは一日毎に1個ずつ合計5～7個の卵を年に2回産みます。卵の大きさはほぼ同じで硬い殻に包まれています。ペットとして飼われているセキセイインコでは年中、卵を産み続け、大きさがバラバラの卵を産んだり、軟らかい卵を産んでしまうことがよくあります。これらは過発情、産卵過多と呼ばれる雌性生殖器疾患という病気で発情抑制などの治療が必要です。

オスがメスに給餌するために餌を吐き戻して与える吐き戻しという行動がインコではよくみられます。これは病気や悪心が原因で餌を吐き出す嘔吐とは異なり、健康なインコでもよくみられる行動です。吐き戻しと嘔吐は見慣れていればすぐに判別できます。しかし、吐き戻しという行動を知らずに嘔吐したと勘違いして動物病院に来院する飼い主さんも少なくありません。その他、ローリーもしくはローリーキートと呼ばれる緋インコの仲間はインコの仲間ですが、食べ物が少し異なるため正常でも下痢や軟便のような糞しかしません。緋インコを知らない動物病院で下痢止めを処方されたという症例も実際いました……。やはり鳥種ごとの、もっと言えば自分の愛鳥ごとの正常や健康な時の状態を知っておくことが異常所見に早期に気づき早期に対応でき健康寿命を延長できる一番の方法だと思います。

嘔吐時に頭を振るため、嘔吐物が頭部に付着する

問題行動・事故・外傷

CHAPTER 8

問題行動

ストレスについて

ヒトも鳥も生きていくうえでストレスはつきものです。愛鳥にとって、良いストレスと悪いストレスを知り、メリハリをもって愛鳥の飼育環境やヒトとの関係性を調整することは飼育者の役目といえるでしょう。

◉ストレスの種類

ストレッサー（ストレスを与える刺激になるもの）は大きく分けて4つあります。

物理的ストレッサー：気温、騒音、光、振動、匂いなど
化学的ストレッサー：酸素の欠乏やアルコール、公害、薬害、栄養不足など
生物的ストレッサー：病気やけが、寝不足など
精神的ストレッサー：鳥やヒトの関係性、精神的苦痛、不安や怒り、恨み、緊張など

◉ストレスにもいろいろある

ストレスにもいろいろあり、それを克服することで生きやすくなるストレスもあれば、克服すること自体が不可能なストレスや、病気を引き起こす一因となるストレスもあります。

良いストレスとは、「お腹が空いた」、「眠い」、「疲れた」、「寒い」、「暑い」など、日常のなかにある小さなストレスのことで、これらのストレスは生命を維持するうえで不可欠なものです。つまり、ストレスは動物が生きていくうえで、するべ

胸部に毛引きがみられる

きことをしないといけないという危機感をもたらす必要不可欠なものなのです。

一方、悪いストレスとは、鳥に過度な恐怖や苛立ち、不安をもたらすものです。鳥自身の力では克服することができない悪いストレスが蓄積されてしまうと、自律神経のバランスが乱れて免疫力が低下し、病気に罹りやすくなり、身体にさまざまな悪影響を及ぼします。

環境の変化に備え、ある程度のストレスは耐えられる力を愛鳥に日ごろから養っておくことも大切なことといえるでしょう。

◉過保護は禁物

幼い頃から温度、湿度、食餌など、すべてが整いすぎた飼育環境で育てられた鳥は、ちょっとした変化にも弱く、ささいなことで体調を崩しやすくなります。

コンパニオンバードは他のペットに比べると長生きします。愛鳥の一生の中では、飼育者のライフスタイルの変化や、転居や災害などを経験することもあるかもしれません。

突然、部屋がかわった、温度や湿度が変わった、餌の銘柄が変わった、エサやりの時間が変わった、飼育者が変わった、放鳥時間が変わったといったことが起こると、そういった経験のない鳥にとっては受け入れがたく、大きなストレスとなって体調を崩すことがあります。日ごろから適度なストレスを経験していないと、いざというときにストレスを乗り越える力が育たないのです。必要以上に快適すぎる環境は、愛鳥のこころやからだの成長を妨げます。

愛鳥の生活に変化を与え、適度なストレスには耐えられる、心身ともに強い鳥に育てましょう。

毛引き

毛引きとは鳥が羽毛を引き抜く行為のことです。同じケージの鳥に羽を引き抜かれるのとは区別し、鳥が自分自身の羽毛を引き抜く自己損傷行為を毛引きといいます。

【症状】胸部や腹部の毛引きが多くみられます。オカメインコは翼下、ラブバードは胸腹部に加え、足部、尾部など広範囲での毛引きがみられます。毛引きの対象は主に正羽ですが、エスカレートすると内側の綿羽、さらには鳥自身の嘴が届かない頭部以外のすべての羽を引き抜いてしまうことがあります。新生羽の毛引きでは出血がみられることもあります。大型鳥では白色系バタンやヨウムに多く、小型鳥ではセキセイインコ、オカメインコ、ラブバード、マメルリハによく見られます。フィンチ類での毛引きは稀です。

【原因】病的な毛引きの原因はわかっていないことも多いのですが、皮膚疾患からくる痛みや痒み、違和感や精神的な未熟さ、退屈しのぎ、各種のストレス、遺伝的な要因などによって毛引きが生じると考えられます。

【治療】毛引きの原因の特定は困難なことではありますが、血液検査、X線検査、病原体検査、皮膚検査などのスクリーニング検査を行い、毛引きの考えられる要因を調べ、原因になっていると思われる疾患が明らかになれば、その治療を行うことになります。検査の結果、からだに異常がないということになれば、精神性の毛引きを疑います。精神性と疑われる場合は、向精神薬を用いた投薬治療も選択肢としてはありますが、こういった各種の検査や投薬は、鳥のからだに負担がかかるものです。

物理的に毛引きできないよう、保護具（エリザベスカラーなど）を着用することもできますが、鳥にとって、保護具の装着自体が大きなストレスになるうえ、時には大きな事故を起こす恐れもあります。愛鳥の健康に大きな問題はないようであれば、毛引きに関しては積極的に治療を行わない（それ以上の検査や投薬治療は行わない）という考え方もできるでしょう。

【初期治療】毛引きがどのようなケースであっても、まず栄養状態と飼育環境を適切に整えることからはじめます。そのうえで考えられるさまざまな試みを行います。その試み自体が愛鳥にとって極度なストレスにならないよう、無理は禁物です。

毛引きが精神的な原因によると思われるときには、飼育環境やヒトや同居鳥との関係性の見直しを行います。

▶適度な刺激を与える

ケージの中で過ごす時間の退屈しのぎとして毛引きをしているようであれば、以下のような「非日常」を演出して、鳥にほどよい刺激を与え、毛引きから気をそらします。

- おもちゃを定期的に交換する
- ケージの置き場を変更してみる
- 野生下での採餌行動を模した遊び（フォージング）を取り入れ、おやつや副食をいつもとは違う与え方をしてみる
- いつもとは異なる部屋や場所で放鳥する
- ケージごと庭やベランダに出して日光浴をさせてみる
- キャリーケースに入れて散歩に出てみる
- 家族は留守がちで、鳥が一羽で過ごす時間が長いようなら他の鳥を迎えてみる

etc……。

飼育者や家族に対して依存的で、家族の不在時に毛引きが起こるようであれば、同じケージではなくても、飼育している部屋に新たな鳥を迎えてみることで、興味・関心がその鳥に向いて、毛引きが治まることもあります。

▶飼育環境を見直す

鳥にとってストレスの要因になっていると思われるものがあれば、1つずつ取り除いて、愛鳥の反応をみます。

- 極端な暑さや寒さ
- 日光浴不足、水浴び不足
- 騒音
- 部屋の明かり
- 匂い
- 振動
- 狭いケージでの飼育
- 過密飼育

ケージの大きさは適切であっても、鳥が羽を伸ばすことすらできないような、おもちゃで雑多なケージ内での飼育は毛引きを誘発します。ケージ内におもちゃは1つにしましょう。

毛引き

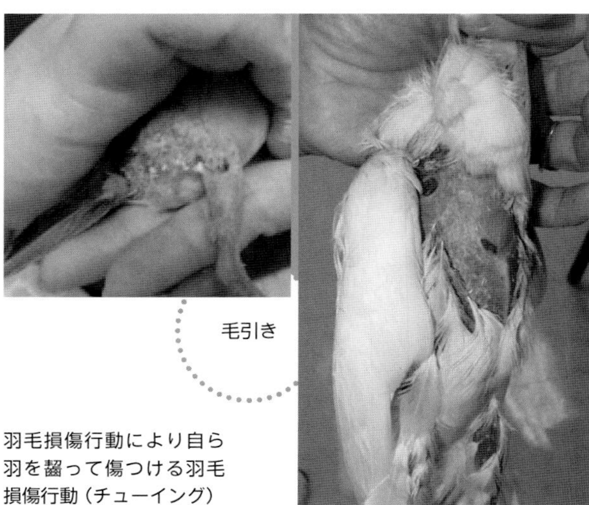

羽毛損傷行動により自ら羽を齧って傷つける羽毛損傷行動（チューイング）

▶飼育者と鳥との関係を見直す

愛鳥との距離を適切に保つことは、とても大切なことです。むやみに溺愛したり、ヒト側の気分次第で愛鳥への態度を変えたりすると、愛鳥の側も混乱します。ともに暮らす仲間として敬意と愛情と節度をもって接するようにしましょう。

▶食餌の内容を見直す

食餌内の栄養素が足りないことが毛引きの原因になることもあります。

毛引き症は早期の介入ができれば改善がみられることがあります。一方、長期に渡り毛引きが慢性化しているようなケースでは、治療によって多少の軽減はしますが完全には治らないか、再発することが多いようです。

羽咬症

さまざまな理由によって羽毛を抜くのではなく、自分で羽根を傷つけ、かじることを羽咬症と言います。 羽咬症は「チューイング」とも呼ばれます。

【症状】正羽を咬んで損傷します。特に羽軸の部分を損傷するため羽は折れ、ちぎれます。ブンチョウでよく見られ、大型鳥や一部のセキセイインコでも見られることがあります。

短い正羽（特に先端）を損傷する短羽損傷型では、小羽枝が損傷し羽は黒っぽく見えます。セキセイインコに多く、大型鳥でもしばしば見られます。羽咬症で毛引きや自咬を伴うことはそれほど多くありません。

【原因】羽の汚れやクリップ（羽切り）がチューイングをはじめる最初のきっかけとなりやすいようです。栄養バランスの偏り（特にアミノ酸の欠乏）から羽毛を摂食して補っているのではないかという説もあります。

【治療】出血を伴わなければ特に治療は必要ありません。

【予防】栄養の偏りには注意しましょう。

自咬症

自らのからだ（特に皮膚）を咬み、傷つけることを自咬症といいます。通常、嘴によって傷は作られますが、爪によってからだを傷つけることもあります。

【症状】脇や翼下、足、趾などが好発部位で、嘴の届かない頭部以外の全身に見られます。自咬している様子が見られなくても、嘴に血がついているようであれば自咬を疑います。

自咬した部分は出血し、傷口に細菌感染が起こると化膿します。ラブバードでは排泄腔を自咬し、排泄孔がふさがってしまうこともあります。腹壁ヘルニア部分を自咬することによって、ヘルニア嚢の中の腸管や卵管が露出してしまうこともあります。自咬は鳥の場合、たいへん危険な問題行動のひとつで、ときには傷害部の皮膚感染から敗血症（感染症をきっかけに、さまざまな臓器の機能不全が現れる病態）が生じて自咬を契機に死亡することもあります。

【原因】主に毛引きと同様の原因で生じますが、毛引きを伴わないこともあります。疼痛（外傷、黄色腫、腫瘍、皮膚疾患、脱出した排泄腔や卵管などによる痛み）や、掻痒（外傷、皮膚病や腫瘍、アレルギーによる痒み）、麻痺（腎不全、内臓腫瘍による末梢神経障害、中枢神経障害などによる麻痺）、あるいは付着物（ギプス、包帯、カラー、足環、外用薬、消毒薬、刺激物、汚染物、縫合糸、外科用接着剤、腫瘍など）、体腔内の炎症（気嚢炎や腹膜炎、その他臓器の炎症などによる刺激）を取り除こうとして、その部位を自咬することもよくあります。これらの自咬は、刺激に敏感な神経質な鳥に多く見られます。自咬自体が自己刺激行動となり、刺激を取り除いた後も自咬が続くこともあります。

【治療】カラーの装着はリスクを伴いますが、自咬により死亡するケースもあるため、嘴でからだを傷つけないよう、カラー（保護具）を装着します。カラーを嫌がり激しく暴れる、エサを食べなくなるといった場合は、向精神薬が試されます。向精神薬にも副作用のリスクがあるので、慎重に検討します。通常、傷を覆うための包帯やテーピングなどの処置は鳥の場合は推奨されません。自咬を行うような神経質な鳥では、それを取り除こうとして、かえって組織や血管を包帯などで締めあげてしまい事故になる恐れや、さらに激しく周囲を自咬するなど重大な事故を招く恐れが少なくないからです。

その一方で、包帯などの創傷保護材により疼痛が改善され、自咬がおさまる鳥もいて、ケースバイケースです。傷に対しては抗生剤、消炎剤、鎮痒剤などが使用されます。

【予防】 疼痛などによる自咬は早期に発見・治療することで、その後の自己刺激行動を防ぐことができると考えられます。いったん、自己刺激行動化してしまい、自咬が日常化してしまった場合は、カラーを常時、装着することが自咬の予防となります。

心因性多飲症

心因性多飲症はストレスや緊張、不安、葛藤など、心理的な問題があるときに大量の水を飲むことで精神の安定をはかろうとする病気です。

【症状】 著しく多量の飲水を行い、多量に尿を排泄します。飼い鳥が一日に飲む水の量は、その鳥の体重の10〜15％で、体重に対して20％未満の飲

カラーにはゴム製やフィルム製などがあるので、それぞれの鳥の特性に合わせて選ぶ

水量であれば正常の範囲ですが、体重に対して何倍もの水を飲む鳥がいます。水を飲みすぎることで、水中毒（低ナトリウム血症）となり、元気消失・食欲低下、嘔吐などが見られ 重度の場合、けいれんや昏睡を起こして死亡することがあります。

【原因】 精神性疾患のひとつと考えられます。ほかに多飲・多尿が原因となる病気としては、糖尿病や甲状腺機能や副腎皮質機能の異常、腎疾患などが考えられます。

【治療】 鳥の体重に対して20％以上の飲水が見られる場合、多飲多尿症を疑います。スクリーニング検査として血液検査を実施し、全身状態を確認してから慎重に飲水制限を行います。

飲水制限により体調が良くなるようであれば、飲水量の制限を継続的に実施します。水の多飲によって水中毒となった場合は、電解質の補整のための輸液を行います。

パニック

パニックは神経質な鳥に見られる行動です。オカメインコ（特にルチノー）に多く発生します。時間帯としては夜間、暗闇の中で起こることが多いことも特徴のひとつです。

【症状】 突然、激しく暴れ回ります。通常、突然の物音や明滅、出現、地震などが刺激によって生じます。一羽が暴れると、その音にほかの鳥も驚いてしまい、集団でのパニックを起こすことがあります。

【原因】 オカメインコがパニックを起こす理由としては、大きな群れの中で生活すること、障害物の少ない乾燥地帯が原産であること、夜間視力が低いことなどが関与するのではないかと考えられます。

夜間に外敵が出現し、物音が聞こえるといった危険を鳥が察知した場合、そこから飛び立つのが身を守るうえで最も安全な方法です。また、一羽が飛び立った物音によって、周囲にいた鳥たちも一斉に飛び立つのも、生存率を高める行動と考えられます。ルチノーに多発する理由としては、遺伝的な素因が存在するのではないかと考えられています。

【治療】 パニック行動により外傷が生じた場合、まずその治療が行われます。パニックが頻回な場合は、向精神薬が試されます。

【予防】 暗闇でパニック発生率が高いことから、夜間に灯りをつけておくことがパニックの予防となります。日照時間が長くなると過剰な発情を誘発しやすいため、昼と夜とで部屋の明るさには、はっきりとした差をつける必要があります。

ほかには外傷を減らすため、夜間（重度の場合は一日中）は、骨折が生じやすい金網ケージに入れるのは止めて、プラスチックやガラス製のケースの中で休ませたりするようにします。また、飼育ケージの中には、遊ばないおもちゃなどなるべく余計な物を入れず、常にすっきりとさせておくとパニック時のケガの予防になります。

過緊張性発作

過度な緊張によって誘発される発作で、保定されたことをきっかけに発作を起こすようになるといったケースが多くみられます。

【症状】 過度な緊張状態が生じると、キョロキョロ、ソワソワと落ち着かない様子がみられるようになり、やがて強直間代性痙攣（足や翼をバタバタする）へと進行します。

閉眼、開口、呼吸促迫から発声のある呼吸、起立困難、虚脱へと症状が進行します。

保定中に発作が起こった場合、これらの症状やけいれんには気づきづらいため発見が遅れがちです。体力を消耗し、急速な意識障害をきたした状態からは数分のうちに立ち上がることがほとんどで、しばらくは半眼で開口呼吸していますが、

それもじきに落ち着きます。発作が重度の場合には、脳神経へのダメージが生じ、脳障害症状が残ることや死に至ることがあります。特に高齢鳥では心臓への負担も問題となります。

発生種としては特にブンチョウで発生が多く、ほかの飼い鳥でもしばしば見られます。ブンチョウでは、特に白ブンチョウに多くみられます。神経質なオスに多く発生し、メスにはあまりみられません。高齢になると発作の頻度が増す傾向にあります。

通常とは異なる新奇場面（見知らぬ場所、人、初めての出来事など）において過緊張が生じることがあります。また、ヒトのパニック障害のように、予期不安（苦しいことや恐ろしい目にあうのではないかという不安から生じる症状）が関与しているとも考えられています。また、ほかの疾患が関与していると考えられるケースもあります。

【原因】 原因はよくわかっていません。ブンチョウでは品種によって発生頻度に偏りが見られることから、遺伝的な要素も関与していると考えられます。

【治療】 軽度であれば治療は必要ありませんが、重度あるいは高頻度に発作が起きる場合は、抗不安薬や抗てんかん薬などが試されます。

【予防】 放鳥中、あるいはケージの中に手を入れてむやみに追いかけまわしたり保定したりしないこと、急に大きな音をたてたり、カメラのフラッシュライトのような閃光にさらしたりしないなど、生活環境のなかで鳥が過度に緊張を起こすような状況を回避し、発作を予防しましょう。また、過保護にし過ぎることなく、日ごろから小さな刺激を与えるなどして、少しずつ耐性をつけていくことも発作の予防となります。

事故・外傷

外　傷

外傷とは外側からの力によって生じた組織・臓器の損傷のことで、いわゆるケガをさします。

【原因】 咬傷（同居の鳥、猫、犬、フェレット、自咬など）によることが圧倒的に多く、そのほかには踏みつけ事故や挟まり事故、自慰などによる擦過傷（すり傷）、やけどや圧迫が関与する壊死などが見られます。屋外での凍傷、電撃傷（体内に電気が通電して起こる損傷）、化学損傷（薬品による組織の損傷）なども稀に見られます。

【症状】 皮膚の損傷、出血、炎症などが生じます。 外傷部位によっては機能障害が生じます（例：足損傷による歩行障害、翼損傷による飛行障害、嘴損傷による摂食障害など）。

【治療と予防】 汚れがひどい場合は、水道水や低刺激性の消毒薬などで洗い流します。鳥は患部に塗り薬を塗布すると舐めてしまい副作用が生じる恐れや、患部を気にして自咬に発展する恐れがあるので注意が必要です。また、ヒトや犬猫用の外用薬は、濃度が高く副作用が生じることもあるので危険です。

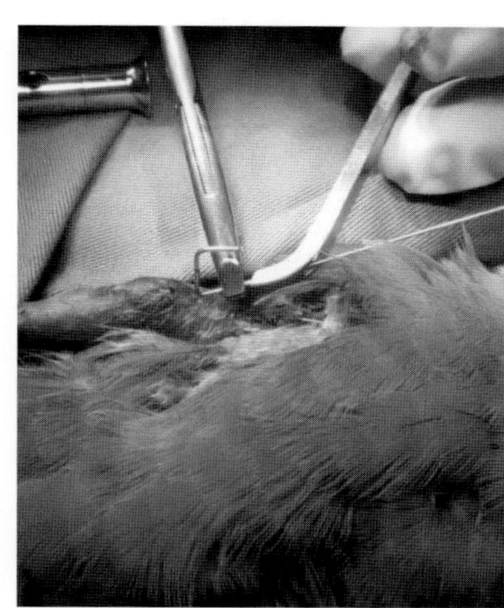
整形外科手術を行なっている

術後の外観

開放骨折により骨が皮膚から露出した状態（コザクラインコ）

ケージに足を挟み右足を失ったキンセイチョウ（左）

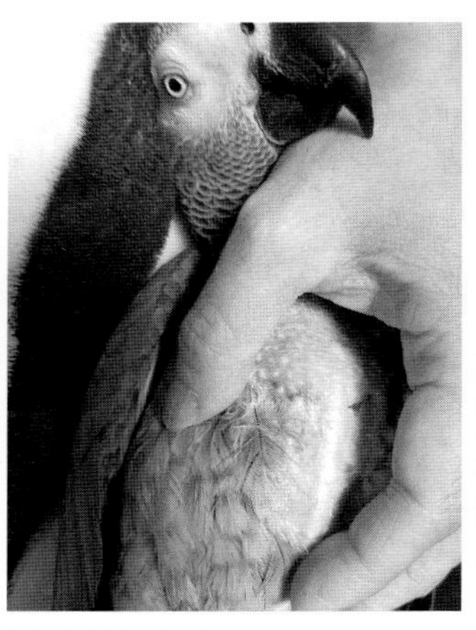
打撲内出血（ヨウム）

外傷による上顎嘴欠損
（セキセイインコ）

壊死した部分や傷口の異物を除去し、創部を専用の薬剤によって湿潤に保ち、組織の再生を促します。傷が汚染されている場合や治癒に時間がかかる場合には抗生剤を投与します。また、疼痛によって食欲が減退する例では鎮痛剤が使用されます。

大きく開いた傷は縫合が必要になりますが、汚れが残る傷の場合は、ばい菌を封じ込めないように傷口をあえて開放しておくといったケースもあります。

【予防】 事故を起こさないことが何より大切です。放鳥中、愛鳥から目を離さないこと、放鳥の際にほかの鳥のケージに着地して、内側から足を齧られてしまうことのないよう注意が必要です。

筆毛出血

【原因】 若い新生羽（筆羽、筆毛）は栄養供給を行うための血管が発達しています。この筆羽を損傷すると重度の出血が生じます。また、筆羽は硬い鞘に包まれているため、通常行われる周りの組織の収縮による止血が働かず、血が止まりにくい箇所です。筆羽の損傷は通常、パニック時の打撲や羽咬、衝突事故などによって生じます。

【症状】 まだ血液が供給されている筆羽が傷つくと激しい出血を起こします。

【治療】 裂傷と鑑別するため、折れた筆羽を探します。出血が止まっていれば治療の必要はありません。出血が止まらない場合は出血している筆羽を引き抜きます。

【予防】 自咬を防ぐこと、パニックを起こしやすい鳥は狭い透明ケースに入れると事故の頻度が軽減します。

熱傷（ねっしょう）

火や高温の液体などの熱、化学物質、電気の接触によって生じる損傷を熱傷といいます。やけど（火傷）ともいいます。44℃～50℃程度の低温のものでも長時間、接触していると、やけどになります。これを低温熱傷と呼んでいます。

【原因】 セキセイインコなど、水に飛び込む習性のある種類では、熱湯や加熱した油の入った鍋、器に飛び込むことが多いようです。この場合、熱い液体が羽毛内部にまでしみ込んでしまい、重症化しがちです。接触型の保温器具（ペット用ヒーター、使い捨てカイロなど）あるいは、保温器具が接触できる所にある場合、低温熱傷が起きます。体温維持のため外部からの熱に頼らざるを得ない幼鳥や病鳥によくみられ、鳥種ではラブバードに多く発生します。

【症状】 熱傷直後は皮膚に症状が見られず、翌日以降、あるいは数日たってから症状が認められることがほとんどです。軽度の場合、発赤・疼痛が認められ、数日で治ります。中等度となると、水泡や浮腫、滲出液などが見られ、治癒にはさらに時間がかかります。重度の場合、患部に壊死が生じ、治癒に2週間以上かかります。なかには熱傷が治癒するまでに数ヶ月かかることにもあり、その前に落鳥することもあります。

【治療】 熱傷直後であれば、まず冷やします。鳥を保定し、熱傷を負った部位を流水にさらすか、水の中に浸して冷やします。鳥の体力や冷やす面積にもよりますが、5〜30分ほど水で冷やしたら、鳥の体温が低下しないよう保温しながら病院へ連れて行きます。自己判断でヒトや犬猫用の外用薬や消毒剤の塗布を行うことはするのはやめましょう。

軽度の熱傷であれば、抗生剤、消炎剤などの内服を行います。中度の熱傷においてはそれらに加えて、受傷部位を創傷被覆保護材で湿潤状態に保ち保護する湿潤療法などが検討されます。重度の熱傷の場合、熱傷により壊死した皮膚をそのまま残しておくと細菌の感染源となる恐れがあるので、基本的には切除し、壊死組織を除去します。さらに湿潤療法で受傷部位を保護しながら再生を待ちます。改善に乏しい場合は皮膚移植が検討されることもあります。

【予防】 放鳥中は目を離さないこと、放鳥時はストーブや電気ポットなど加熱器具を使わないこと、台所や食卓付近で鳥を飼育しないこと、低温熱傷を避けるためには、保温は空気全体を暖めるようにし、鳥が直接触れるところに熱源を置かないことなどが予防になります。

熱中症

熱中症とは高温多湿な環境下で、体内の水分や塩分（ナトリウムなど）のバランスが崩れたり、体内の体温調整機能が働かなくなったりして発症する障害のことをいいます。

熱中症は脳をはじめ、生命を維持するうえで重要な臓器に回復不能な損傷を与えることがあります。

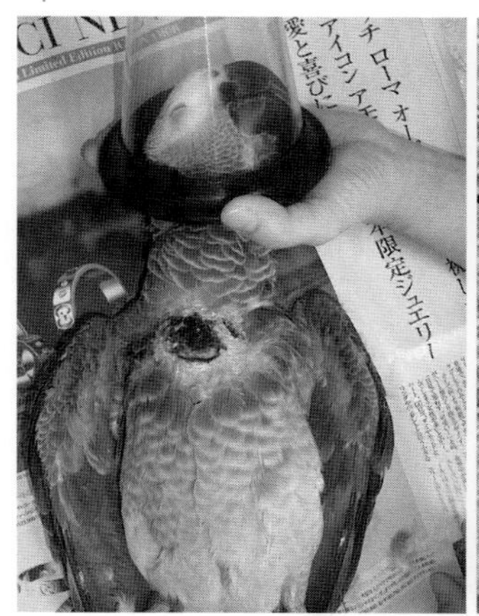
そ嚢の火傷（ヨウム）

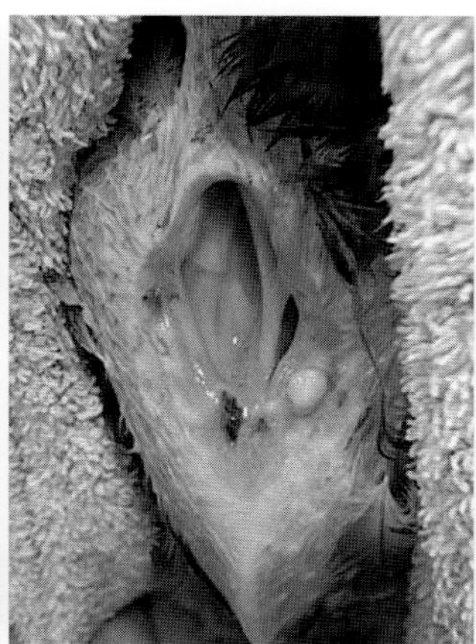
治療経過（ヨウム）

熱傷／熱傷により足の皮膚が脱落した

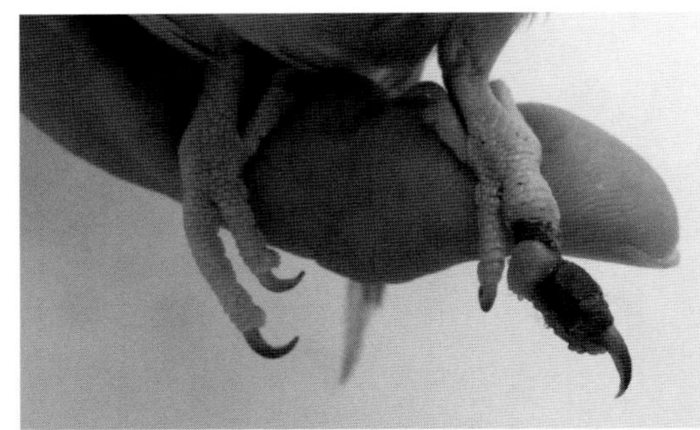

絞扼／絞扼により指全体が腫れて、絞扼部と指先に痂皮が付いている

【原因】 健康な成鳥でも夏場、締め切った部屋の中や、冬場の保温のし過ぎなどによって熱中症が生じることがあります。鳥はもともと飛翔のためたいへん高い体温を維持しています。体温を低下させるためのシステムも有していますが、著しく高い温度や急激な温度変化、水分不足による蒸散の妨げ、疾患などによる体温低下機構の障害などによって熱中病が生じます。

【症状】 開口、縮羽（羽を寝かせる）、パンティング（浅く早い）呼吸、開翼・開足・伸首姿勢などの高体温徴候が見られます。気嚢からの水分蒸発が著しくなり、脱水症状が見られます。さらに体温が上昇すると脱水から虚脱（体力を消耗したり、急速な意識障害をきたしたりした状態）、脳障害からけいれんが生じて死亡します。体温の低下に成功しても、高体温障害により全身状態が改善しないまま死亡することもあります。

【治療】 環境温度の低下とともに、輸液などの適切な治療を行います。

【予防】 30℃以下でも湿度が高いときや鳥の体調が優れないときや、体温調整が未熟な幼鳥や若鳥の場合は熱中症を起こす恐れがあります。開口、パンティング呼吸、縮羽、開翼・開足・伸首姿勢などの高体温徴候が見られたら、すぐに環境温度を適切に低下します。保温する時は必ずケース内に温度計を設置し、こまめにチェックしましょう。特にキャリーでの移動時には、こまめに中の鳥の様子を確認してください。

絞扼（こうやく）

絞扼とは血管や組織がしめつけられ、圧迫される状態をいいます。

【原因】 紐、繊維、足環、リング状の瘡蓋、包帯などが原因となります。

【症状】 絞扼部位のくびれ、絞扼部位より離れたところの腫脹、暗色化、ミイラ化（壊死して乾燥した状態）などの症状がみられます。

【治療】 まず絞扼を解除し、抗生剤、血行促進剤などを投与します。

【予防】 ケージ内にタオルや布、ロープ紐、糸、テグス、リボンなど、からだに巻き付くようなものを入れないようにし、足環も絞扼を防止するために外しておきます。ケガや術後などで包帯の装着が必要な場合、絞扼にくれぐれも注意しましょう。

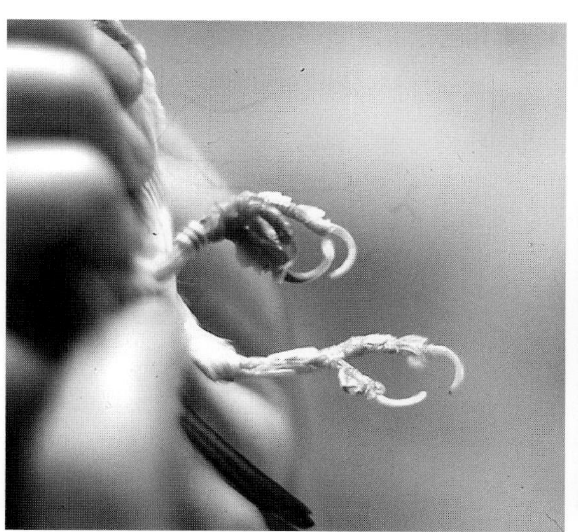

足環の絞扼による化膿

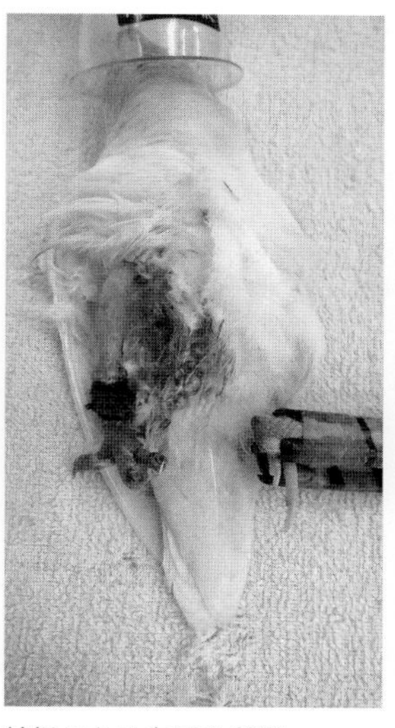
絞扼のため右足を断脚（コザクラインコ）

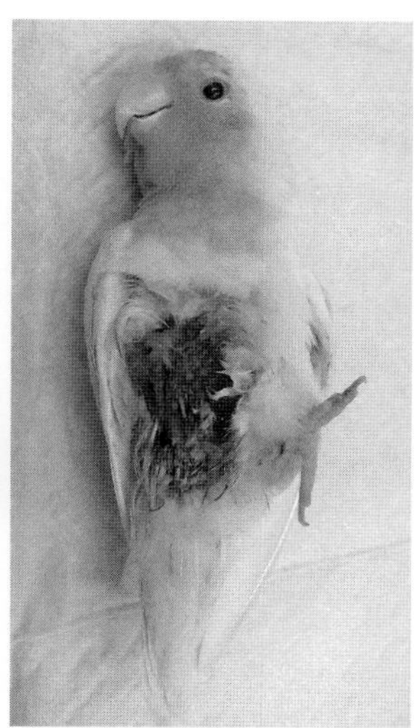
絞断脚後（コザクラインコ）

感　電

感電とは、からだに外から大きな電流が流れ、刺激やショックを受けることをいいます。

【原因】 主に通電中の電気コードをかじることにより生じます。特にオウムやインコの仲間に多くみられる事故です。

【症状】 電気ショックを受けると、その場で震えていたり（振戦）、動けなくなっていたり（虚脱）します。心停止により、即死することもあります。接触部位である口角や舌に熱傷が生じて口腔内が黒くなることがあります。また、感電により各臓器が重大な損傷を受け、肺水腫や脳障害、その他臓器障害によって 後日、死に至ることや、後遺症が残ることもあります。

【治療】 口腔の熱傷では感電を疑い、家内の電気コードに損傷がないか確認します。その際、鳥に触れようとして感電し、二重事故になる恐れがありますので、ブレーカーを落としてから触れるか、ゴム手袋などを装着した手で一気に素早くコンセントや電気コードなど感電の原因になっているものから引き離しましょう。治療としてはX線検査や血液検査による各臓器障害の有無を確認することもあります。抗ショック剤の投与や状態に適した輸液を行い、各臓器症状に対応した治療を行います。

【予防】 放鳥中に鳥から目を離さないこと、鳥が触れられる所に電気コードやコンセントを 設置しないようにしましょう。特に保温器具を設置する場合は注意が必要です。 カバーをかけるなどして感電事故を防ぎましょう。

カラスに注意!!

日本エキゾチック動物医療センター
みわエキゾチック動物病院 院長
獣医師, 獣医学博士 **三輪 恭嗣 先生**

天気のいい日に日光浴させるためベランダに鳥かごを出す飼い主さんも多いと思います。 鳥類の健康に日光浴が重要な役割を持っていることは獣医学的にも確認されていますが、日光浴させる際には注意しなければならない点がいくつかあります。

1つは熱射病や日射病などにならないように夏の暑い日はもちろん、それ以外の日でも日陰もない直射日光の当たる場所での日光浴や風通しの悪いケージや長時間目を離すような日光浴は充分な注意が必要です。その他、自分で篭を開けて逃げないようにロックするなども多くの飼い主さんが注意し事故を未然に防いでいます。

ケースとしては多くないですが、鳥かごを屋外に出す際に飼い主さんに知っておいていただきたい注意点がもう1つあります。それはカラスに充分に注意することです。都内ではアパートなど高層階のベランダに鳥かごを出しておき、猫などは来るはずもないと安心して出かけ、帰宅後、鳥かごの中で愛鳥が大けがをして瀕死の状態になって動物病院に連れ込まれるケースが年に何度かあります。カラスは鳥かごの外から遊びの一環として攻撃しているようで、指や足がちぎられたりすることはもちろん、ひどい場合には嘴がもぎ取られてしまった例もあります。すぐに動物病院で治療すれば命に関わることはまれですが、取れてしまった足や嘴は生涯元に戻りません。鳥かごを屋外に出す際にはカラスのいたずらにも注意しましょう。

CHAPTER 8

いざというときのために

自宅でできる応急手当

愛鳥が出血した場合、骨折をした場合、誤飲などで呼吸が悪くなった場合など、ケガやその症状に合わせて飼育者ができる応急手当（ファーストエイド）があります。

愛鳥のいざというときに備え、自宅でできる処置を知っておきましょう。

応急手当の目的は「症状を悪化させない」こと

事故の直後、発症直後に応急手当を行うことによって、愛鳥のその後の回復に大きな差が出ることもあります。

とはいえ、応急手当は緊急の際、愛鳥を獣医師に診せるまでのあいだ、症状を悪化させないための一時的な措置にすぎませんので、無理のない範囲で行うことが大切です。

愛鳥の全身状態が悪いとき、痛みや恐怖で興奮しているときに、無理な力で押さえつけることは大きなリスクを伴うものです。

特に飼育者がまだ鳥の扱いに不慣れな場合や、鳥自身が飼育者やヒトに触れられることに慣れていない場合、保定や手当に手間取ってしまい、病状やケガを悪化させてしまう恐れがあるだけでなく、最悪の場合、鳥をショック死させてしまうこともあります。

応急手当の目的は、あくまで症状を悪化させないことです。できる範囲で手当をしたら、その後はすぐにかかりつけの鳥を診ることができる動物病院に愛鳥を連れていき、獣医師のもとで診断・治療を受けましょう。

安静を第一に環境を整えることから

愛鳥の緊急時に、飼育者が手早く正確に応急手当を行うためには、まず、愛鳥が暴れてさらにケガを負うことのないよう、小さめの飼育ケースなどに鳥を移し、愛鳥の安全確保を行った上で、落ち着いて準備を行います。

出　血

出血している場合、その場ですぐに止血をしなければなりません。健康な鳥の安全出血量は体重の1%以内です。（体重100gのオカメインコであれば1g（約1mL）、30gのセキセイインコであれば0.3g程度まで）。

筆羽出血：出血している筆羽（筆毛）を抜くと自然に止血されます。羽を抜いたところから出血が続く場合には、圧迫による止血を行います。この部位には市販されている深爪用の止血剤（クイックストップⓇなど）を使用することはやめましょ

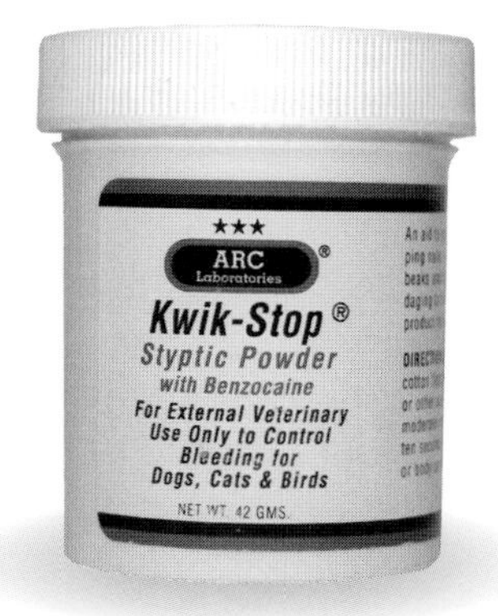

クイックストップⓇ

う。

爪からの出血：止血剤、クイックストップⓇを塗布するとすぐに止まります。余分なパウダーは鳥の口に入らないよう、払い落とします。クイックストップⓇがない場合は片栗粉などで代用することもできますが、片栗粉の養分によって、雑菌が傷口に繁殖しやすくなるので、その後、獣医師のもとで処置を受けましょう。出血部位を線香で焼くという手段は、煙の吸引や熱傷の恐れなどさまざまな危険を伴いますので推奨できません。

外傷出血：鳥にはヒトやペット用として市販されている外用薬や消毒薬、止血剤を使用してはいけません。ティッシュなどで出血部位を圧迫止血し、それでも血が止まらなければ、出血箇所を抑えたまま動物病院へ連れて行きます。大量出血ではなく、体重１％以下の安全出血量以内の出血であれば、出血箇所を押さえずに、動き回らないよう小さなキャリーケースに入れて病院へ連れて行く方が鳥の負担は少なくてすみます。

自咬出血：ハガキやボール紙、クリアファイルなどを用いて簡易カラー（傷口を拡げないための保護具）を作成すると、一時的に自咬を防ぐことができます。不適切な装着はもちろんのこと、鳥によってはカラーを装着することによって、エサを食べなくなってしまうことがあり、カラーによる思いがけない事故が起こるというリスクもあります。カラーを装着すべきかどうかも含め、動物病院の指示に従いましょう。

◉簡易カラーのサイズ（外径：内径）

- ●ブンチョウ／60：9
- ●セキセイインコ・ラブバード／70：10
- ●オカメインコ／80：13

（単位／mm）

卵塞

メスの鳥が卵を産み渋っているようであれば、カルシウムやビタミンD_3を補給し、必要に応じてしっかりと保温します。もし卵をおなかに触知してから24時間たっても産卵しない場合や、膨羽、嗜眠している場合には、それ以上は放置せず、動物病院での受診が必要です。

むやみに鳥の腹部を指で圧迫したり、排泄孔へのオイルや潤滑剤を挿入したりといった処置を行うことはさらに状態を悪化させる恐れもあり、たいへん危険な行為ですので絶対に行わないようにしましょう。総排泄腔には便、尿、卵の排泄孔があり、これらの行為は閉塞や感染を引き起こす恐れがあります。

誤食

鳥が食べてはいけないもの、中毒の元になる物を摂食してしまった場合は、その物質や、摂食した後に排泄した排泄物を持参して、すみやかに動物病院を受診します。いつ、何を、どの程度食べたのか、原因と思われるものを食べた後に元気がない、下痢をしているなどの症状があるかどうかも確認して動物病院を受診してください。

けいれん

苦しそうな様子を目にしてしまうと、思わず抱き上げたくなりますが、触ることでさらに刺激を与えてしまい、症状が悪化することが多々あります。できる限り触らずに見守り、容態が落ち着いたら病院へ連絡をし、指示を仰ぎます。けいれんが起きている際にはむやみに鳥に触らず、餌入れや水入れ止まり木など（ぶつかったり、ひっかけたりするようなもの）、二次的な事故につながるものを取り出し、すぐに動物病院を受診してください。

余裕があれば安全を確保した後、けいれんの様子を動画に撮影しておくと動物病院での診察の助けになります。

呼吸困難

明らかな開口呼吸やテイルボビング（尾を呼吸に合わせて上下に振ることで呼吸を助けている状態）、スターゲイジング（首を伸ばして空気の通りをよくして、天を仰ぐように上を向いた状態。星見行動とも呼ばれる）など、呼吸困難の症状が見られたら、小ぶりの看護ケースに鳥を移し、そこに携帯用酸素を流すことで呼吸を助けることができます。

スプレー式の携帯用酸素は薬局で購入できます。酸素を流す際にはケースを密閉しすぎないようにします。

ケース内に酸素を噴射する際には、鳥を驚かせてさらに状態が悪化するようなことがあっては元も子もありません。鳥を刺激しないよう、スプレーノズルの向きや噴霧の際の音にも留意し、慎重にスプレーします。また、高分圧の酸素を摂取することは酸素中毒のリスクを伴いますので、その点にも注意が必要です。

外　傷

市販品やヒト用に処方された外用薬や消毒剤、包帯などの処置は鳥の状態を悪化させてしまう恐れがあります。自己流で薬を塗ったり、包帯、テーピング等で固定したりせず、速やかに動物病院を受診しましょう。市販の止血剤（クイックストップⓇなど）は、患部に激痛を及ぼす恐れがあること、鳥の口に入ると危険でもあるため、深爪による出血以外は自己判断でむやみに使用しないほうがよいでしょう。

熱傷（やけど）

患部を流水ですぐに冷やします。鳥が耐えられそうであれば、5分〜30分ほど流水で冷やし続け、その後、動物病院で治療を受けます。流水による冷却が難しければ、冷却タオルなどで患部を冷やします。保冷剤を鳥に直接あてることは凍傷の恐れがあり危険です。特に食品用保冷剤の中には氷点下16℃程度にまで冷たくなるものもあるので要注意です。

上顎嘴の脱落／喧嘩により上顎嘴が脱落

熱傷／熱傷により足の皮膚が脱落した

喧嘩によるろう膜の損傷

感　電

鳥がいたずらに電気コードや緩んだコンセントを噛んで感電してしまうケースがあります。鳥の感電に気付いたら、すぐにプラグを抜き、ブレーカーを落として、ビニール手袋などをしてから、素早く感電源から引き離します。慌てて鳥のからだに触れると、鳥から電流が流れ、人間が感電する恐れがあります。

総排泄腔脱・卵管脱

まず、首元にカラーを設置し、患部の自咬を防ぎます。生理食塩水（0.9％＝1L（約1000g）中に9gの食塩）、なければ水で塗らした綿棒で、排泄腔内へ患部をとそっと押し込みます。うまく押し込めない場合は患部を乾燥させないように生理食塩水で塗らした清潔なガーゼなどでそっと包んで至急、動物病院で治療を受けましょう。

骨　折

不適切なギプスや包帯は、他部位の骨折や血行不良から患部の壊死につながる恐れがあります。患部を動かさないよう、鳥を小ぶりのケースに入れて早めに動物病院を受診しましょう。骨折後、数日間が経過してしまっていると、骨折箇所の治りが悪くなってしまうことがあります。

入院中のオカメインコ

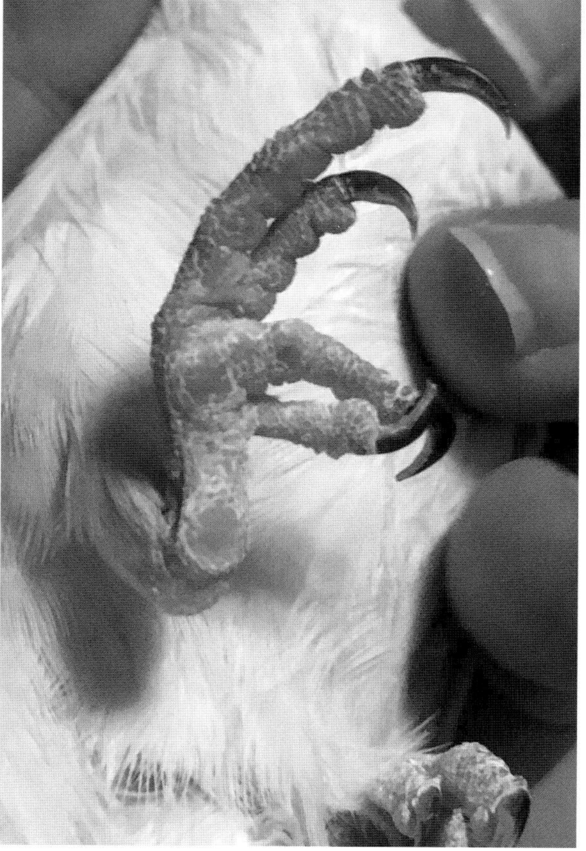

踏みつけ事故による趾の折れ曲がり

誤飲・窒息

鳥が異物を飲み込んでしまい、呼吸が苦しい状態や窒息状態に陥ってしまい、窒息死しそうなときには頭部を下に向けて軽く背中を叩いてみます。それで異物が出てこないようなら、一刻を争いますので、すぐに動物病院を受診します。

異物を呑み込んでしまった場合は、呑み込んだ異物と同じもの（例えばビーズなどの部品や破片など）があれば、それを持って至急、動物病院で処置を受けます。適切な治療を受けるには、いつ、どこで何をどれだけ呑み込んだのかという情報が必要となります。

体調不良

食欲不振、元気消失、膨羽、傾眠など、愛鳥の具合が悪そうにみえたら、すぐに保温を行います。保温することで小鳥の体温が上がり、体力の回復につながりやすくなります。効率よく保温するためには、小さい看護ケースに鳥を入れ、ペットヒーターなど暖房を設置し、ケースの中全体を30℃程度まで保温します。鳥の様子がみえるように前面または蓋の部分を除いて断熱材や毛布などで覆い、温度計を設置します。餌をいつでも食べられるように、完全にケースの中が暗闇にならないようにします。保温を行っても膨羽などの症状が改善されないようであれば、それ以上様子見はせず、速やかに動物病院で診てもらいましょう。

正しい知識、素早い応急手当を

正しく、素早く応急処置を行うには準備が大事です。応急手当をはじめる前に、するべきことを知っておきましょう。

愛鳥がケガや事故にあってしまったとき、急激に体調を崩したときに適切な応急処置を行うのは飼育者の義務です。正しい応急手当を身に着けましょう。

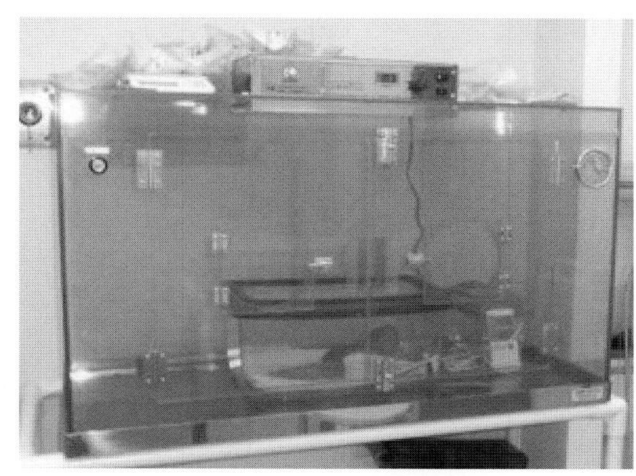

小さめの看護ケースに鳥を入れてしっかり保温

いつでも食べられるよう常時点灯し、エサ入れとは別に餌を床に撒いておく

あなたの保温は合っていますか?

日本エキゾチック動物医療センター
みわエキゾチック動物病院 副院長
獣医師 **西村 政晃 先生**

鳥の調子が悪い時に保温が必要ということを知っている人は多く、調子が悪いため家で保温して様子を見ていましたという事を診察時によく聞きます。しかしながら、その方法が不適切な場合があります。

鳥は飛ぶために哺乳類よりも高体温であり、常時40～42℃を維持しています。高体温を維持するためにかなりのカロリーを必要としますが、自然界ではいつも餌を食べられるわけではないため、そ嚢という構造を持つことで対応しています。しかしながら、病気により食欲が低下するとカロリーが摂取できず体温の維持が困難になるため、体温の低下を防ごうと膨羽します。このような状況では、体温を維持するために保温が重要となります。膨らむ鳥に保温するというのはそのためです。

鳥は気嚢という構造を持っており、肺と繋がっています。気嚢は高体温を維持するために必要な酸素を効率よく取り込む為のシステムです。気嚢は内臓をほとんど取り囲むような位置に存在するため、吸った空気の温度がそのまま内臓に伝わります。また、鳥の羽毛は熱の遮断効果が著しく高いため(羽毛布団が暖かい理由です)、プレートヒーターなどの接触型保温器具はあまり鳥の保温には適しておらず、鳥を保温するためには空気自体を温める必要があります。

ケージを毛布などで覆うだけでは、ケージ内の温度は部屋の温度と同じであるため保温にはなりません。一番の保温方法はエアコンにより部屋全体の空気を暖めることですが、困難なことが多いと思います。現実的には、ひよこ電球とサーモスタットと呼ばれる温度調節をしてくれる器具を組み合わせて使用するのが良いでしょう。サーモスタットにはセンサーがついており、センサーの温度があらかじめ設定した温度になると電源が落ちる仕組みになっているため、センサーの位置も重要です。センサーは鳥がいる高さで、直接熱源から温められないような位置に設置します。サーモスタットを使っていても温度計は必須です。

膨羽時の保温は28～31℃が適切であり、32℃以上は熱中症のリスクが高くなります。状態によっては31℃でも膨羽が治らない場合もありますが、そのような場合は動物病院へ連れて行きましょう。調子が良い場合には冬場でも過度に保温する必要はなく、過発情の原因にもなります。暑い場合は開口、開翼などの行動が認められるため、その場合は温度を下げましょう。

漫画で楽しむ！鳥との生活と医療

『それは言わない約束……。』

漫画で楽しむ！鳥との生活と医療

『飼い主を呼ぶ方法』

漫画で楽しむ！ 鳥との生活と医療

『 吐き戻しいろいろ 』

漫画で楽しむ！ 鳥との生活と医療

『イタタタタ』

漫画で楽しむ！ 鳥との生活と医療

『実は演技派』

漫画で楽しむ！鳥との生活と医療『断捨離、失敗』

漫画で楽しむ！鳥との生活と医療『SNS』

参考文献

コンパニオンバードの病気百科　小嶋 篤史　誠文堂新光社刊

海老沢 和荘著「実践的な鳥の臨床」NJK2002-2007（ピージェイシー）
Harrison-Lightfoot 著「Clinical Avian Medicine Volume Ⅰ-Ⅱ」
Clinical Avian Medicine and Surgery: Including Aviculture
Gred J. Harrison、Linda R. Harrison
Current Therapy in Avian Medicine and Surgery　Brian Speer
できる！！小鳥の臨床 ―Complete Mission―　小嶋 篤史　インターズー
エキゾチック臨床シリーズ Vol.1 飼い鳥の診療　診療法の基礎と臨床手技　海老沢 和荘　学窓社
エキゾチック臨床シリーズ Vol.4 飼い鳥の臨床検査　海老沢 和荘　学窓社
エキゾチック臨床シリーズ Vol.7 飼い鳥の鑑別診断と治療 Part 1　海老沢 和荘　学窓社
ペット動物販売業者用説明マニュアル（鳥類）
環境省自然環境局総務課動物愛護管理室　発行　2004
カラーアトラス　エキゾチックアニマル　鳥類編　種類・生体・飼育・疾病　霍野 晋吉　緑書房
インコとオウムの行動学　入交 眞巳、笹野 聡美　文永堂出版
鳥類学　Frank B. Gill 他　山階鳥類研究所
小鳥の病気 .com　http://www.torinobyouki.com/

写真提供（順不同 敬称略）

赤いの☆青いの／浅井晴美／オカトモコ／しまっち／志村あきこ／中曽根ひろ子／hiropi

スタッフ

すずき莉萌

ヤマザキ動物専門学校講師（鳥類学）公認心理師 早稲田大学人間科学部卒 著書に『世界で一番美しい鳥図鑑』、『大型インコ完全飼育』、『中型インコ完全飼育』、『オカメインコ完全飼育』、『やさしくわかるジュウシマツの育てかた』、『漫画で楽しむインコと飼い主さんの事件簿』（すべて誠文堂新光社刊）他多数。

●獣医療監修（101～196頁）および一部執筆

獣医師, 獣医学博士　三輪恭嗣 ● みわやすつぐ

日本エキゾチック動物医療センター みわエキゾチック動物病院 院長
東京大学附属動物医療センター エキゾチック動物診療責任者
日本獣医エキゾチック動物学会会長
宮崎大学農学部獣医臨床教授

獣医師　西村政晃 ● にしむら まさあき

日本エキゾチック動物医療センター みわエキゾチック動物病院 副院長・鳥類臨床責任者

イラストレーター　大平いづみ

写真　井川俊彦

デザイン　茂手木将人（STUDIO9）

病気にさせない飼い方の知識と実践
よくわかるコンパニオンバードの健康と病気

2024年3月17日　発　行　　NDC646

著　　者　すずき莉萌
発 行 者　小川雄一
発 行 所　株式会社 誠文堂新光社
〒113-0033 東京都文京区本郷3-3-11
電話 03-5800-5780
https://www.seibundo-shinkosha.net/
印刷・製本　図書印刷 株式会社

ISBN978-4-416-61976-6